生态学的跃迁及其问题

郑慧子 著

The Leap of
Ecology and Its Problems

中国社会科学出版社

图书在版编目(CIP)数据

生态学的跃迁及其问题 / 郑慧子著. — 北京：中国社会科学出版社，2023.9
ISBN 978-7-5227-2462-1

Ⅰ.①生⋯　Ⅱ.①郑⋯　Ⅲ.①生态伦理学　Ⅳ.①B82-058

中国国家版本馆 CIP 数据核字(2023)第 155127 号

出 版 人	赵剑英
策划编辑	朱华彬
责任编辑	王　斌　李　立
责任校对	谢　静
责任印制	张雪娇

出　　版	中国社会科学出版社
社　　址	北京鼓楼西大街甲 158 号
邮　　编	100720
网　　址	http://www.csspw.cn
发 行 部	010-84083685
门 市 部	010-84029450
经　　销	新华书店及其他书店
印　　刷	北京君升印刷有限公司
装　　订	廊坊市广阳区广增装订厂
版　　次	2023 年 9 月第 1 版
印　　次	2023 年 9 月第 1 次印刷
开　　本	710×1000　1/16
印　　张	15
插　　页	2
字　　数	229 千字
定　　价	98.00 元

凡购买中国社会科学出版社图书，如有质量问题请与本社营销中心联系调换
电话：010-84083683
版权所有　侵权必究

目　录

序／1
导　言／1

第一部分　环境问题与现代环境运动

第一章　环境问题的定位／13
第二章　环境问题与现代环境运动的兴起／29
第三章　现代环境运动的三重意义／49

第二部分　生态学的理论图景

第四章　生态学的"危机"／71
第五章　统一的科学及其评价的概念框架／101
第六章　生态系统作为生态学的研究对象／113
第七章　生态学作为科学的理论图景／126
第八章　基于多样性理论的生态学研究／151

第三部分　生态学的实践形式

第九章　生态学价值实现的社会路径／163
第十章　环境哲学的学科属性／188
第十一章　环境哲学与环境伦理学的关系／205

参考文献／222

序

该书是国家社会科学基金项目"生态学的'科学危机'及其实践形式研究"（15BZX038）的结项成果，此次出版时，定名为《生态学的跃迁及其问题》，这项研究也是笔者自20世纪90年代初以来持续关注和思考环境问题的一个最新的结果。这项研究主要包括对环境问题及现代环境运动，生态学的科学状况及其在社会实践中的一些基础性问题的讨论。

该书的部分内容最初曾以课题阶段性成果的形式在学术杂志上发表：《生态文明建设需要观照的两类基础性问题》，《河南大学学报》（社会科学版）2017年第1期，该文由《新华文摘》2017年第10期做论点摘编；《从认知到行动：生态学与生态哲学面临的问题与挑战》，《自然辩证法通讯》2018年第3期，该文由人大复印报刊资料《科学技术哲学（B2）》2018年第7期全文转载；《环境哲学是一门标准的哲学吗？》，《自然辩证法研究》2019年第8期，该文由《中国社会科学文摘》2019年12期做论点摘要；《〈寂静的春天〉与现代环境运动的兴起》，《福建师范大学学报》（哲学社会科学版）2022年第4期；《现代环境运动的三重意义》，《自然辩证法研究》2022年第11期。

在为该书的出版进行进一步修改和完善的过程中，充分考虑了同行匿名评审专家就其中的一些观点所提出的意见，当然，在最终形成的文字中，如果有任何问题由笔者本人负责。此外，郑冬子教授和郑珏垚博士参与了文献收集、整理，以及部分内容的讨论。最后，在此一并对在该课题从立项、研究和最后出版的过程中做出不同贡献的组织和个人致以最诚挚

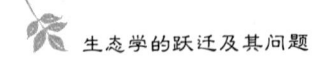

的谢意。

特别鸣谢该书的出版得到了河南大学哲学与公共管理学院的资助。

郑慧子

2022 年 10 月于开封

导　言

现代环境运动的兴起和蓬勃发展带来的一个重要变化，便是促使我们人类社会进入了一个以生态学作为基本特征之一的时代。从科学与社会的关系角度看，生态学作为一门科学的崛起，事实上已成为现代科学系统性地影响和引导社会从物质生产领域一直到精神领域发生根本性变化的又一种重要的形式。从人与自然的关系角度看，人们比以往任何时候都更加关注环境健康和环境安全，人与自然之间的生态友好和协同发展，正在成为人们社会行动的一种重要观念和共同遵循的原则。

本课题是关于生态学作为一门科学及其应用于当代社会实践中的一些哲学问题的研究。这些哲学问题的出现，根源于人类当前所面临的各种紧迫的全球性问题，诸如气候变化、水土流失、植被退化、物种灭绝、人口过剩和能源短缺等，它们对我们人类在地球范围内的可持续生存和发展，构成了前所未有的巨大压力和挑战。而这些全球性的问题，实质上都是生态的或在很大程度上是生态的，因此，人们认为哲学家们把他们的注意力及时地转向生态学及其对人类事业的应用方面的研究是必要的。[①] 在这样的背景下，生态学似乎在一夜之间便成为人们普遍高度关注的一门极其重要的中心学科，人们寄希望于生态学这门研究包括人类在内的生物与环境，以及生物与生物之间关系的科学，能够为我们今天遭遇到的各种环境问题提供独特和高效的解决方案。换言之，我们现在日益深刻地认识到生态学的巨大的科学意义，这种意义表现在，它构成了我们用来组织人与自然关系的世界图景的一个重要的科学基础，同样地，它的原则也应当成为

---

① deLaplante, K., Brown, B., & Peacock, K. (eds.). (2011). *Philosophy of Ecology*. Amsterdam: Elsevier. p. vii.

我们在这个生态的世界图景中开展人类活动的一个必须遵从的共同的工作知识的一部分。

然而，这种紧迫的期望在给生态学这门极为年轻的科学的发展提供了历史契机的同时，也给它带来了巨大的智力挑战。这种智力挑战不只是因为生态学面对的研究对象是巨大的和复杂的，它把地表空间中的生物的和非生物的所有事物，以及人在其中的活动及带来的各种扰动，组织成为一个开放性的复杂系统作为自己的研究对象，而且，直到目前，它不能为我们理解由此产生的复杂的相互作用，提供符合统一的科学及其评价要求的一种具有精确预见力的理论形式，以应对各类环境问题的挑战。对于生态学面对的这种智力挑战，从哲学的角度看，毫无疑问是基础性的，正像所有其他科学那样，任何一门科学的社会实践都与其理论层面之间具有内在的一致性或统一性。这意味着，生态学在纯粹的理论层面存在的各种问题，将会不可避免地在它的社会实践层面反映出来，这集中表现为它无法为环境保护和环境决策以及其他社会实际问题的解决，提供一个值得信赖的科学基础和支持，除非我们能够真正实质性地减少和消解生态学在理论层面存在的问题。这样，生态学在理论层面和社会实践层面存在的这些基础性的问题，便构成了现代环境运动以来的生态学家和哲学家们所思考的和试图解决的哲学问题。

在该项研究中，关于现代环境运动背景下崛起的生态学及其社会实践中存在的一些基础性问题的讨论由三个逻辑部分构成。

第一部分讨论的是环境问题与现代环境运动（第一章到第三章）。这部分内容构成了我们系统地理解生态学崛起的一个基本背景，希望借此讨论使人们更清晰地理解和把握生态学对于社会发展的重要意义。首先是环境问题的定位。该问题旨在澄清和解决我们在当代面对的究竟是何种意义的环境问题。基于人与自然之间形成的自然共同体、社会共同体和区域共同体三种空间结合形式，我们相对应地区分出了人面对的三种不同性质的环境问题：人属自然关系中的环境问题，自然属人关系中的环境问题，以及人与自然协同进化关系中的环境问题。在人属自然的关系中，人生存于环境压力的绝对控制下的荒野自然中，人在这一阶段的活动的全部意义，就在于如何摆脱这种高度不对称关系的必然性束缚，为自己争取生存的自由空间。这种性质的环境问题，与我们今天所要应对的环境问题无涉。在自然属人的关系中，人已实质性地发展出了能够平衡自然力的能力，使自身成为扰动自然变化的动力性因素，这不仅极大地改变了自然变化的节奏，不断地突破自然可承受的阈值，而且也把自己抛入了一个无法可持续发展的"环境危机"的境地。这是人在这一时期的环境问题的性质。而在人与自然协同进化的关系中，人所面对的环境问题正是人在自然属人关系中造成的"环境危机"问题，因此，人在今天和未来的任务就是，通过创设一种人与自然之间生态友好的和协同进化的发展模式，以消解由人在自然属人关系中造成的"环境危机"问题。

其次是环境问题与现代环境运动的兴起。我们讨论了美国海洋生物学家和科学作家蕾切尔·卡森（Rachel Carson）的《寂静的春天》一书在促使环境问题成为当代社会的一个最重大的时代主题，引发现代环境运动兴起的过程中所起到的一个至关重要的作用。卡森的《寂静的春天》传递出的信息、思想和捍卫生态安全的呐喊所起的一个里程碑意义的作用，从根本上成为广开民智、思想启蒙和诱发社会行动的一个意识原点，这标志着社会公众在意识结构方面实现了历史性的重大变革和重组。而造成这一变化的原因，就在于她把一个原本仅存在于专业共同体中的纯粹技术性的环境问题，成功地通过文学的叙事方式直接诉诸公众，把它上升为人与自然关系层面的一个使人普遍关注的重大的社会公共问题。毫无疑问，没有卡森的这一工作，环境问题的严重性、紧迫性和普遍性也许至今没被彻底暴露出来，更不会有今天这样一个如此深入人心的"生态意识"的生成。

最后是现代环境运动的意义问题。我们认为《寂静的春天》一书产生的影响及带来的深刻变化，早已超越了该书直接揭露的化学杀虫剂所造成的环境危害这一问题本身。演进到今天的现代环境运动，它产生的社会效应正在日益显露出更加广泛的意义。这些意义显著地表现在三个方面：从环境运动本身的发展看，现代环境运动是一种科学意义上的环境运动，这是我们对现代环境运动的性质的确认；从科学与社会的互动关系看，科学意义上的现代环境运动是现代科学全面系统性地介入、引导社会发展和变化的又一种新的表现形式；从人与自然的互动关系看，现代环境运动正在成为人类文明发展进程中的一个重要的历史转折点，这是现代环境运动给我们人类带来的一种最重要，同时也是最具深远历史意义的变化。由上述意义，生态学作为一门科学对于我们人类的革命性的意义被彻底彰显出来。

第二部分是关于生态学的理论图景问题的讨论（第四章到第八章）。现代环境运动的兴起使生态学的重要意义被社会发现和确认，但与此同时，许多生态学家和哲学家也发现生态学在应对环境问题方面，还不能为环境保护和环境决策提供可靠的科学支持。其根据是，生态学迄今无法通过以物理科学为范式而建立起来的以"证伪主义"为特质的科学评价标准的审查，生态学中的基本概念、模型、规律和理论所有这些理论存在形式还不能达到一门标准科学的要求，甚至它是一门处在"危机"中的科学。因此，相较于物理科学那样的"硬"科学，生态学还只能被视为一门仅具启发和教育意义的"软"科学。但是，这种比较遭到了一些生物学家的反对。他们以生物学的"自主性"拒绝这种以物理主义的还原论的评价方式看待生物学的科学性，因为按照这种评价方式，必然会得出包括生态学在内的生物学还不是标准科学的结论。我们认为，所谓生态学的"危机"由于是把生态学置于物理主义的科学评价模式下所得到的一个结论，而具有这种价值偏好的科学评价模式没有给生物学留下一个合理的科学位置，因此，这一判断与生态学是否处在"危机"中并没有必然的关系。

那么，生态学的科学状况究竟如何呢？首先我们确认研究者所批评的生态学在理论层面存在的问题是一种客观存在，但这些问题与生态学的"危机"无关，相反，我们发现生态学事实上还没有进入它的成熟科学的发育阶段，最重要的根据是：一是生态学作为一门科学至今未能在它的研究对象这一最基本的问题上达成科学共识，这是导致生态学还不是一门成熟科学的根本原因；二是生态学至今未能在理论层面有一个统一的科学理论出现，由此作为整个生态学的各分支学科能够共享的理论架构，而这种情况恰恰是生态学没有统一的研究对象的一个必然结果。正是这两个具有因果关系的原因导致生态学不能被视为一门成熟的科学，毫无疑问，这样的生态学在应用于社会实践时必然暴露出其不足的一面。

生态学在上述两个方面存在的问题，我们认为才是其作为一门科学所面对的最根本的问题，尤其是生态学在研究对象上至今依然处在分裂状态，真正构成了生态学的问题解决的逻辑起点。因此，从一个统一的研究对象的确认，到一个统一的生态学理论框架的建构，应当是我们当前需要采取的一个最重要的生态学研究的逻辑路线，而生态学在理论层面存在的那些问题，只有在这一逻辑路线的整体规范下才能够得到有序的解决。可以说，如果没有一个统一的研究对象，生态学就不可能摆脱当下的科学困境。对于生态学的研究对象究竟应当是种群和群落，还是生态系统，从生态学的词源学以及它作为一门独立学科出现时给出的基本规定看，我们认为只有生态系统才是一个最适合的选项，因为除了它能够与之完全相对应外，与其相竞争的种群和群落概念都不能涵盖生态学的词源学和学科最初命名时所涉及的全部内容，相反，它们只是涉及了其中的一部分。在这个意义上，生态系统将从基本概念的地位上升为生态学的研究对象的地位是完全成立的，生态系统是与生态学的研究对象唯一相对应的实体存在形式。

这样，基于生态系统，我们就可以试探性地建构一个统一的生态学的理论框架。在这个建构过程中，我们把生态系统作为形成生态学的理论框架的"概念母体"。所谓概念母体，就是生态系统与生态学中的所有其他概念是一种蕴含关系，亦即生态学中的所有其他概念都将由此通过某种方式推演出来，它是生态学理论建构的一个基础的时空系统参考系。基于生态系统这一"概念母体"，我们首先可以实现一般意义上的生态学的概念分类体系的建构，它由纵向和水平两个方面的分类体系构成：一是由生态系统内部的构成性的概念及由此发展出的关系性的概念所形成的概念分类体系，二是由生态系统类型间的关系所形成的概念分类体系。进而，通过在生态系统水平上的科学抽象，我们最终将会得到一个最普遍意义上的科学理论形式。这个最普遍意义的理论形式是建立在生态系统间的不可归并性基础上而形成的，我们把它称为多样性理论。如果我们关于生态系统间存在着不可归并性这一判断是成立的，那么，由此建立起来的生态学的多样性理论便具有了成立的合理性基础。

由此，从生态学的研究对象到最终的理论形式，我们就实现了基于生态系统为对象的生态学理论的建构。我们把这个多样性理论视为可以很好地统摄所有研究内容的一个统一的具有竞争性的生态学理论的工作假说，尽管这个生态学理论还只是一个试探性的"工作假说"，但是，从科学评价的一般原则看，它满足了理论内部一致性的要求，同时也满足了与其科学传统中的背景理论（地质学原理和适应性原理）保持一致性的要求。最后，我们认为这个"工作假说"的学术价值，首先表现在它为我们提供了一个简明的和普适性的理解生物与环境，以及生物与生物之间关系的一个统一的理论框架。其次，在这个基础上，它也将为生态学应用于社会实践提供行之有效的科学基础和方法论路径，为环境保护和环境决策提供一个清晰的可操作的技术路线支持，即在"生态系统保护"的根本原则下，开展"地理多样性"和"生物多样性"两个基本方面的环境保护。

第三部分是关于生态学的实践形式的研究（第九章到第十一章）。该部分讨论的是生态学作为一种影响社会的新的科学形式，其基本思想和思维方式将通过何种方式能够转化成为我们社会共享的一种智力资源，由此引导、改变和重塑我们的社会生活。科学开始对社会产生实质性的系统影响，始于其作为一个关键的社会建制的合法性地位的确立。

首先，我们讨论了生态学的价值实现的社会路径问题。这将在一般意义上为我们提供理解和把握科学与社会关系的基本方式。在由科学与经济、政治和公众所构成的社会核心结构模式中，包括生态学在内的科学价值需要通过这一核心结构中的经济、政治与公众做出积极响应才能实现。在这个过程中，这三者对科学的价值需求是不同的，因而所做出的反应也是不同的。历史地看，在科学通向经济的路径中，经济关注的永远是科学能否满足它在工具价值方面的需要，由此二者之间建立起了一种内在的动力学关系，即每当科学在技术层面表现出重要的变化，经济几乎总是会对其做出迅速的积极响应，但对科学在观念层面出现的重要变化，并不会引发类似的反应。在科学通向政治的路径中，作为社会控制系统的政治，它对科学的工具价值的社会实现通常采取的是一种积极的态度，除非在这个社会实现过程中可能存在着某些重大的技术风险，否则政治不会对其进行特别的调控，与之相反，它对科学的精神价值的社会实现却持有一种复杂的谨慎态度，因为观念形式的科学通常会对其他具有社会合法性地位的各种非科学的观念形式造成不可避免的冲击，科学将因此会成为政治的调控对象，以达成科学的和非科学的观念形态之间的平衡。在科学通向公众的路径中，科学将通过长效性和即时性的策略促成其价值的社会实现。长效性的策略关注于社会公众的科学素养的潜移默化的影响和培育，而即时性的策略则集中于那些与他们的日常生活紧密相关的和重大的公共问题方面的科学告知。

总之，在这个价值实现的过程中，科学需要根据经济、政治和公众的特点采取相应的诉求策略，但这种诉求策略不包含科学顺应它们的含义，否则，科学作为推动社会进步的动力性因素，就失去了它的革命性的意义。生态学是通过诉诸公众的路径，实现科学"自下而上"的影响和引导社会变革的一个成功范例。在社会的核心结构中，生态学的思想方式正在转化成为经济、政治和公众的一种普遍共识，尤其是成为政治上的一种愿望和意志，这为社会最终走上生态化的发展道路提供了一个坚实的政治基础和保障。

其次是生态学的价值实现的观念（哲学）路径问题的讨论。相对于人与自然关系方面的生态学的研究，该问题是关于人与自然关系方面的一种规范性的研究，它的根本目的是把生态学的认识成果和思想方式转换为一组规范性的原则，用于指导我们的社会行动和社会生活。其理论表现形式是，基于生态学的理论图景创设一种适于人与自然协同进化的新哲学，这种新哲学就是随着现代环境运动的兴起，因对环境问题产生的根源进行哲学反思而出现的环境哲学（或生态哲学）。然而，环境哲学在经历了数十年发展后的今天，它在理论层面却还存在着一些严重的障碍。这些障碍主要根源于环境哲学家本身在理论认识上存在的混乱，这些混乱具体反映在基础性的学科建设的以下两个方面。

一方面是环境哲学在学科属性或定位问题上存在的混乱。这种混乱具体表现在：试图通过重新定义"哲学"的方式寻求环境哲学存在的合理性；通过定位于跨学科性的学科作为其存在的根据；甚至还有环境哲学最终会被其他哲学学科所吸收而取消其存在的主张。事实上，环境哲学是一门标准的哲学，这是由哲学的任务所决定的。历史地看，哲学的任务旨在认知和行动两个方面的确定性的探索。哲学在行动的确定性方面的任务指示了环境哲学应当在人与自然关系问题上为我们提供一个完善的价值评价体系及行动原则方面做出贡献，这是环境哲学参与和引导社会生活的基本方式。可以说，环境哲学是作为一个基础的评价性哲学出现在哲学中的，它在我们处理人与自然关系问题上处在一个不可替代的核心地位，它的出现填补了哲学在这方面的严重缺乏，开启了它作为评价性哲学及其社会实践的历史序幕。

另一方面是环境哲学与环境伦理学是否同属于一个学科问题上存在的混乱。直到今天，这种混乱显著地表现在，工作于这两个领域中的绝大多数的研究者在二者关系上存在着不加任何区分的实质等同现象，把二者看成是一个学科的不同名称。事实上，从哲学的任务角度看，它们是两个不同的评价性的哲学学科。这种不同在于，只有环境哲学才是在人与自然关系方面能够与生态科学唯一相对应的一种系统的评价性哲学研究，并且在种间关系和种内关系层面形成了以环境哲学为共同的哲学基础的一个不断发育着的评价性学科群。在这个学科群中，环境哲学以统摄所有其他相关的评价性学科的学科地位的形式而存在，它不能被其他哲学学科所同化和归并。由于环境伦理学所观照的只是人与自然之间的伦理关系，因此，它与环境哲学之间不存在等价关系，与环境伦理学具有学科平行关系的评价性学科是环境美学。

最后，通过上述问题的研究，我们希望这里所做的工作达成了该课题预期的三个基本目标。

一是在环境问题与现代环境运动问题上，我们从人与自然的空间结合形式的演化角度论证了人类今天所面对的环境问题的性质；阐明了引发现代环境运动兴起的《寂静的春天》在导致社会公众在意识结构方面出现历史性的重大变革和重组中的地位；系统论述了现代环境运动在环境运动本身、科学与社会以及人与自然关系三个层面的革命性的意义。由此，这为我们系统地理解生态学的跃迁，同时更深刻地理解和重视生态学对于社会发展的重要意义提供了一个基本的背景。

二是在生态学的理论图景问题上，我们发现制约生态学作为一门科学发展的真正原因，并不是导致所谓"危机"的那些问题，而是由于没有统一的研究对象和统一的理论框架，才使其不能被视为一门成熟的科学，尤其是没有统一的研究对象是生态学当前存在的根本问题。由此，我们通过词源学和生态学最初命名时的基本规定，把生态系统这一基本概念提升出来作为生态学的统一的研究对象，在生态系统作为"概念母体"的基础上，我们给出了生态学的概念分类体系，进而基于生态系统间的不可归并性，最终完成了以多样性理论形式作为一个统一的生态学理论框架的建构。坦率地说，尽管这还只是一个试探性的工作假说，但我们希望它在生态学家寻求建立的一个统一的生态学的理论框架中，能够成为一个具有建设性的可资借鉴的理论框架形式。

三是在生态学的实践形式问题上，我们基于社会的核心结构模式，明确了包括生态学在内的科学价值在普遍意义上通过科学—经济、科学—政治和科学—公众的三种社会实现的路径，而生态学是通过诉诸公众的路径成为其价值社会实现的一个范例；在生态学的价值实现的哲学路径问题上，针对环境哲学在学科建设方面存在的学科定位和与环境伦理学关系上的混乱，我们从哲学的任务角度分别论证了环境哲学在人与自然关系层面是与生态学唯一相对应的一门基础性的评价性哲学学科，而且还由其作为共同的哲学基础形成了包括环境伦理学在内的一个正在发展中的评价性学科群。当我们解决了困扰环境哲学的这些基础性的问题之后，我们关于环境哲学的任务，就是如何在一个统一的生态学的理论图景基础之上，去实现一个能够引导人与自然协同进化的价值评价体系的建构。对于我们而言，这构成了我们进一步工作的一个重要方向。

第一部分
环境问题与现代环境运动

第一章 环境问题的定位

环境问题从未像今天这样普遍地引起整个人类社会的高度关注,环境意识也从未像今天这样几乎深达每个普通人的心中,对环境安全和环境健康的渴望已成为人们日常生活中最现实的公共需要。同样地,环境问题也从未像今天这样引发了整个知识界几乎一致性的反应,从科学领域到哲学人文社会科学领域的研究者,更是从各自不同的专业领域深入系统地反思导致人与自然关系紧张和失衡的可能的根源,由此提出各种环境问题解决的方案。因为,人们越发深刻地认识到,我们人类社会在进入 20 世纪 60 年代以来遭遇到的各类环境问题,它呈现出来的全球性和严重性,对人类在地球上的可持续生存与发展所带来的巨大的现实性的威胁,甚至可以说堪比第二次世界大战中由于核武器的使用让人们感受到的那种可能的全球性的核战争威胁。正如《寂静的春天》的作者卡森所说:"我们这个时代与核战争毁灭人类的可能性并存的另一个中心问题就是,人类的总体环境已被难以置信的潜在的有害物质所污染,它们积累在植物和动物的组织中,甚至渗入生殖细胞内破坏或改变决定其未来形态的遗传物质。"[1] 这亟须我们把环境问题上升为整个人类社会需要通过行之有效的全球性的一致行动来解决的中心问题。

毋庸置疑,环境问题是当代人类社会共同遭遇到的,并且需要共同面对和共同解决的一个最重大的时代主题,这一问题在其现实性上已关系到人的可持续生存与发展的根本性问题,即人作为一个生物种在地球上的未来命运问题。我们今天面对的这一重大的环境问题,就像所有领域实际遭

---

[1] Carson, R. (2002 [1962]). *Silent Spring*. Introduction by Linda Lear, Afterword by Edward O. Wilson. Boston: Houghton Mifflin Harcourt. p. 7.

循的研究程序那样,实质上都是一个"问题—解决"的模式和过程。在这个过程中,我们可以看到,要能够真正有效地实现问题的解决,这首先取决于我们所面对的问题究竟是什么。早在 20 世纪 30 年代,大科学家爱因斯坦在他与利奥波德·英费尔德(Leopold Infeld)合著的《物理学的进化》一书中就明确地谈到过发现问题与解决问题之间在科学研究中的关系和不同的地位问题。这就是,提出一个问题要比解决该问题更重要,因为,提出问题才标志着科学上的真正进步。[①] 美国哲学家拉里·劳丹(Larry laudan)也曾提醒科学哲学家和科学史家,不能把"科学本质上是一种解题活动"的这种观点仅止于人们口头上的赞美,我们应当对这种理解科学的方式所产生的后果给予更多的关注。[②]

也许,人们会认为环境问题自 20 世纪 60 年代出现以来,早已为包括相关研究者在内的社会大众所熟知,它是如此的明显,以至于不再需要我们对此做过多的说明。然而,通过观察人们在对这一问题的理解以及采取的相应对策,我们可以清楚地看到,它们远不像我们所想象的那样清晰和一致,相反,呈现出来的画面是多种多样的,有些甚至是混乱的和相互冲突的。否则,就不会像在实际中呈现出来的情况那样,存在着来自理论层面和行动层面的各种极端的或激进主义形式的反应。例如,一些激进的环境主义者直截了当地把导致环境问题的根源归咎于科学和理性本身,因而采取了激烈的反科学和反理性的立场;还有许多研究者往往是基于各自不同的专业本能,把环境问题及其解决想得过于简单,以为可以通过诉诸他们所认为的人类在某些方面存在的缺陷的改变,就可以使环境问题得到解决;更有那些因不满或失望于环境问题解决现状的非政府组织或团体和个人,他们希望通过诉诸行动上的激进主义,甚至采用暴力或恐怖的方式,以寻求环境问题的解决。

因此,在这一部分中我们将首先从环境问题本身的定位开始展开讨

---

① Einstein, A. , & Infeld, L. (1938). *Evolution of Physics*. Cambridge: Cambridge University Press. p. 95.

② Laudan, L. (1977). *Progress and Its Problems: Towards A Theory of Scientific Growth*. Berkeley (CA): University of California Press. p. 11.

论。通过对环境问题的定位问题的一个简明的讨论，我们希望由此能够提供一个尽可能全面和系统的理解框架，以明确和把握我们当前正在面对的环境问题的性质是什么。这意味着，只有在澄清了环境问题的性质后，我们才能真正知道在面对环境问题的解决过程中，我们将要采取何种应对的方式才会被认为是合理的，以及明确那些分属于不同领域的研究成果和可能的解决方案在这个过程中所扮演的角色。

环境问题

"环境问题"并不是由于现代环境运动的兴起才形成的。环境问题正如我们每时每刻呼吸的空气一样，无论我们是否意识到，它都始终伴随着我们。也许只有当环境本身由于某种原因出现了让我们可感知到的某种明显变化时，我们才会意识到它的存在。事实上，与其说环境始终伴随着我们，不如说我们就在环境中。这是我们作为生物与环境之间所构成的一种基本关系。所谓环境，就是那些我们人身处其中并与我们之间存在着直接或间接联系的各种因素的集合，包括物理的、化学的和生物的因素，也可统称为自然环境或地理环境。从空间上讲，我们所指涉的环境问题就存在或发生于地球表层这个范围内，其厚度大致是垂直向上人能够达到的高度和垂直向下人能够达到的深度，相对于地球本身而言，这个地球表层就如同包被在地球外面的一层薄薄的膜状结构。

正是这个薄薄的膜状结构，它构成了包括我们人类和一切非人类生命形式在其中生息繁衍的现实空间和边界条件。在这个意义上讲，我们在这本书中所说的"环境"和"自然"这两个词，都是作为有限的概念而使用的，确切地说，它们均是当且仅当在"地球表层"意义上而言的。尤其是"自然"概念，这一限定旨在通过排除一切形式的在抽象的或绝对的意义上使用的可能性，从而拒绝由此产生的修辞学的表达方式和神秘主义的想象。在当代环境运动中，以及在环境保护的社会实践中，我们需要的是一个明确的和可操作的科学意义上的"自然"概念，而不是一个修辞学的或神秘主义的表达方式下的"自然"概念，这样的概念除了具有激起情感的或非理性的诉求之外，并没有更多的实质上的积极意义。

地球是宇宙起源和演化的产物，而包括微生物、植物、动物和人类在内的多样性的生命形式，则是地球上的从无机物到有机物，再由有机物到生命的起源和演化的结果。因此，从根本上讲，是地球自然孕育并塑造出了不同形式的生命，进而衍生出了生物与环境之间的关系，以及生物与生物之间的关系，尤其是人与环境或地球自然之间的关系。这些多样而复杂的关系今天已成为生态学研究的基本主题。根据进化生物学或达尔文的进化理论，在这种关系中，环境一方始终是生物在其生存和发展过程中必须面对的一种压力，这种环境压力对于所有生命形式都是持久的或永恒的，并且随着环境的变化，生物的生存策略也将必然或不得不随之发生变化。

即使是对于人而言，虽然人类在其自身漫长的进化过程中创造性地发展出了所有其他非人类生命形式不可比拟的文化力量，而且这种力量强大到足以使人具有了根据自己的愿望和意志改变和塑造环境的能力，但是，从根本上讲，无论人的文化力量强大到何种程度，环境压力的这种持久性或永恒性，也不会在性质上发生任何的改变。正如上面谈到的那样，人与环境或人与自然之间的相互作用，以及由此产生的一切可能的变化和后果，当且仅当均发生在地球表层这一有限的空间范围内；人可以通过自身的力量扰动、改变和重塑存在于其中的关系，但这些扰动、改变和重塑并不能迁移到地球表层之外。换言之，即使人在自身的文化进化的未来的某个阶段，最终使得整个地球自然生态系统发生了不可恢复的崩解，在这种情况下，假如人作为一个生物种还孤独地存在于这个崩解了的地球自然环境之中，那么，一个不可撼动的事实就是，人将不得不面对着这个崩解了的地球自然环境，而这种环境是人依然无法逃避的一种环境压力，只不过这种环境压力是由于人自身的原因而相应生成的。这是人与环境之间关系的一种必然性。

因此，无论是由于自然本身的原因，还是由于人的原因，导致存在于这个有限的地球表层中的各种关系发生了何种性质的变化，环境压力始终都不会因此而减弱，更不会被消除，区别仅在于，它只是改变了自己对生物所施加的压力的内容和形式，这对于生存于其中的所有生物都是一样

第一章 环境问题的定位

的。正是在这个意义上，我们可以说，所谓环境问题，就是包括我们人在内的所有生物，在其各自的生存和发展的过程中，都必须时刻且持久地面对和需要解决的各种环境压力。简单地说，环境压力就是环境问题。当然，对于不同的生物而言，由于各自所处的生存和发展的环境不同，它们所要面对和解决的环境压力问题，相应地也就不同。

不同的生物应对环境压力的方式是不同的。这种不同的方式，实质上都是在各自特异的生存环境条件下通过遗传变异的自然选择过程而塑造出来的，生物的特异的体质构造及其表达出的功能总是与特异的生存环境条件相适应，这一进化的适应性特征对于我们人类也同样适用。如果我们可以对直到目前生存于地球表层这一有限空间内的所有生物种（这里尤指动物，当然也包括那些在地球漫长的生命演化史的不同阶段已灭绝的生物种）做一个简单的归类，即基于同作为一个生物种的人类相比较，那么，我们可以得到这样一个结论，把人类之外的所有其他生物种都归为一大类。这就是说，所有非人类生命形式，尽管它们应对环境压力的适应方式是完全不同的，但在所面对的环境压力面前都表现出了一个共同的特征，这个特征就是，它们业已进化出的那些高度特化的体质构造所表达出的适应性功能及其后果，仅仅满足了它们在环境压力面前的一种被动性的生存。

这意味着环境压力永远处在决定性的或支配地位的一方，甚至可以说，它们之间的这种关系就是一种简单的函数关系。环境压力是纯粹的自变量，而动物对环境的适应则是纯粹的因变量，动物的生存总是随着环境压力的变化而不得不做出相应的调整，也可以说，每一种动物的那些高度特化的体质构造迄今表达出的适应性功能及其后果，并不能使其适应方式作为自变量的环境压力的一部分。因此，在这个意义上讲，环境压力给所有非人类生命形式带来的就是一个在性质上不会发生变化的环境问题。

从更为一般的意义上看，非人类生命形式的适应性的生存方式对于环境压力一方是没有意义的。因为，它们并没有或者根本无法把自己的时间融入或嵌入环境压力的这一过程中，环境压力在时间序列上呈现出来的那些涨落、波动和变化的节奏，就是所有非人类生命形式在同一个时间序列上呈现出来的做出适应性响应的涨落、波动和变化的节奏。在这个过程中，对于所有那些非人类生命形式而言，流动着的时间就意味着新的事物、新的过程、新的变化在不断地生成中，时间本身就意味着创造，但是，这一切与它们并没有关系，在它们那里什么也没有发生。这就是说，所有非人类生命形式没有自己的时间，它们自身显现出来的那个时间，实质上就是环境压力一方的时间。

相反，这一切在作为一个物种的人的身上却真实地发生了。这一切之所以能够在人的身上成为现实，这是因为人在自身进化中获得了特异的适应性方式。人作为一个物种在生物分类学上属于智人（Homo sapiens），人除了进化出能直立行走、四肢分工明确等特征之外，最显著地就集中表现在他所进化出的大脑这一高度特化的身体器官上。相对于所有其他的动物，尤其是哺乳类动物，人走上的是一条脑进化的道路。正是脑这一器官的进化使人获得了异于所有其他动物的适应环境的方式。通过脑器官的功能表达，我们可以非常清楚地看到，我们人类自己是以日益发达的智能的方式作为应对环境压力的基本手段和根据，虽然灵长目动物如黑猩猩也具有了人类幼年四岁左右的智能，但这种智能水平及其表达出的适应性能力与人还存在着本质上的区别。

因此，从整体上看，可以认为人类之外的所有动物，直到今天在应对环境压力、解决环境问题的过程中，基本上都是完全依赖于那些作为现成性的高度特化的体质构造及其适应性的功能表达。在这个意义上讲，当动物只能以这种纯粹的高度特化了的体质构造应对环境压力的时候，它们对环境的适应性应答的结果，并不具有丝毫的改变环境压力的能力，进而使它们能够突破环境压力的界限。实质上，这就是因为它们无法突破自身的体质构造的界限而造成的，或者说，它们的特化的体质构造本身的完成性，就是阻碍它们作用于外部环境的那个天然的和唯一的物理界限。

人类则不同，他能够借助其高度发达的脑器官表达出的智能突破环境压力的界限。而这种情况的真实发生，恰恰是因为人的高度特化的脑器官的进化具有了自身不断成长的这一开放性的特质，这也许是整个地球生命进化史上最奇妙的一个事件。这种自身的不断成长的开放性特质，除了表现在脑器官本身的体质进化方面之外，还更为显著地反映在脑器官的功能表达方面，这也是让我们能够更为直观地感知到或经验到的一个方面。从基于进化生物学的文化人类学的角度看，这种反应最直接地表现为一个日益多样化、精致化和组织层级化的工具—技术系统的发育成长过程，以及一个不可逆的发展变化的趋势，这个系统在构成上对应着人的体质构造方面的缺乏或有限性，也对应着人在生存和发展过程中不断产生的多样性的需要。这种智能表达的结果，很好地和充分地证明了人作为一个物种，在自己的进化道路上已成功地突破了其他动物所无法突破的由自身的特化的体质构造本身造成的那个物理界限。

概括地说，人类正是通过智能创造出的这个不断进化着的庞大的工具—技术系统，于内，在应对环境压力的方面，从根本上改变和完善着由体质构造本身的物理界限所带来的天然的自我限制的这一状况；于外，则极大地增强和提升了突破环境压力界限的能力。不仅如此，人在成功地突破环境压力界限的这个过程中，同时也史无前例地改变了环境压力的构成和性质，把自己的活动及其后果转化成为动力性的环境压力的一部分。

通过上述简要的分析，我们可以得出一个基本的结论，这就是，人作为一个物种与所有其他非人类生命形式所面对的环境问题及其性质是完全不同的。其根据就在于，人与所有其他非人类生命形式在各自的进化道路上获得的应对环境压力的方式，最终发生了不可逆转的分野，走上了迥异的适应性的道路。这种分野导致迄今为止所有其他的非人类生命形式，只能以它们各自的那些纯粹的体质构造作为应对环境压力的手段，其功能表达的后果是，它们的生存状况及未来可能的命运，永远处在环境压力的一个不可逾越的单向度的支配的过程之中，却不能对环境压力本身产生任何实质性的影响，这是一个支配与被支配的单纯的适应性关系。因此，它们所面对的环境压力的性质并不会随着时间而发生变化。

如果说有变化，那么这个变化也是显著且唯一地来自人类在地表空间中的活动。因为，正是人的活动改变了所有非人类生命形式应对环境压力的内容，它们除了不仅要应对已有的那些环境压力之外，还要不得不应对来自由人类造成的那部分新的环境压力。甚至也可以说，人类的活动作为一种动力性的环境因素添加进来之后，非人类生命形式所要应对的环境压力，在现实的地表空间中，事实上已转变成为一种由人类所强力引导和干预下的环境压力了，这也正是我们在当代所要关注环境问题的一个关键所在。

与所有非人类生命形式相比较，人作为一个物种所面对的环境压力的性质是会随着时间而变化的，确切地说，是随着人类作用于环境的生存活动本身的变化而逐渐变化的。对于这种变化，从人应对环境压力的最基本的方式看，我们可以把它表述为这样一个过程：人从最初的完全依赖于自己的纯粹特化的体质构造应对环境压力，进而逐渐演进到完全依赖于工具—技术系统这一脑器官的功能表达的产物应对环境压力。尤其是我们还可以进一步从人与自然之间的空间结合形态上看，这种变化经历了一个从自然共同体到社会共同体，再到区域共同体的转换过程。[①] 这样，在人与自然关系的相互作用的演化过程中，我们可以把人类在面对环境压力时必须处理的环境问题，明确地区分为三类环境问题：人属自然关系中的环境问题，自然属人关系中的环境问题，以及人与自然协同进化关系中的环境问题。这三类不同性质的环境问题分别对应着上述的人与自然之间渐进形成的三种不同的空间结合形态。

自然共同体中的环境问题

人属自然关系中的环境问题，属于处在自然共同体中的人类所要面对的环境压力问题，这类问题根源于人与自然之间的不对称关系。自然共同体是人与自然之间在地球表层中形成的一种最初始的空间结合形态，而且也是持续时间最长的一个阶段，大致从人类在地球上的诞生直到农耕文明的出现。在这种空间结合形态下，人是以高度离散的形式存在或分布于荒野自然中，他们就像其他社群动物那样，作为一个一般意义上的物种与生存于其中的环境是一种彻底交融的关系。

---

① 郑慧子：《走向自然的伦理》，人民出版社2006年版。

第一章 环境问题的定位

在这个阶段，人尽管是作为智人而存在的，但是，人的智能表达的结果还未能发展出足以应对环境压力的能力，他们在整体上还处在一个不得不需要完全依赖，或至少主要依赖于自己纯粹的特化的体质构造而应对环境压力的状况之中。在空间关系上，环境压力一方处于绝对的支配地位，而人这一方则处于被支配的地位。因为，在这种关系中，环境压力及其变化没有因人的生存活动而发生任何实质上的改变，亦即构成环境压力的各种环境因素仅仅是按照自身的节奏而变化，它们分别显现出的持续的时间、作用的强度、波及的范围等都是自身变化的规律性的表达。

因此，人类在这一时期所面对的环境问题及其性质，毫无疑问与我们今天的现代环境运动大力倡导的环境保护所要解决的环境问题没有任何的相似性或相同性。换言之，人类在这一时期的活动的全部意义就在于，他们所要去解决的环境问题就是，如何能够使自己挣脱人属自然的那种高度不对称的关系，如何使自己从受制于自然的那种绝对的必然性中解放出来，如何使自己从向环境彻底敞开而直接暴露于荒野自然的那种茹毛饮血的生存环境中走出，最终转向那种可以按照自己的意愿或自我决定的方式所创设的得以安身立命的生存空间。

在这个问题上，我们希望强调的一点是，在今天的现代环境运动中，保护我们赖以生存的地球环境已成为人们的一个基本共识，但是，我们明确不赞同的是那些激进的环境主义者，也包括浪漫的环境主义者在内的试图以拒斥科学和理性的方式，或敬畏自然的神秘主义的方式，号召人们回到自然中甚至是前文明中的主张。事实上，一个简单而重要的事实是，当一些人可以如此谈论那些激进的或浪漫的主张的时候，在他们那里存在着一个他们根本没有意识到的或者至少是被他们有意或无意地抽离掉的时空前提。这个时空前提就是，他们之所以能够说出那样的话语，是因为他们坚实地依托着一个不再充斥着丛林法则的生活世界的存在，而这个生活世界正是我们人类在自身的进化过程中，通过艰苦卓绝的生存实践斗争，从那个荒野自然中历史地走出的一个结果。它是一个真正属于人并由人所主导的生活世界。

人类进化史上所必须面对的那个荒野自然，绝不是一个能够使人充满遐想的浪漫之地，当然，也更不是一个能够让人诗意地栖居之地。事实正相反，对于生存于其中的早期人类而言，荒野自然是一个彻底的达尔文意义上的生存竞争与适者生存的充斥着血腥的猎杀场。这意味着，处在荒野自然中的人与所有其他的动物一样，直接而现实地面对的问题是，如何才能够在这样一个充满着生存风险的环境中活下去的问题。因此，不难想象，假如我们今天的人类还依然艰难地生存在那个以自然的必然性所主导的荒野自然中，那么，无论如何都不会给那些激进的或浪漫的环境主义主张留下任何可能存在的空间，因为根本就不存在滋生出这些观念的土壤。抽离掉特定的时空前提的或者基于时空错位的那些环境保护主张，在现实上并不会产生什么积极的意义。

由上述，我们可以确切地说，在与自然结成的最初始的空间结合形态自然共同体中，我们人类所面对和需要解决的环境问题，当且仅当在那个纯粹的荒野自然的时空条件下才存在。这些环境问题与我们今天正在面对的环境问题，在性质上是根本不同的，它们不是我们所要关注的工作对象。换句话说，那些环境问题早已是人类通过自己的长期的生存实践斗争解决了的问题。我们不可能再回到那样的荒野自然状态下的生存环境中了。

社会共同体中的环境问题

我们今天面对的环境问题，属于自然属人关系中的问题，它们无一例外地全部产生于我们同自然之间结成的第二种空间结合形态社会共同体之中。社会共同体是人类通过长期的生存实践斗争从荒野自然中走出的一个必然结果。人类进入社会共同体始于农耕文明的生产方式的出现，一直到当下的依然处在强劲发展中的工业文明社会。在这种空间结合形态中，人已从高度离散的形式分布于荒野自然中的生存状态，彻底地转向了以乡村和城市为主的这种高度聚集的生存状态。人类在空间上的存在形式的这种显著变化，就其本质而言，与其说是人从荒野自然中成功地走出，不如说是人为了生存按照自己的意愿大规模地驯化荒野自然的结果。今天的荒野自然，早已从自然共同体中的那种空间上的连续状态转变成了社会共同体

第一章 环境问题的定位

中的碎片化的存在方式,它们以主权国家的领土和领海、公有地和公海等形式被人类所分割,而国家公园及各种形式的自然保护区则是作为人类对荒野自然的最后记忆得以留存。

人类之所以能够成功地实现从自然共同体到社会共同体的跨越,一个最显著的和根本的原因就是,人类在自身的文化进化过程中所获得的生存能力,在其现实性上改变了人与自然关系中的力量对比。当然,这种力量对比的变化是一个人类逐渐减弱、抵消或平衡自然力的过程。这种关系的变化是,人与自然之间从早期的人属自然的关系转变为今天的自然属人的关系。这种变化使得人从被自然法则所支配的那种必然性的生存方式的束缚中解放出来,开始按照自己的法则的必然性亦即社会法则作为自己的行动的准则。从自然法则到社会法则的飞跃,带来的结果就是,自然按照人的意愿和构想被纳入人的整个社会发展的历史进程中,成为人所驱使和变革的工作对象,就像在人类社会的历史进程中发生的一个拥有更为强大的工具—技术系统的优势文化对另一个相对弱势的文化的殖民一样,人对自然的大规模的驯化或"殖民",以及人类的新陈代谢的"生态足迹"几乎覆盖了整个地表空间中的所有事物。

当人类开始把自然纳入自己的发展的历史进程中之后,由人自己所引发的那些真正意义上的环境问题,便也开始不同程度地随之出现。这些环境问题由农耕文明时期产生的和工业文明时期产生的环境问题所构成。坦率地说,人们在当代强烈感受到的环境问题对人类的可持续的生存与发展的威胁,可以说是在工业文明主导下的这种生产方式的背景下造成的,这一点在普遍的范围内已是人们的一个基本共识。但是,我们还要进一步指出的是,这并不必然地意味着,只有工业文明的这种生产方式,以及生活方式和消费方式,才是导致今天的环境问题产生的唯一的根源。农耕文明时期的生产方式、生活方式和消费方式同样产生了与其相对应的环境问题,只是那些环境问题并没有像今天人们感受到的环境问题的严重程度,是那样地强烈和引人注目,或者说,人们还没有真正意识到人在自然中的活动的生态后果,实质上已产生了这一时期的环境问题。事实上,"从一万年前的农业发展开始,所有形式的社会生产组织都对环境的破坏做出了贡献"①。

总体来讲，农耕文明的生产方式、生活方式和消费方式对自然环境的改变及实际造成的生态后果，基本上是地方性的或区域性的。这是因为人类作用于自然环境的基本方式，根本上还停留在一个纯粹的基于生产和生活经验缓慢积累的工具—技术系统的阶段。通过明确作用于自然环境的这种方式的性质，我们能够看到，人类的活动对自然施加影响的强度、范围，以及作用到的内容及其关系，都还处在一个相对低下的水平上，这也意味着，人类发展出的那些生存手段，在一个相当长的历史时期中还不能真正抵消自然力的控制，还不足以改变人与自然力之间的强弱对比的基本格局。

因此，人与自然的基本关系表现为，人是依时而动、依时而息。从空间上讲，尽管人类已经逐步地从高度离散的空间分布状态转向了相对高度集中的空间聚集形式，但是，这种形式主要是以乡村作为主体，而乡村意味着此时的人类还处在一个相对半荒野和半人工的自然状态之中。从利用自然的方式看，人的生存活动的目的主要是以动植物的驯化和土地的持续开发等为基本特征，以此满足人的物质生产过程中的生产资料以及生活对食物和能源的需求。从活动的范围看，人的生产和生活还仍然显著地受到特定的地理环境条件的约束，通常不可能使跨地域的活动成为常态。在这些情况下，人对环境的影响整体上表现为有限环境中的乱砍滥伐、土地拓荒带来的植被退化、水土流失、土地沙漠化等生态后果。

但是，在人类进入工业文明社会的发展进程中之后，情况就发生了彻底的或颠覆性的变革。相应地，由工业文明的生产方式、生活方式和消费方式所带来的对自然环境的大规模改变，以及造成的实际的生态后果，早已远远超过了农耕文明时期对自然环境的影响和损害，这种影响和损害，从地方性的或区域性的生态后果日益演变成为全球性的生态后果。不言而喻，这是因为人类作用于地球自然环境的基本方式，已从那个基于纯粹的生产和生活经验积累的工具—技术系统的缓慢发育阶段，突变进入了基于

---

① Foster, J. B. (1999 [1994]). *The Vulnerable Planet: A Short Economic History of the Environment*. New York: Monthly Review Press. p. 34.

现代科学的工具—技术系统的快速发育阶段。正是由于这一根本性的变化，导致人类活动对自然施加影响的强度、作用的范围，和涉及的内容及其关系，都达到了历史上的一个前所未有的高度，人类发展出的基于科学的工具—技术系统开始扮演着一个真正减弱、抵消自然力的角色，它不只是在现实上已成为平衡人与自然力之间强弱对比的重要力量，同时更为重要的是，它也在现实上成为扰动、干预、引导和塑造地表环境，包括所有动植物在内的变化和演化方向的一个不可逆的动力学因素。

由此，我们看到的情形是，人与自然的基本关系在工业文明的这种生产方式的强力发展进程中出现了根本性的反转。这种反转所导致的结果是，人不再依时而动、依时而息，相反，而是显著地表现为，自然依人而动、依人而息。在空间上，人类已经逐渐从以乡村为主体的那种半荒野和半人工的自然状态，大规模地转向了相对高度集中的以城市为主体的空间聚集形式，而且，城市化的速度在日益加快。从利用自然的方式看，人的生存活动除了动植物的驯化和土地的持续开发之外，更是按照自己的愿望和构想，有计划地大规模地把自然转变成为适于人类生产和生活的人工自然，利用自然物的广度和深度也是日新月异，由此满足人对物质和能源的不断增长的需要。从活动的范围看，人的生产和生活不再像以往那样受制于特定的地理环境条件的约束，人员、技术、物质、能源等跨地域的空间转移和流动成为常态，人在地表空间中的各种活动和各项事务都在明确地朝着以全球化为基本特征的方向发展。

总之，从农耕文明进入工业文明社会的发展阶段后所发生的所有变化，都在逐渐地汇聚成为一幅清晰而统一的社会共同体的图景。在这幅图景中，人类社会不分国家、文化、种族、意识形态和社会制度等方面的差异，正在被作为核心和驱动力的经济全球化所裹挟，进而形成一个有机的全球经济体，与此同时，我们也清楚地看到，整个地表空间内的几乎所有可资利用的事物，都在这个经济全球化的浪潮中成为人类社会自身发展，以及国家间竞争所调配的资源。这的确是地球生命进化史中的一大奇特景观。因为，在地球数十亿年的漫长进化过程中从来没有发生过这样的事情，在整个生物界，仅仅由于其中的一个生物种的行为，就调动起了整个地表空间中的几乎所有事物作为它这一物种的生存与发展的资源。这种独占性只是在人这里成为现实。在这个意义上，我们完全可以说，生态学所研究的包括人类在内的所有生物与环境之间的关系，以及生物与生物之间的关系，正是由于人的原因，在其现实性上，就等值于人与自然的关系。因为，生态学处理的这两类关系及其变化，以及作为构成要素的所有自然事物的存在状态，都在被迫地随着人所施加的影响和活动的节奏而变化。

在人与自然关系层面反映出来的这种不可逆的演化趋势，不得不说自人类社会进入工业文明的发展阶段后的今天，已达到了它的一个极致状态。如果我们只能用一句话来描述和概括这种极致状态，那就是，在地球表层这个有限的时空范围内存在的一切事物，仅仅由于我们人类自身的原因，便都处在了一个快速流动的过程中。甚或说，流动高于一切，流动就是我们这个时代的特征。这种流动性，在可预见的未来，只会日益加强，而不会减弱。我们在当代遭遇到的环境问题，就是在这样的背景下产生出来的，它们都属于自然属人这一历史时期中的问题。环境问题从人的农耕文明时期到工业文明时期以不同的形式产生和存在着，尤其是在工业文明时期，环境问题呈现为快速的爆发式的增长，从地方性的和区域性的最终演变为全球性的。

问题的关键在于，人类社会共同体内部在解决各自的生存和发展问题的过程中所产生的环境问题，最后汇聚在一起，多因一效地导致了环境本身的生态失衡和不可持续性。这种所谓的生态失衡和不可持续性，毫无疑问是对人而言的。这就是在人调动起地表空间中的所有事物作为资源为自己这一个生物种而服务时，环境越发显现出了难以承受人对其所施加的压力的衰退趋势。从生态学的角度看，这种不可持续性或环境衰退，就集中地反映在人与自然之间的物质与能量的输入与输出这两个基本方面，出现了严重的障碍和失衡。环境所遭遇的这种双重压力，就是生态学关于我们这个时代的环境问题的症结能够给出的一个最一般的系统性的诊断。

区域共同体中的环境问题

今天，人们之所以在最普遍的范围内，把我们遭遇到的环境问题统称为"环境危机",其最简单的理由,就是人们已经真实地感受到了环境问题对他们自身的生存构成了严重的威胁。毫无疑问,要从根本上改变当前严重的生态状况,减少乃至最终消除由此带来的威胁,将成为当下及未来我们人类的一项生存与发展的基本任务。因此,从人与自然之间的空间结合形态看,需要人类真正从那种自然属人的社会共同体中彻底走出,进入一种新型的人与自然的空间结合形态中,只有这样,我们才能够最终彻底消解当前面临的环境问题。

这种新型的空间结合形态,就是区域共同体。区域作为地理学中的一个最基本的核心概念,用来表示人与自然在地表空间中的一种结合形式,而区域的尺度、充斥于其中的各种事物及其分布、位置和关系等,总是会随着人在地表空间中的合目的的活动的变化而变化。从区域的观念看,人与地表空间中的其他自然部分之间在现实上结成的紧密关系,如前所述,已基本覆盖了整个地表空间。在这个意义上讲,人与自然之间通过相互作用而形成的那个最大的空间结合形态,就是人能够实现的最大的区域,它与地表空间相重合。区域共同体是人与自然之间的空间结合形态,从人属自然的自然共同体到自然属人的社会共同体的一种最后形态,亦即当社会共同体演化到它的顶点或极致状态时就是区域共同体。

从空间结合形态上看,虽然区域共同体与社会共同体二者之间呈现为一种高度的一致性,但是,这种一致性,只是形式上的一种一致性,而二者之间实质上存在着根本上的差异。这种差异就表现在,社会共同体的运行遵循的是人的或社会的法则,而区域共同体的运行遵循的则是区域的法则。所谓区域的法则,它是前两种空间结合形态所遵循的法则的一个辩证的合题,归根结底是自然的尺度与人的尺度二者之间的有机统一。在人属自然的自然共同体的存在形式下,人作为一个物种,被自然法则所支配;而在自然属人的社会共同体的存在形式中,自然被人所支配。这两种极端的形式,对人而言,都是不可持续的。前一种形式,是人力图通过艰苦的生存斗争要摆脱的一种以荒野自然为基本特征的空间结合形态,因为纯粹的荒野自然不是人的生存之地;后一种形式,则是人按照自己的意愿所发展出的一种空间结合形态,但这种空间结合形态,恰恰在事实上是与人类自己的最初的意愿严重相冲突的,这同样不是人可持续发展的安居之所。这是由人的进化史所证明了的。因此,区域法则期望实现的是人与自然能够协同进化的一种理想图景。

这种理想图景尤其是对人类进入社会共同体中后长期形成的人与自然关系的互动模式的一种根本修正,而这种修正就构成了人在与自然之间形成的这种新的空间结合形态下的基本任务。这再清楚不过地表明了,我们今天不得不需要面对和解决的环境问题,就是社会共同体给我们当代人及未来人类留下来的问题,亦即社会共同体产生的环境问题,是我们转向区域共同体这一新的人与自然的空间结合形态时的工作对象。

这将是一个需要审慎设计的社会系统工程及其长期的社会实践才有可能最终解决的问题。该问题解决的艰巨性,也许是我们人类在自己的生存与发展的历史进程中从未遭遇过的,因为,导致全球性的环境问题的产生,例如全球气候变化问题,并不取决于少数几个国家的某种社会发展模式,因此,环境问题的最终解决,也不可能仅仅依赖于少数几个国家的那种社会发展模式的自我调整。由人类导致的全球性的环境问题,必然需要全人类采取全球性的一致行动去解决。同样地,在这个意义上讲,我们自然也就不能天真地奢望仅仅依赖于某些学科的智慧就能够帮助我们实现环境问题的解决,环境问题解决的综合性这一基本特征,需要的是与之相关的所有学科或领域,分别基于它们各自在其中的具体的功能位置贡献出相关的学科智慧。今天,我们才刚刚开始进入这个"问题—解决"的历史进程中。

第二章　环境问题与现代环境运动的兴起

在环境问题与现代环境运动兴起的问题上,我们将主要讨论蕾切尔·卡森及其《寂静的春天》一书在促使环境问题一跃成为当代社会引人注目的一个最重大的时代主题,并引发全球性的现代环境运动的过程中所起到的一个不可替代的作用。可以说,没有卡森的这一里程碑式的工作,环境问题的严重性和普遍性就不可能被适时地暴露出来,从而引发人们的重点关注,环境运动也许就不会有今天的这种存在形式,更不会有一个如此深入人心的"环境意识"或"生态意识"的形成。

《寂静的春天》与意识结构的变革

社会大众真正开始意识到"环境"本身构成了一个重大和严重的问题,并且惊恐地发现他们赖以生存的这个地球自然环境,似乎突然变得不再适合于包括他们自己在内的所有生物的生存,他们早已被不知不觉地置身于一个巨大的危险之中,这种显著变化的出现,毫无疑问是与卡森发表的《寂静的春天》一书紧密联系在一起的。该书被认为是"有史以来最具影响力的著作之一"[1],它"点燃了现代环境运动的火花"[2]。

卡森在她的这本著作中,基于长期的详细和审慎的科学调查,同时也是基于她的科学良知和勇气,向社会大众系统地揭露了由于大规模地使用和滥用化学杀虫剂所导致的一系列意想不到的灾难性生态后果的真相。正

---

[1] Pimentel, D. (2012). Silent Spring, the 50 th Anniversary of Rachel Carson's Book. *BMC Ecology*, 12 (1), 1-2.

[2] Jameson, C. M. (2012). *Silent Spring Revisited*. London: Bloomsbury. p. 17.

是由于这一揭露工作，卡森不仅被人们视为现代环境主义的先驱[①]，同时更是被人们称为一个"温柔的颠覆者"[②]，甚至有研究者认为，她的这一工作是对现代人对科学和技术的基本假设，以及整个社会在此基础上建立起来的行为方式和信念体系的挑战。[③] 透过该书的发表而引发的美国社会各界出现的毁誉参半的激烈反应看，它所达成的一个最直接的和最显著的大众传播效果，就是迅速地激起了人们对他们身处其中的生存环境遭到巨大破坏的深深的忧虑和愤怒，促使"环境"本身成为在最广泛的范围内人们关注的一个严重的社会焦点问题，并最终促成了一直绵延到今天的一个全球性的波澜壮阔的现代环境运动的兴起。换句话说，这样一个革命性的变化，深刻表明了由卡森的《寂静的春天》一书传递出的信息、思想和捍卫环境安全的呐喊所造成的一个实际后果，便是导致该书从根本上成为广开民智、思想启蒙及诱发社会行动的一个意识原点。

这个意识原点的出现，历史性地标志着卡森以一种特别的叙事方式成功实现了普通大众的意识结构方面的重大变革和重组。这一变革和重组的实质就在于，卡森的这一工作把人们一直以来既熟知又陌生，或者说是熟视无睹的、可以随意处置的那个身处其中的"环境"本身作为一个需要关注的主要对象，从人们日常生活中密切接触的繁杂多样的事物中，急剧而显著地提升了出来，从而使之成为人们意识结构中的一个最重要的组成部分。正如我们今天所充分感知到的那样，当把对"环境"本身的关怀植入人们的意识中后，"环境"已经转化成为一种从个人到社会普遍共有的"环境意识"，进而，这种"环境意识"推动着"环境"成为"环境问题"，随之上升为我们当代社会所观照的一个重大的时代主题。

从人与环境之间的关系角度看，这一变化无论如何都可以称得上是一个颠覆性的重大事变，没有什么变化能够比得上人在意识方面出现的这一结构性的变化具有更大的积极意义和价值了。因为，人的决策及由此展开

[①] Gillam, S. (2011). *Rachel Carson: Pioneer of Environmentalism*. Edina: ABDO Publishing Company.

[②] Lytle, M. H. (2007). *The Gentle Subversive: Rachel Carson, Silent Spring, and the Rise of the Environmental Movement*. New York: Oxford University Press.

[③] Stein, K. F. (2012). *Rachel Carson: Challenging Authors*. Rotterdam: Sense Publishers. p. Xiii.

的行动的合理性，总是应当明确地建立在恰当的认知基础之上的，而认知则又必须是以人所高度关注的特定的目标对象为导向。不言而喻，如果一种事物没有或不能在我们人的意识方面得到明确的针对性的响应，那么，我们的决策及其行动也就不可能真正观照到该事物，更不可能真正得到与该事物相关的合理性的支撑，因此，这样的决策及其行动必然是盲目的。

然而，对于人的意识结构本身出现的这种变化所蕴含的重要意义，并没有得到包括相关研究者在内的人们足够多的重视。例如，即使对于环境哲学家而言，他们也多少受困于对这种的深刻变化缺乏足够的认识所产生的担忧和犹疑。环境哲学或环境伦理学是直接受到现代环境运动的激发而产生的全新的哲学学科，但是其发展状况并没有像环境哲学家们所想象的那样顺利。① 一批重要的环境哲学家曾在 2007 年 2 月在美国的北得克萨斯大学专门就"环境哲学的未来"召开了一个为期两天的会议，这次会议的主题，就是旨在消除环境哲学在其近 40 年的发展中在理论和实践方面存在的双重困境问题。根据环境哲学家罗伯特·弗洛德曼（Robert Frodeman）和戴尔·杰米森（Dale Jamieson）对这次会议的总结，与会的环境哲学家们认为，环境哲学虽然经过一代人的努力取得了理论上的进步，但结果是，这些进步的意义仅仅表现为它在促进人们重视环境问题挑战的重要性方面有所提高，而其本身作为一门学科却至今没有寻找到自己在学术上的真正位置。②

对此，我们想说的是，当一门学科或领域在它所关注和研究的问题上，研究者通过自己的工作能够促使更多的人意识到该问题及其重要性，这本身就是值得肯定的一种贡献。如果考虑到环境哲学或环境伦理学的第一篇研究文献直到 1973 年才出现③，那么，它在这样短的时间内就能够有

---

① 长期以来，从事相关方面研究的哲学家们一直把环境哲学和环境伦理学不加以区分地视为一个哲学学科，但实质上这是两个不同的评价性的哲学学科，它们在环境问题上分别观照的是不同方面的任务。有关这两个学科之间的关系，我们将在第十一章"环境哲学与环境伦理学的关系"中给出详细的讨论。

② Frodeman, R. & Jamieson, D. (2007). The Future of Environmental Philosophy. *Ethics & the Environment*, 12 (2), 117–118.

③ Sylvan (Routley), R. (1973). Is there a Need for a New, an Environmental, Ethic? In Light, A. & Rolston III, H. (eds.). (2003). *Environmental Ethics: An Anthology* (pp. 47–52). Malden: Blackwell.

助于促进和强化社会大众的"环境意识"贡献出自己的力量，这同样是值得称赞的一件事情。正如人们今天普遍地对卡森的《寂静的春天》一书给予的高度赞誉那样，并不是因为她在环境问题的研究方面做出了什么具体的科学贡献，而是因为她深刻地向社会大众如实揭露了化学杀虫剂造成的严重的环境问题，由此塑造了在环境问题上的一种普遍的群体意识。不可否认的是，这种普遍的群体意识的形成，必然会造成一种持久的和强大的社会压力，这对于促进环境问题的实质性的解决，将会起到不可替代的作用。至于环境哲学家们所忧虑的在哲学领域和应用领域不能得到承认或重视的学科困境问题，当然是一个极其重要的问题，但毫无疑问，这是另外一个问题，同时，它也是需要给环境哲学家们留出一个较长的时间才能逐渐解决的问题。

在这个意义上讲，我们有必要接下来给出一个进一步的具体分析，由此阐明《寂静的春天》为什么会给我们的社会带来如此巨大的变化，以至于掀起了一个全球性的现代环境运动的热潮。

《寂静的春天》与现代环境运动

从科学与社会的互动关系看，卡森的这一工作构成了通过大众传播的方式实现科学在当代强力影响社会及其发展进程的一个极为成功的范例。毫不夸张地说，卡森的这本书所达成的社会效果，甚至可以与哥白尼的《天体运行论》和达尔文的《物种起源》对我们人类的精神世界曾经带来的巨大影响和深刻改变相媲美。尽管《寂静的春天》这本书，与哥白尼和达尔文的这两部伟大的科学著作相比，并不是那种严格意义上的科学著作，[①] 也更没有提

[①] 卡森的《寂静的春天》一书，毫无疑问不是一本标准的科学类著作，但也更不是一本标准的文学类著作。究其实质，我们把它看成是一本广义的科学类著作，根据在于，它是以文学叙事的手法陈述一个严格意义上的化学杀虫剂造成的生态后果这一问题，旨在揭示事情真相。重要的是，在揭示事情真相的这个过程中，科学作家由此产生的个人情感和态度也会随着真相的逐渐展开而呈现出来，而且科学作家个人的这种情感和态度，也会不可避免地影响甚至转换成为读者的情感和态度。因此，我们把以《寂静的春天》为代表的这类作品定位于一种"文学科学"而不是"科学文学"。

出什么系统的重要的科学理论，但是，它带来的也同样是一种深刻的思想启蒙，而且是直到目前为止我们所能见到的最广泛意义上的一种思想启蒙。说到底，由这种思想启蒙导致的"环境意识"的产生和扩散而掀起的这场现代环境运动，实质上就是一种"自下而上"的社会大众的运动。可以说，民众一旦被启蒙，他们便会转变成为一支再也无法被忽视和被压制的重要力量，这种力量将迫使社会在诸如政治、经济、制度设计等主要方面不得不做出实质性的调整或改变，而不仅仅是某些方面的改良。在这个意义上，《寂静的春天》毫无疑问是一部改变人类历史命运的伟大作品。

首先，当然也是其中的一个最重要的原因，这就是，从问题的角度看，环境问题是一个与我们每一个人都密切相关的问题，仅此一点，这似乎就是一个极易引发人们浓厚兴趣和高度关注的问题。但实际情况并非如此，正如我们前面所说的那样，从"环境"到"环境问题"的转换，并不是一个会自然发生的事情，它需要一个"环境意识"的中间环节。因为，如果"环境"本身不能够作为一个目标对象被纳入人们关注的范围之内，那么，它对于人而言，就必然是一种在认识意义上不存在的事物，进而，那种明确的人与环境之间的对象性关系就不可能建立起来。

在这里，我们有必要明确地区分出两种不同的情况。这就是，"环境"作为一个问题，早就存在于科学共同体中了；但是，它对于非相关专业人员而言，由于专业壁垒的原因，这个问题并不会引起他们的注意，当然也更不会引起更广泛的社会公众的注意，因为二者之间没有什么信息的交流。对于前者，在卡森写作《寂静的春天》一书之前，就已经是作为相关科学领域关注和研究的一个科学问题而存在了，其中关于环境遭到人类活动的破坏情况，特别是有关杀虫剂等有毒化学污染物对环境损害的实际生态后果，也同样已经成为科学家关注的一个重要的方面，对于这方面的情况，作为海洋生物学家的卡森也早已有了长期的关注和充分的了解，她阅读了这方面的大量的研究文献。卡森在谈到促使她不得不立刻写作《寂静的春天》这本书的直接原因时说："1958年1月我收到了奥尔加·欧文斯·哈金斯（Olga Owens Huckins）的一封信，她在这封信中向我讲述了她居住的那个小地方已变得毫无生机的痛苦经历，这种情况急剧地把我的注意力带回到了一个我所长期关注的问题上。于是，我意识到我必须要写这本书了。"① 著名的美国生物学家爱德华·威尔逊（Edward O. Wilson），在他为《寂静的春天》一书发表40周年而出版的纪念版所写的《后记》中，对此也有过明确的说明。他告诉我们："在《寂静的春天》出版之前，杀虫剂和其他有毒化学污染物对环境和公众健康的影响就已经有了充分的记录，但是这些记录零散地存在于技术文献中。环境科学家们意识到了这个问题，但是，总的来讲，他们只是专注于他们个人专业的狭窄领域。"②

一般而言，这种情况的存在，实际上并没有什么令人惊讶的特别之处，相反，而是高度专业化下的研究状况的一种常态反应。因为，正像在每一个研究领域中表现出来的情况那样，专业人员关注的永远是他们那些具体而特殊领域中的问题，他们的任务就是，在他们的领域所统辖的边界范围内去发现问题和解决问题，然后，通过论文和专业会议等形式向同行报告自己的研究结果。在科学共同体内部，我们知道，由于研究对象的高度分化所带来的相关研究的高度专业化，因此，即使是在同一个大的学科范围内，也同样会存在着具体专业之间的交流屏障，更不要说在那些不同类型的学科领域之间存在着交流上的巨大鸿沟了。事实上，在科学共同体内部，分布着一系列处理不同对象或问题的专业共同体，它们形成了犹如蜂巢般的小的专业圈子。通常，那些专业人员似乎没有这样的意识或义务，向专业共同体之外的其他人报告所在领域的研究情况，除非其他人能够主动去了解，否则，一个专业共同体内的研究成果及其可能的意义，只会被本领域以及相邻的少数领域的专业人员所知晓。

卡森属于那种极少数的能够有意识地突破专业化壁垒的专业人员。这些专业人员表现出的一个最大的共性就是，他们视野中关注的目标对象，不只是作为同行的专业人员，同时还把目标对象投射在普通大众那里，可以说，他们是在专业共同体与普通大众之间建立其信息传播通道的人。在

---

① Carson, R. (2002 [1962]). *Silent Spring*. Introduction by Linda Lear, Afterword by Edward O. Wilson. Boston: Houghton Mifflin Harcourt. p. viii.
② Wilson, E. O. Afterword. In: Carson, R. (2002 [1962]). *Silent Spring* (pp. 364 – 371). Boston: Houghton Mifflin Harcourt. p. 364.

这个意义上，他们拥有着更多的超越绝大多数专业人员的兴趣，甚至是社会责任感。尤其是在这些人中，还有极少数的在面对社会的公共利益受到严重伤害时所具有的揭露事实真相、直面相关利益集团打击的科学良知和勇气。卡森正是这样的人，她把自己了解到的有关化学杀虫剂在环境中的释放所导致的严重生态后果的事实真相报告给了社会大众。

当然，如果仅仅是像那种一般意义上的把专业共同体中的研究结果或科学共识，以通俗的形式报告给社会大众，至多是起到一种科学普及的作用。但是，与绝大多数的专业人员不同的是，卡森在作为一位海洋生物学家①的同时，在她写作《寂静的春天》一书之前，在美国就已经是一位最受人尊敬的科学作家（science writer）了，她出版了包括最畅销的《环绕我们的海洋》（1951），以及《海风下》（1941）和《海之边缘》（1955）三部有关海洋的作品，毫无疑问，她的这一声望对于《寂静的春天》能够引发人们的高度关注是至关重要的。② 因此，作为一位科学作家，卡森不仅像通常意义上的作家那样，熟悉面向一般公众的语言和叙事的技巧，而且她还更知道如何把一个原本仅局限在相关专业共同体中的纯粹技术性的科学问题，娴熟地转换成为一般公众能够理解的问题，而这种能力显然是一般作家所不具有的，因为他们并不具备处理科学问题的相关的专业背景。正如威尔逊所说："正是蕾切尔·卡森的工作把这些知识综合成了包括科学家和普通大众的每个人都能够容易理解的一个简单的图像。"③

不仅如此，卡森的卓越之处在于，她不只是把专业共同体中的一个纯粹技术性的环境问题，转换成了一个使一般人都能够容易理解的问题，而

---

① 根据环境史学家琳达·利尔（Linda Lear）的说法，"卡森是一个从未加入过科学机构的局外人，首先因为她是女性，还因为她选择的生物学领域在核时代不受重视。她的职业道路是非传统的；她没有任何学术隶属关系，没有机构的声音。她乐意为公众而不是为狭窄的科学读者写作。对其他人来说，这样的独立性将是一个巨大的损害。但到《寂静的春天》发表时，卡森的局外人身份已经成为一个独特的优势。因为科学机构会发现，要想解雇她是不可能的"。见 Lear, L. Introduction. In Carson, R. (2002 [1962]). *Silent Spring* (pp. x – xx). Boston: Houghton Mifflin Harcourt. p. xi.

② Hecht, D. K. (2019). Rachel Carson and the Rhetoric of Revolution. *Environmental History*, 24 (3), 561 – 582.

③ Wilson, E. O. Afterword. In Carson, R. (2002 [1962]). *Silent Spring* (pp. 364 – 371). Boston: Houghton Mifflin Harcourt. p. 364.

是还在于她把这样一个技术性的问题，成功地上升为人与自然关系层面的一个引发了普遍关注的重大的社会公共问题。因为，卡森以巧妙的文学叙事的方式，营造出了包括人类在内的所有生命，由于环境灾难将会不可避免地走向毁灭的恐怖结局。英国学者亚历克斯·洛克伍德（Alex Lockwood）在《寂静的春天》出版50周年之际所写的一篇有关该书的情感遗产的文章中，通过一个批判性的公共情感框架分析《寂静的春天》的重要性，他认为《寂静的春天》创造了把情感置于当代叙事核心的这种新形式的写作基础，以此呼吁人们支持环境保护的信念和行为，而《寂静的春天》的影响，在很大程度上则要归功于它的文学风格和修辞学的力量。[1] 不可否认，透过卡森的《寂静的春天》，我们可以非常真切地感受到她对于生命的那种饱含深情的人文关怀。但是，如果把该书所造成的实际影响主要归功于它的文学风格和修辞学的力量，显然还不能真正揭示出该书之所以导致了一个付诸行动的现代环境运动出现的关键所在，甚或说，就会使之与那些纯粹的文学作品相混淆。

事实上，通过诉诸情感的修辞学方式是一切文学作品表达主题的一个共同特征，但是，仅凭这一原因很难同正在改变人类历史发展进程的《寂静的春天》联系在一起。这里面还隐含着更为深刻的原因，即科学作家的作品与一般作家的作品之间存在的实质上的差异问题。科学作家的作品，严格意义上讲，是通过融入作者个人情感的修辞学方式来"表述"作品的主题；而一般作家的作品，则是通过融入作者个人情感的修辞学方式来"表达"作品的主题。这在性质上是完全不同的作品。对于前者，科学作家必须自始至终严格地忠实于主题的事实真相及其完整性，在这个问题上不能够出现任何由于主观故意而造成的扭曲事实真相的后果，因为，主题的真相是科学作家的作品不可逾越的一个科学界限，而他们采用的文学风格和修辞学方式，不过是为了实现揭示主题真相这一目的的一种手段，这种手段是一种使社会大众更容易阅读和理解，进而最终了解事实真相的方式。对于一般作家而言，他们的作品则是完全意义上的文学作品，它与科

---

[1] Lockwood, A. (2012). The Affective Legacy of Silent Spring. *Environmental Humanities*, 1 (1), 123–140.

学作家的作品的相似性或相同性，仅表现在主题叙事的方式上，而主题本身却通常是一个建立在诸如虚构、想象或夸张的基础之上的，换言之，主题的真相不是目的，它的目的恰恰在于试图通过一个人为虚构的如人物的命运或事件的叙事主题，借以表达作者自己对世界的观点、理解、感悟、情感等。

尤其是，由于二者在这个问题上表现出来的实质性的差异，导致了人们对它们的认知，以及在认知基础上生成的情感和态度是完全不同的。这种差异表现在，一个纯粹的文学作品，无论它对人产生了多么大的思想震撼，引起了多么强烈的心理和情感反应，都不会有人在现实中把它同一个真实的世界联系在一起，因为，他们很清楚，那是与真实的世界没有必然联系或无法实现直接对接的一个虚构的世界；当他们离开那个作品时，他们的思想和情感也就会一同从那个虚构的世界里抽离出来，重新回到真实的世界中。因此，很难想象人们在阅读过一部纯粹的文学作品之后，会因为受到一个虚构世界里的悲惨故事的心理刺激而引发他们在真实世界中的行动。如果这种情况真的在现实世界中发生了，那么，作为个体，我们只能将其归咎于心智发育还处在不成熟、延迟或停滞的状态中；作为群体，我们至少可以把他们视为一个社会性的心智发育严重迟滞的症候群。

但是，在科学作家的作品中，人们知道在那里不存在那种以一个虚构世界里的悲欢离合的故事来映射一个真实世界里的情况，而是讲述的一个真实世界中实际发生过的或正在发生的事情。因此，当人们阅读《寂静的春天》的时候，就绝不会在认知层面产生虚构世界与真实世界二分的错觉或偏差。通过这本书，社会大众看到的是一个由于大规模使用化学杀虫剂而导致的一系列的生态灾难的真实画面，这个画面之所以是真实的，正是因为它是建立在大量而充分的经验证据基础之上的。在这个问题上，它满足的是科学评价中的一个最基本的实证原则，这意味着，这类作品尽管是以文学叙事的面貌来呈现这些经验材料和证据的，但是它在实质上遵循的依然是最一般意义上的科学证明的方式和检验程序。事实真相是科学作家的作品的生命，无论在任何意义上它都不应当被违反。

特别是，在《寂静的春天》一书中，这些大量的经验证据并不是以相互没有联系的或各自独立的方式随意放置在那里的，而是被卡森精心地组织在了一个严密的科学框架中。这个框架就是生态学的框架。简单地说，这个框架就是生态学所观照的包括人在内的所有生物与环境之间的关系，以及生物与生物之间的关系；生物与生物以及生物与环境之间通过物质循环和能量流动而被组织成为一个巨大的生态系统。在这个生态系统中，所有组成部分是一种相互依赖和相互依存的关系，所有生物都拥有各自独特的生态位，它们无一例外地作为其中的一个环节或节点参与这个巨大系统内的物质循环和能量流动。人作为一个生物种，同样是这个有机的生态系统中的一个组成部分，他不仅作为其中的一分子参与了这个系统内的物质循环和能量流动，而且还对这个系统的正常运行产生至关重要的影响。对于人而言，这个地球自然生态系统构成了人赖以生存和发展的自然基础，而且是唯一的自然基础，因此，人的命运与这个地球自然生态系统本身的健康和安全息息相关。

然而，这个生态学框架，在卡森关于化学杀虫剂导致系统性的生态灾难的整个叙事过程中，除了那些接受过生物学或生态学方面训练的人之外，并不能直接地被普通读者看到，或者说，这个作为叙事背景的生态学框架，正是需要作者避免直接使用科学的概念框架和专业语言来表述的主要体现。因此，实际呈现在读者面前的，是一个被完全转换成了文学的叙事结构的画面，而那个实质上的生态学的概念框架，就隐含在这个文学的叙事结构的后面，它从内容的组织到形式的构造方面为那个直观的文学叙事提供了全面的背景支撑，二者之间是一种一一对应的关系。这样，当读者随着卡森精心组织起来的这个文学的叙事结构所渐次展开的一幅幅画面，他们能够真实地感受到来自天空、陆地、海洋、河流、湖泊、动植物的那种由远及近、由四面八方涌动而来的生命死亡的气息，最终，由于巨大的生态系统的循环网络，人也无可逃避地被一同裹挟进那个巨大的死亡之境中。人们之所以能够身临其境地体验到那种全方位的压迫式的生态灾难的意象，其实正是背后的那个生态学的概念框架所起到的作用。

当这样一种系统性的生态灾难的文学意象呈现在读者面前时，将会对他们造成何种程度上的心理刺激和冲击是可想而知的。尽管《寂静的春天》是以一个虚拟的美国中部小镇所遭受的各种奇怪而可怕的灾难作为"明天的寓言"开始的这个生态灾难的叙事,但这丝毫不会对它在现实世界里的真实性构成实质性的影响,相反,这个生态灾难的文学意象,恰恰可以通过读者在他们各自的真实世界中的实际感知和遭受到的种种生态灾难的经历得到充分的印证。正如卡森所说的:"这个小镇实际上并不存在,但在美国或世界其他地方可以很容易地找到上千个这样的小镇。我知道没有任何一个社区经历过我描述的所有不幸。然而,其中的每一种灾难都在某个地方已经实际发生了,而且许多真实的社区已经遭受了其中的大部分的灾难。一个恐怖的幽灵几乎悄无声息地降临在我们的身上,而且这个想象中的悲剧很容易成为我们都知道的一个严酷的现实。"①

对于这一恐怖的生态后果,尤其是随着读者把自己正在遭受的那些不同程度的生态灾难的经历不断地叠加在这个画面上的时候,他们得到的就绝不只是感同身受,而是必然会对他们为什么被置于这样的一种恐怖之境中产生种种疑问。卡森一针见血地告诉社会大众,导致这一切生态灾难发生的根源,既不是巫术,也不是什么敌人所致,而是由我们人自己造成的,②"我们允许使用这些化学药品时,却很少或根本没有事先调查它们对土壤、水、野生生物和人类自身的影响。我们的后代不太可能宽恕我们对支持所有生命的自然界的完整性缺乏审慎的关注。"③

在这里我们有必要引用卡森的一段话来表明她在生态灾难这个问题上的看法和态度。她说:"人们对这种威胁的性质的认识依然非常有限。这是一个专家的时代,每个专家看到的都是他自己的问题,但却不知道或不能容忍它所适合的那个更大的框架。这也是一个由工业主导的时代,在这个时代,不惜代价牟利的权利极少受到挑战。当公众面对使用杀虫剂所造成的有害结果的一些明显证据而提出抗议时,他们得到的只是一些半真半

---

① Carson, R. (2002 [1962]). *Silent Spring*. Introduction by Linda Lear, Afterword by Edward O. Wilson. Boston: Houghton Mifflin Harcourt. p. 3.
② Carson, R. (2002 [1962]). *Silent Spring*. Introduction by Linda Lear, Afterword by Edward O. Wilson. Boston: Houghton Mifflin Harcourt. p. 3.
③ Carson, R. (2002 [1962]). *Silent Spring*. Introduction by Linda Lear, Afterword by Edward O. Wilson. Boston: Houghton Mifflin Harcourt. p. 12.

假的镇静剂。我们迫切需要结束这些虚伪的保证,去掉套在事实外面的令人厌恶的糖外衣。正是公众承受着由昆虫控制者所算计出的那些风险。公众必须决定是否希望继续走目前的道路,而且只有在充分掌握事实的前提下才能这样做。用让·罗斯坦德(Jean Rostand)的话说,'忍受的义务赋予我们知情权。'"①

我们把这段话可以理解为卡森基于一个科学家的揭露事实真相的科学良知和勇气,向社会公众发出的一个诉诸行动的社会呼吁和社会动员。因为在卡森看来,专家时代的技术专家们考虑的只是化学杀虫剂杀毒的效果,却从不去考虑由此可能在更大的范围内带来的潜在的环境风险;不受约束的资本的牟利本性肆无忌惮地追逐更大的利益;而社会公众为了捍卫自己免受环境危害而提出的抗议,从未得到相关利益集团的认真对待,但他们却承担着由此带来的伤害。因此,卡森认为这种不计后果的情况再也不能继续下去了,她呼吁人们行动起来,需要为自己争取了解事实真相的知情权,而不是继续被谎言所欺骗,以阻止这种无处不在的生态灾难持续恶化下去。

通过上述的简要分析,我们认为《寂静的春天》一书之所以能够诱发一个持续到今天,但还远未结束的现代环境运动,其最主要原因大致可以概括为以下两个方面。

一方面,普遍的和系统性的生态灾难的存在及其发现。由现代化学工业制造的杀虫剂不计后果地在环境中大规模使用甚至滥用导致了灾难性的生态后果,这种生态后果表现为,有害的化学物质通过物质循环广泛而弥漫性地存在于整个地表环境中,存在于包括人在内的动植物的机体中,并对生物的生存构成了严重的伤害,同时,普通大众对这一实际存在着的系统性的严重事态却一无所知。这种状况构成了能否引发现代环境运动产生的一个最基本和最重要的事实前提部分。因为,《寂静的春天》并不是像许多人理解的那样,是一部生态文学方面的里程碑式的作品,而是一部旨在揭露这一严重的事实真相的作品。正像所有重大的科学发现总是会引起

---

① Carson, R. (2002 [1962]). *Silent Spring*. Introduction by Linda Lear, Afterword by Edward O. Wilson. Boston: Houghton Mifflin Harcourt. p. 12.

科学共同体成员的强烈反应那样，卡森的工作表现出来的最大意义和价值也是如此，她向社会公众系统性地揭露了我们的现实社会中的确存在着这样一个普遍性的生态灾难。类比于科学发现，这同样是一个事实的发现，而不是一个文学的虚构，或一种价值观的表达。相反，现实中如果不存在生态灾难这一事实，那么，《寂静的春天》一书无论如何也不可能会产生如此巨大的和激烈的社会反应。

另一方面，《寂静的春天》成功地把普遍存在的环境问题转换成为一个重大的社会公共安全问题。化学杀虫剂造成的严重的环境危害，并不因卡森的揭露才存在，而是早已为相关的专业共同体所知道，而且对此已开展了大量的科学研究，但是囿于专业技术人员狭窄的考虑问题的方式，这一问题并没有跨越出专业共同体的范围，是卡森出于她的科学良知和揭露事实真相的勇气，才最终使这一问题能够曝于天下。同时，这也得益于该问题的严重性和普遍性。这提示我们，只有那些重大的问题才有可能引发成为相应的重大的社会公共问题。虽然真实就是力量，但是，如果仅仅是一个一般意义上的事实真相的揭露，如果该事实真相呈现出来的后果不能造成最广泛意义上的危害，恐怕也很难诱发人们严重的关注，形成相应的群体意识，进而导致社会行动的发生。惊人的揭露和指控，必有惊人的证据做支撑，卡森为此提供了大量而翔实的经验材料作为证据，不仅如此，这些经验证据正是基于生态学的基本原理而被有效组织起来的，这才能够使早已存在的环境问题在现实世界中造成危害的严重性和普遍性得以系统性地突显出来。至于卡森在这个揭露事实真相的过程中采取的文学的叙事方式，它所起到的作用在于帮助社会公众对事态的理解、情感、态度与行动的形成，是从属于事实真相揭露的助推器。

《寂静的春天》的历史地位被高估了吗？

在这里，我们还想特别就一项最新的有关《寂静的春天》的研究做出回应。因为，这项研究严重地涉及我们能否更为准确地理解和把握《寂静的春天》与现代环境运动之间的关系问题，同时也涉及我们在这个问题上得到的结论。该项研究是美国历史学家查德·蒙特里（Chad Montrie）所著的《〈寂静的春天〉的神话：反思美国环境主义的起源》一书。蒙特里质疑了在学术界和社会公众那里早已达成的有关卡森及她的《寂静的春天》的历史地位的基本共识。通过追溯《寂静的春天》发表之前的美国环境史中的大量史料，他认为卡森及她的《寂静的春天》的历史地位被社会高估了，甚至被神话了。为此我们特别选取了蒙特里书中的两段比较概括和重要的话，以反映他所提出的不同看法。

蒙特里认为："虽然把推动生态学的普及以及对环境监管政策的影响归功于蕾切尔·卡森是合理的，但是，要把她说成是促成了美国环境运动，那就有些夸大其词了。把她置于故事的中心，或者把《寂静的春天》放在那里，用一个简单却很吸引人的神话故事代替了一个更为复杂的实际发生的故事。事件的传统说法不仅夸大了卡森和她的著作的历史重要性（一个多半无害的错误），而且从根本上也误解了环境主义的整个历史（一个具有现实的当代意蕴的更大的错误）。它没有恰当地解释该运动的起源（原因），没有准确地确定起源的日期（时间），也没有充分地考虑到广泛的历史参与者（谁）。这就是说，它忽视了历史学家在对历史变化做出合理解释时所要努力回答的具有标志性的主要问题，这些问题是忠实于现有的历史证据和基于某些学术标准而精心构建的问题。"[①]

在另一段话中，他说："事实上，把《寂静的春天》尊崇为一个关键的中心地位的环境主义解释，不仅忽视了由工业化引发的日益增长的环境意识，而且也表现出对由它激起的早期的行动主义的显著不尊重，甚至忽视了就在该书出版前夕所发生的事情。卡森本人在国家公园协会的年会上的一次演讲中承认，她对杀虫剂危害的兴趣是如何部分地来自于人们寄给她的信件，这些信件恳求她为联邦政府在他们的社区内的喷洒杀虫剂计划做些事情。而且在她的书中以及其他公开场合，她含蓄地提到了1957年一些长岛居民要求美国农业部（USDA）停止在他们的社区喷洒杀虫剂的一个诉讼案件的重要性。但是，既不是《寂静的春天》本身，也不是有关该

---

① Montrie, C. (2018). *The Myth of Silent Spring: Rethinking the Origins of American Environmentalism*. Oakland: University of California Press. p. 9.

书的公开对话，或是描写它的环境主义历史，给出了已经在致力于解决一系列的环境问题的许多公民活动的真正意义。然而，如果说《寂静的春天》有影响的话，那是因为它出现在一个可接受的地点和时间，正如哈里特·比彻·斯托（Harriet Beecher Stowe）的《汤姆叔叔的小屋》促成了一场长期存在的废奴主义运动一样。毫无疑问，到20世纪中期已有相当多的美国公众认识到，为了保护人类和自然界的其余部分，现代工业的'进步'需要校正和控制，而且有无数人是在没有卡森的激励、启发或引导的情况下已经开始去做那些事情了。"①

根据蒙特里的上述说法，卡森的工作在美国环境运动的历史发展进程中的贡献，仅仅表现在她推动了生态学的大众化，以及对环境监管政策的变化产生了影响，而《寂静的春天》之所以能够产生影响，则是因为它出现在了一个恰当的地点和时间，但是，仅凭这些贡献就把卡森置于环境运动的中心位置是不合适的。蒙特里的这种说法是可以理解的，因为，毕竟在《寂静的春天》发表之前存在着蒙特里所说的那些情况，但是，如果我们能够把观察和评价的视野放大到包括美国环境运动在内的整个世界环境运动的背景下，由此审视《寂静的春天》时，我们就会清楚地发现，这样的质疑是难以成立的。因为仅就蒙特里所确认的那几个事实，并不是像他所理解的那样，是一些平淡无奇的事情。相反，它们恰恰是整个环境运动中的最重要的一些方面，或者说是具有路标意义的事件，它们分别反映出了各自在整个环境运动中所扮演着其他事件不可替代的角色的作用。

首先，蒙特里认为，《寂静的春天》之所以能够产生今天这样的如此巨大的影响，那也只是因为它出现在了"一个可接受的地点和时间"。这种说法实质上是在向人们暗示，《寂静的春天》对环境运动产生的影响，只不过是一种历史的"巧合"或"偶然"所造成的结果，这意味着，似乎就其本身而言，《寂静的春天》本不应产生这样巨大的影响力。然而，作为历史学家，蒙特里应当知道历史是不能假设的这个基本的方法论原则，而且这一原则，无论在任何情况下，在历史的叙事过程中都不应当被违

---

① Montrie, C. (2018). *The Myth of Silent Spring: Rethinking the Origins of American Environmentalism.* Oakland: University of California Press. pp. 12–13.

反，否则，以"如果……，那么……"的这种假设的方式写出的"历史"，便与实际发生的历史之间没有任何关系。时任美国副总统的阿尔·戈尔（Al Gore）在为《寂静的春天》所写的"前言"中也说到了该书出版的"时机"这个问题，他说："如果《寂静的春天》早十年出版，它定会很寂静，在这十年中，美国人对环境问题有了心理准备，听说或注意到过书中提到的信息。从某种意义上说，这位妇女是与这场运动一起到来的。"①戈尔的这种说法实际上印证了在《寂静的春天》出版之前，尽管存在着许多伴随着工业化进程而出现的各种环境问题的争论和抗议事件，但是这些情况，无论是在影响的规模、造成的实际效果，还是在对人们产生的心理冲击方面，可以说，都是以局部性或地方性为其基本特征，它们都未能像《寂静的春天》那样带来一个全国性的激烈反应。

美国历史学家斯蒂文·斯托尔（Steven Stoll）在谈到《寂静的春天》与以往的那些环境保护方面的经典著作显著不同的地方时指出："自然资源保护主义者一个世纪以来一直在写作资源枯竭和财富浪费的问题，例如在费尔菲尔德·奥斯本（Fairfield Osborn）的《我们被掠夺的星球》（1948）和威廉·沃特（William Vought）的《生存之路》（1948）等作品中。但是《寂静的春天》写的则是一些完全不同的事情。它告诉读者的是，他们自己的选择和决定在更大的世界里很重要；像 DDT② 这样的化学物质没有区别，但事实上，它们是具有潜在的毁灭所有生命形式能力的杀虫剂；而且生产 DDT 的公司根本就不关心那些使用它的人的身体健康。最重要的是，卡森写的并不是濒临毁灭的塞拉峡谷或科罗拉多大峡谷，而是美国常见的景观，她强调了这种危险并不存在于遥远的地方，而是就存在于我们的花园、草坪和居民区中。卡森运用生态学阐释了美国人消费的后果：杀虫剂一旦从喷雾嘴喷出所发生的事情——杀虫剂如何从叶子滴入土壤，进入地下水位和河流，最终进入鱼的身体内，然后被其他动物和人吃掉。卡森用

---

① ［美］阿尔·戈尔："前言"，见蕾切尔·卡逊《寂静的春天》（第 9－19 页），吉林人民出版社 1997 年版，第 11 页。该版本将 Carson 译为卡逊，本书中均译为卡森。
② DDT，又叫滴滴涕，是有机氯类杀虫剂，由于其毒性具有较长的持久性，长期累积下来，会造成严重的生态问题，所以一度遭到禁用。2002 年世界卫生组织宣布重新启用 DDT 作为控制蚊子的繁殖以及预防疟疾、登革热、黄热病的有效手段。

这样一个简单的出乎意料的事实震惊了整个国家，即工业社会的消费能够侵蚀生活的基本结构。"①

事实上，由斯托尔所说的，我们可以看到这绝不是什么历史的"巧合"或"偶然"，就能够使《寂静的春天》产生这样截然不同的社会效果，奠定其在整个环境运动中的历史地位。这是由卡森在《寂静的春天》中讲述的内容反映出的严重性和普遍性所决定的，没有这种性质的事实真相的揭露，再好的历史"巧合"或"偶然"，也不会促使其达成它在实际的历史中呈现出来的这种结果。换言之，即使是有大众传媒在其中扮演着"议程设置"的角色和发挥着推波助澜的作用，那也只能是起到一种一时轰动的大众传播效果，因为事情过后，一切都会归于平静。但是，从《寂静的春天》在其发表过程中所产生的即时效应，以及其后的一系列愈演愈烈的规模空前的争论，尤其是之后在学术界出现的关于"环境危机"根源的一个持续到今天的全面的理论反思和引发的长期的社会政治行动看，《寂静的春天》的确把环境运动引向了一个全新的历史发展阶段，所有这一切都是其关注的主题所导致的在思想和行动方面持续发酵的一个结果。对于这种结果，也许是包括卡森本人在内的所有人都未曾预料到的一个令人惊讶的社会后果。由《寂静的春天》诱发的现代环境运动所达成的一个以全球性为特征的景观，无论从任何一个方面看，都不是该书发表之前的环境运动中的任何事件所能比拟的。卡森"她惊醒的不但是我们国家，甚至是整个世界。《寂静的春天》的出版应该恰当地被看成是现代环境运动的肇始"②。在这个意义上讲，卡森的《寂静的春天》在直到目前的环境运动的整个过程中，毫无疑问处在一个核心位置上，是影响甚至决定着其未来走向的一个历史转折点的坐标。

而蒙特里所说的《寂静的春天》只是推动了生态学的大众化，以及对环境监管政策及其变化方面产生了影响，这种说法同样严重低估了这两个

---

① Stoll, S. (2007). *US Environmentalism Since 1945: A Brief History with Documents*. New York: Palgrave Macmillan. p. 16.

② ［美］阿尔·戈尔："前言"，见蕾切尔·卡逊《寂静的春天》（第9—19页），吉林人民出版社1997年版，第12页。

方面所蕴含的对于整个环境运动和社会的未来发展的巨大意义和不可估量的价值。事实上，生态学的大众化和对环境监管政策产生的实质性的影响，正是《寂静的春天》所开创的现代环境运动中呈现出来的两个极为重要的方面。其中，生态学的大众化，意味着现代环境运动在推动如何应对和解决环境问题方面，为自己寻找到了一个可以依赖的重要的科学基础，这一变化恰恰是以往的环境资源保护运动中严重缺乏的一个重要方面，同时，这也为生态学从生物科学中的一个年轻的、边缘性的小的分支学科，一跃成为一个令人瞩目的重要学科，并进入现代历史舞台的中心，提供了一个历史契机，尽管这样的变化使生态学家们多少感到有些措手不及。此外，在卡森系统性地揭露化学杀虫剂对整个生命世界的灾难性的危害，以及使社会大众能够充分地意识到这种"生态危机"，同时需要他们刻不容缓地行动起来保护环境的方面，生态学都起到了一个独一无二的或不可替代的作用。更重要的是，随着现代环境运动的兴起而走入现实社会的生态学，不仅改变了环境运动本身的性质，而且也将会在重塑我们的社会的基本结构方面，提供重要的思想资源和基本原理的支持。事实上，生态学对于我们的社会究竟意味着什么，它将会带来怎样的深刻变化，我们在思想上迄今还远未真正认识到。在这个意义上讲，《寂静的春天》促进了生态学的大众化的意义，已经远远超出了社会大众知道了生态学这个学科本身的意义。

另外，卡森和她的《寂静的春天》对环境监管政策方面的影响，也许是现代环境运动发展进程中所达成的一个至关重要的成果。正如戈尔所说的那样，《寂静的春天》"是一座丰碑，它为思想的力量比政治家的力量更强大提供了无可辩驳的证据。1962年，当《寂静的春天》第一次出版时，公众政策中还没有'环境'这一款项"[①]。正是卡森改变了这一切，她通过演讲、到国会做证等方式，努力把她的思想和警告从纸面上转向实际的社会行动，以此实质性地推动环境问题的解决，"她试图把环境问题提上国家的议事日程，而不是为已经存在的问题提供证据。从这种意义上说，她

---

① [美]阿尔·戈尔："前言"，见蕾切尔·卡逊《寂静的春天》（第9—19页），吉林人民出版社1997年版，第9页。

的呐喊就更难能可贵"①。可以说,《寂静的春天》的确鼓动起了一个通过社会大众的有意识的施压,迫使政府不得不做出环境政策改变的结果,"尽管卡森常常被描绘成一位性情温和的作家……但是她关于人类健康的信息却是强有力的和尖锐的。她传递出的信息的敏捷性,表明了它在重塑环境保护和促进更广泛的社会运动方面的重要性。卡森把以往不同的关注点——野生生物保护和人类健康——融合成了有助于不同的支持者团结在一起的一个一致性的框架。卡森的工作和由《寂静的春天》所激发出的行动主义导致美国政府加强了对有毒化学物质的监管。美国环境保护署(EPA)署长威廉·洛克绍斯(William Ruckelshaus)于1972年颁布了DDT的禁令"②。

威尔逊也告诉我们:"在很大程度上,美国人听取了她的意见,开始厌恶大规模的有毒污染。卡森伦理传播到了其他国家和每个国家的不同地方。人们无法准确地评价《寂静的春天》对美国环境主义者的全部影响。在随后的几十年中,这本书的信息与其他科学的和文学的努力相结合,融入了日益增长的行动者的运动,它是从多重的社会和政治议程中产生出来的。但是,无论谱系如何,没有人能够否认蕾切尔·卡森的书发挥了、并将继续发挥着重要的影响。直接的影响是,它加速了对化学污染的抵制,而这种抵制在今天几乎是普遍存在的——即使不总是行动上的抵制,也是口头上的抵制。《寂静的春天》也成为一股全国性的政治力量,它在很大程度上促成了1970年美国环境保护署的成立。杀虫剂监督的任务和食品安全检验署从农业部移交给了这个新机构,这标志着政策的重点从化学农作物处理的效益转向了对它们的风险的管理。"③

戈尔特别谈到了卡森的思想是如何深入地影响到了他们那届政府在环境监管政策方面的决策。他告诉我们:"克林顿—戈尔政府的处理杀虫剂

---

① [美]阿尔·戈尔:"前言",见蕾切尔·卡逊《寂静的春天》(第9—19页),吉林人民出版社1997年版,第13页。

② Spears, E. (2020). *Rethinking the American Environmental Movement post - 1945*. New York: Routledge. p. 83.

③ Wilson, E. O. Afterword. In Carson, R. (2002 [1962]). *Silent Spring*. (pp. 364 - 371). Boston: Houghton Mifflin Harcourt. pp. 368 - 369.

的政策有很多缔造者。其中最重要的可能是一位妇女。她 1952 年从政府机关中退休了……但在精神上；蕾切尔·卡逊出席了本届政府的每一次环境会议。我们也许还没有做到她所期待的一切，但我们毕竟正在她所指明的方向前行。"① 此外，戈尔还深有感触地说，《寂静的春天》"告诫我们，关注环境不仅是工业界和政府的事情，也是民众的分内之事。把我们的民主放在保护地球一边。渐渐地，甚至当政府不管的时候，消费者也会反对环境污染。降低食品中的农药量目前正成为一种销售方式，正像它成为一种道德上的命令一样。政府必须行动起来，人们也要当机立断。我坚信，人民群众将不会再允许政府无所作为，或者做错事"②。

由此，我们可以清楚地看到，卡森及她的《寂静的春天》对于政府的环境监管政策及其变化产生影响的力度；同时，我们也确信，卡森的工作如果没有最终深刻地影响到政府的环境监管政策出现实质性的变化，以及政府的实际行为方面的变化，那么，环境问题的解决，尽管我们知道这是一个漫长的而且依然会存在着斗争的过程，就不可能真正产生实质性的结果。这意味着，就像我们在社会生活中遇到的所有重大问题的解决那样，无论是在何种社会制度和管理体制下，由环境问题引发的各种社会矛盾如果不能最终汇聚在政治层面，使之做出响应，给出一个强有力的和行之有效的解决方案，那么，卡森的工作所产生的效应也至多停留在纸面上，停留在社会大众与相关利益集团的无效的争论和冲突中。尽管环境问题的解决涉及极其复杂的社会关系和利益冲突，但是，卡森的工作毕竟在通向问题解决的道路上，通过调动社会大众的力量，帮助社会打通了最后的一个环节，这不能不说是一个巨大的贡献。

---

① ［美］阿尔·戈尔："前言"，见蕾切尔·卡逊《寂静的春天》（第 9—19 页），吉林人民出版社 1997 年版，第 18—19 页。
② ［美］阿尔·戈尔："前言"，见蕾切尔·卡逊《寂静的春天》（第 9—19 页），吉林人民出版社 1997 年版，第 19 页。

第三章　现代环境运动的三重意义

关于现代环境运动的意义问题，这同样是一个值得特别讨论的一个基础性的问题。《寂静的春天》对于我们人类社会产生的巨大影响，以及由此带来的深刻变化，早已远远超越了该书所直接揭露和指控的化学杀虫剂造成的环境危害这一问题本身，由此诱发的全球性的现代环境运动，发展到今天正在越发显露出其更加广泛的意义和价值。对于这种意义和价值，我们在这里可以明确地把它们概括为三个主要的方面，它们分别是从三个时空尺度不同的参考系中显现出来的：一是从环境运动本身的发展看，现代环境运动是建立在科学意义上的一种环境保护；二是从科学与社会的互动关系看，现代环境运动是科学强力引导社会的一种重要的表现形式；三是从人与自然的关系看，现代环境运动是人类文明史上的一个极其重要的历史转折点。

现代环境运动是科学的环境保护

第一个方面，从环境运动本身的发展进程看，我们之所以确认现代环境运动是建立在科学基础之上的一种环境保护，其根据主要在于，《寂静的春天》一书本身的性质，卡森对待科学和技术的基本态度，以及她由此给出的消解化学杀虫剂带来的严重的生态灾难的解决方案。卡森在她的《寂静的春天》中，尽管采取的是一种令人们印象深刻的文学叙事的方式揭露普遍存在的环境危机问题的，但是，如前所述，这种社会大众易于接受的文学叙事方式呈现出来的生态灾难的整体图景，却是严格地以生态学的概念框架和基本原理组织起来的，没有生态学作为叙事的基本构架作为科学的支撑，就不可能使环境问题的严重性和普遍性暴露出来。此外，特别重要的是，作为环境问题的解决，她在寻求如何解决以DDT为代表的化学杀虫剂造成的整个生态系统的灾难性后果这一问题时，给出的最终解决方案是明确地建立在科学基础之上的。

《寂静的春天》最后一章"另外的道路"中指出，在环境问题上，我们目前有两条完全不同的道路可供选择，一条是迄今一直行进在看似高速进步但最终却是灾难的道路；而另一条则是几乎从未走过的但最终却能保护我们地球的道路。这条道路就是由生物科学提供的"生物控制"的道路："事实上，有极其多样的替代化学控制昆虫的方法可供选择。其中一些方法已经付诸实践，并取得了显著的成功。另一些方法还处在实验室的检验阶段。还有一些只是存在于那些富有想象力的科学家头脑中的想法，正等待机会去检验它们。所有这些方法都有一个共同点：它们都是生物学的解决方案，这些方法都是建立在它们对试图控制的生物体的理解，以及对这些生物体所属的整个生命结构的理解基础之上的。代表着广阔的生物学领域中的各个方面的专家们——昆虫学家、病理学家、遗传学家、生理学家、生物化学家、生态学家——他们都把自己的知识和创造性的灵感贡献给了一门新的生物控制科学的形成。"[1] 但令人遗憾的是，这门在美国一个世纪前就已出现的生物控制科学，到了20世纪40年代随着新型化学杀虫剂的出现，那些应用昆虫学的研究者就抛弃了所有的生物学的控制方法，转向了化学控制方法。现在，当人们发现化学杀虫剂给我们带来的危害要明显地超过昆虫的危害时，生物控制的科学研究才又开始逐渐活跃起来。[2] 虽然卡森并没有完全拒绝"化学控制"方法的运用[3]，但是，毫无疑问，卡森把生物控制的方法看成是代表着昆虫控制的未来发展方向的一种生态友好的方法。因为，生物控制的方法相对于化学控制方法的优势是

---

[1] Carson, R. (2002 [1962]). *Silent Spring*. Introduction by Linda Lear, Afterword by Edward O. Wilson. Boston: Houghton Mifflin Harcourt. pp. 276–277.

[2] Carson, R. (2002 [1962]). *Silent Spring*. Introduction by Linda Lear, Afterword by Edward O. Wilson. Boston: Houghton Mifflin Harcourt. p. 277.

[3] Carson, R. (2002 [1962]). *Silent Spring*. Introduction by Linda Lear, Afterword by Edward O. Wilson. Boston: Houghton Mifflin Harcourt. p. 12.

显而易见的：廉价、永久性，而且不会留下任何有毒的残余物。①

同时，生态学作为一门科学，它在环境保护过程中也是需要我们特别运用的一种重要的生物科学知识，但是，生态学并没有被纳入化学杀虫剂的开发者和监管者用来评价这些药物的环境释放可能带来的生态风险的环节中。生态学被忽视了。卡森明确地告诉我们："许多必要的知识现在是可以得到的，但我们没有使用它们。我们在大学里培养生态学家，甚至在我们的政府机构里雇用他们，但是我们却很少听取他们的建议。我们任由化学的死亡之雨落下，就好像没有任何其他的选择那样，然而，事实上有许多替代的方法，如果提供这种机会，我们的聪明才智就会很快地发现更多的方法。"② 事实上，卡森正是在生态学的概念框架基础上看待和评价"化学控制"和"生物控制"这两种完全不同的昆虫控制方法的。

在这里，我们看到的是，卡森作为一个科学家在环境问题上秉持的是一种严谨的科学理性精神，以及对地球生命的人文关怀。卡森告诉我们，通过"生物控制"的所有那些新颖的、富有想象力的和创造性的方法来解决与其他生物共享我们的地球这个问题，是一个永恒的主题，这是一种如何与其他生命打交道的意识，"只有考虑到这些生命力量，并审慎地把它们引导进入对我们有利的道路上，我们才能有希望在昆虫群体和我们自己之间实现合理的调节"③。但遗憾的是，"目前流行的毒药完全没有考虑到这些最基本的因素。化学弹幕就像穴居人的棍棒一样原始，猛烈地掷向生命的结构——这种结构一方面是脆弱的和易损的，另一方面又是神奇坚韧的和有弹性的，而且能够以意想不到的方式进行惊人的反击。生命的这些非凡能力一直被化学控制的实践者所忽视，他们实施的任务没有'高尚的方向'，没有在肆意破坏的巨大力量面前表现出任何的谦卑"④。卡森在

---

① Carson, R. (2002 [1962]). *Silent Spring*. Introduction by Linda Lear, Afterword by Edward O. Wilson. Boston: Houghton Mifflin Harcourt. p. 292.
② Carson, R. (2002 [1962]). *Silent Spring*. Introduction by Linda Lear, Afterword by Edward O. Wilson. Boston: Houghton Mifflin Harcourt. p. 11.
③ Carson, R. (2002 [1962]). *Silent Spring*. Introduction by Linda Lear, Afterword by Edward O. Wilson. Boston: Houghton Mifflin Harcourt. p. 297.
④ Carson, R. (2002 [1962]). *Silent Spring*. Introduction by Linda Lear, Afterword by Edward O. Wilson. Boston: Houghton Mifflin Harcourt. p. 297.

生态学的跃迁及其问题

"另外的道路"一章的最后指出,"'控制自然'是一个傲慢的说法,它诞生于生物学和哲学的尼安德特人时代,那时人们以为自然是为人类的便利而存在的。应用昆虫学的概念和实践在很大程度上可以追溯到科学的石器时代。令人担忧的不幸是,如此原始的一门科学竟被最现代的和最可怕的武器装备起来了,而且在把它们用来对付昆虫的同时,进而也把它们用来对付地球了"①。

由此,卡森所反对的以 DDT 为代表的这些简单粗暴的化学杀虫剂,正是建立在生态学严重缺乏的认识基础上的产物,甚至可以说,这也是卡森那个时代漠视生态学这一门科学,以及它的基本思想和原理的一个必然结果。在这个意义上讲,这样的"化学控制"方法,无论如何都是一种坏技术,一种拙劣的反生态的技术;相反,"生物控制"的方法则是一种好技术,一种符合生态学的思想和基本原理的技术,同时,更是一种代表着人与自然之间能够达成和解与协同进化的技术。因此,我们认为,由卡森所引发的现代环境运动,从整个环境运动本身看,它实质上就是一个建立在科学基础之上的环境运动,确切地说,是建立在以生态学为主要代表的科学基础之上的环境运动。所谓"现代"这一标志着该运动性质的限定词,就对应着我们这里所说的"科学"这个具体的限定词。如果我们在这里给出的关于现代环境运动的这一性质的判断是成立的,那么,这就将构成我们用来审视和评价卡森以来的环境运动中出现的各种变化的一个基本尺度或坐标,除非我们在这个基本问题上的判断是错误的,否则,我们对由现代环境运动带来的各种社会变化或效应的看法,均在这个意义上去理解。

当我们把现代环境运动的性质明确地定位于科学意义上的一种环境保护的时候,对于《寂静的春天》,却有研究者解读出了不同的结论。美国学者迈克尔·布莱森(Michael A. Bryson)在他的一篇讨论卡森与另外一位科学家兼作家洛伦·埃斯利(Loren Eiseley)的科学批评的论文中指出,他们二人采用一系列的叙事策略描述自然现象和解释科学概念,这些策略同时"有助于对科学进行深刻和中肯的批评","这种批评植根于道德与自

---

① Carson, R. (2002 [1962]). *Silent Spring*. Introduction by Linda Lear, Afterword by Edward O. Wilson. Boston: Houghton Mifflin Harcourt. p. 297.

然的契合，拒斥人类中心主义的价值观，以及对科学与技术进步盲目信仰的健康怀疑。然而，卡森和埃斯利虽然没有因为科学的不可救药的堕落（irredeemably corrupt）而拒斥科学，但是他们都认为，一种基于道德的，甚至是自我反思的科学探索方法，能够在人与其环境之间培养出一种更加明智和更加富有成效的关系"[1]。

这里仅就卡森而言，布莱森误读了卡森在《寂静的春天》中传递出的她对科学和技术的基本态度。从卡森对化学杀虫剂导致大规模的生态灾难的系统揭露过程中，我们并没有发现卡森有丝毫的批评科学的地方，甚至也没有发现在抽象的或一般意义上批评技术的地方。正如我们在前面已讨论过的那样，卡森明确反对的是那些无视生态学的约束和无视环境后果的"化学控制"技术，倡导的是基于生态学的"生物控制"方法。在这里，可以看出布莱森在他的文章中混淆了"科学"与"技术"二者之间的本质区别。作为一个基本共识，科学是一种旨在探索事物真相的认识活动，在这个过程中科学家之间展开的各种自由的学术批评，当且仅当在于呈现事物的真相，最终给出一个具有解释和预见能力的系统的知识体系；相反，技术则是基于科学的基本原理的一种旨在满足社会某种需要的发明活动。在这个过程中，判断技术成果的指标来自一个测量它们能否满足社会需要的价值评价体系，而技术成果的好坏或优劣就取决于这个价值评价体系本身的价值变量的建构及其完善与否，至于那些技术专家依赖于何种科学的思想和基本原理为技术发明提供支持，这基本上是一个由技术专家自主选择的过程。

正如卡森批评和揭露的她那个时代的"化学控制"技术那样，在这种技术中暴露出来的主要问题是，技术专家们在他们测量和评价化学杀虫剂的效果的时候，所依赖的那个价值评价体系的建构本身所涉及的价值变量，仅在于满足它们的昆虫控制的直接效果的测量和评价，而不包含在实现直接目的之后所带来的一个更大范围内的环境后果的测量和评价。直截了当地说，这样的"化学控制"技术，是在一个基于化学的而不包含生态

---

[1] Bryson, M. A. (2003). Nature, Narrative, and the Scientist-writer: Rachel Carson's and Loren Eiseley's Critique of Science. *Technical Communication Quarterly*, 12 (4), 369-387.

学的，甚至是在直接无视生态学的基本原理的认识前提下发明出来的。值得注意的是，化学杀虫剂自《寂静的春天》发表以来直到今天，虽然没有彻底被技术专家和制造商们放弃，但是化学杀虫剂的使用及设计正在朝着减少和高效低毒的方向发展。[①] 而这种变化毫无疑问是考虑到了化学杀虫剂在实现昆虫控制的同时所导致的环境释放和扩散后的生态后果。因此，在卡森的观念中，以及在她的《寂静的春天》中呈现出来的是，她所反对的不是科学，甚至也不是技术本身，而是技术中的那些只考虑实现目标的直接效果，而不考虑或完全无视由此带来的其他严重的社会后果和环境后果的技术，换言之，卡森反对的是完全无视生态风险的那部分技术。

正是在上述意义上，我们可以确切地说，布莱森所说的卡森采取的一系列的叙事策略"有助于对科学进行深刻和中肯的批评"，以及"对科学与技术进步盲目信仰的健康怀疑"这些说法，便是他在解读卡森的科学观与技术观时，既犯了"科学"与"技术"不加区分的错误，同时也犯了抽象与具体或普遍与特殊相混淆的逻辑错误。尤其是，他所说的卡森并"没有因为科学的不可救药的堕落而拒斥科学"这一说法，就更加让人难以理解。难道作为一个科学家的卡森，还会如此无原则地去维护和坚持一个彻底坏掉或烂掉的科学吗？此外，布莱森所说的卡森认为"一种基于道德的，甚至是自我反思的科学探索方法，能够在人与其环境之间培养出一种更加明智和更加富有成效的关系"这一解读虽然是准确的，但是由于他在整体上对卡森的科学观与技术观的理解中出现的那些偏颇，也不可避免地会使人产生某种怪异的感觉，因为，把一个"不可救药的堕落"的科学放在一个道德的架构上还会有什么样的结果呢？对此，我们只能认为，正是由于他的误读，才导致了一个扭曲的、难以理解的和逻辑混乱的卡森的科学观和技术观。

[①] Pimentel, D. (2002). Silent Spring Revisited-have Things Changed since 1962? *Pesticide Outlook*, 13 (5), 205–206. Pimentel, D. (2012). Silent Spring, the 50th Anniversary of Rachel Carson's Book. *BMC Ecology*, 12 (1), 1–2. Epstein, L. (2014). Fifty Years since Silent Spring. *Annual Review of Phytopathology*, 52 (1), 377–402.

现代环境运动是科学强力引导社会的一种新的重要的表现形式

现代环境运动发展到今天呈现出的第二个方面的意义和价值，表现在科学与社会的互动关系方面出现的显著变化。尤其是从科学对社会产生的影响方面看，我们可以确信，建立在科学基础之上的现代环境运动，是科学强力引导社会的一种新的重要的表现形式。如前所述，如果我们能够确认现代环境运动就是一种科学意义上的环境保护的这个判断是成立的，那么，这就将构成我们审视环境运动中出现的各种变化的一个评价的基本尺度，换句话说，我们对由现代环境运动带来的各种社会变化或效应的看法，都应当在这个意义上理解。不仅如此，如果我们能够确认由卡森的工作所开创的这种科学意义上的现代环境运动，就代表着整个环境运动的未来发展的基本架构和方向，那么，在这个过程中，我们就应当旗帜鲜明地拒绝与这一架构和方向相偏离或不相容的任何其他的事物，包括观念层面的主张和行动层面的行为。

事实上，当我们给出现代环境运动是科学强力引导社会的一种新的重要的表现形式的这个判断的时候，从科学与社会的互动关系的演进过程看，这是一个历史的必然结果。哲学自古希腊诞生以来，直到近代的伽利略时代的两千多年的时间里，哲学家在探索事物真相及其确定性的过程中，由于一直未能找到实现哲学这一目的和任务的有效方法，因此，他们关于世界的认识长期受困于思辨的窠臼之中，由此给出的那个所谓系统化的知识体系，仅在于满足一种形而上学的承诺，而支撑这种知识体系的合理性的根据，也仅在于满足逻辑上的自洽或理论的内部一致性，但这种内部一致性与真实的经验世界之间并没有任何内在的关系。在这个意义上，这些基于理论内部一致性的所谓的知识体系，由于缺乏同经验世界之间的实质性的联系，也即没有有效地建立起与经验世界之间相联系的理论外部一致性的通道，因此，我们只能把它们视为一种完全的独断论的东西。它们就像知识海洋上的一朵朵浪花，随着时间的推移，总是会被其他的同样是独断论的体系哲学浪潮所替代，而且，每一个后来者也不得不从头开始去重新组织和构造自己的世界体系，但对于人类知识的增长，它们并没有做出多少实质性的贡献。

这种停滞不前的状况，由伽利略把数学和实验方法引入哲学的探索活动中后而彻底改变。哲学作为一个探索过程，开始真正进入它的科学时代。换言之，随着哲学历史性地找到了它的探索世界的方法，完成了它在方法论上的革命和统一，哲学家们对事物的真相及其确定性的探索，相对于以往便有了突飞猛进的发展。这种发展在认识上显著地表现为，历史上的那种百科全书式的哲学家被后来的专业化的科学家所取代；人的认识对象得到了前所未有的迅速扩展和深化，其结果是日益细化的研究对象导致大量新的分支学科不断涌现；知识取得了实质性的积累和进步，这种进步就在于它们通过数学和实验方法与经验世界建立起了真正的外部一致性的联系，坚实的经验基础使之彻底告别了独断论的束缚；而作为一种社会面向，科学的认识方法和认识成果正在愈益显示出它们的巨大的工具价值。

科学彻底结束历史上的那种由少数人从事的自由探索活动的时代与社会真正建立起广泛的内在联系，是第一次工业革命的结果。在工业革命期间，科学作为助推器使社会真实地看到了它潜藏着的巨大的变革力量，科学由此作为社会建制被纳入社会的基本结构之中，从而成为知识生产的一个专门领域。这一变化不仅意味着科学开始实质性地大规模地介入社会生活，而且也意味着社会从此在它的各个方面的发展，尤其是在物质生产领域的发展中所需要的知识，都将由作为社会建制的科学所提供。可以说，这是科学在社会意义上实现的一次大统一。进而，更为重要的意义是，科学不再作为一种游离于社会之外的纯粹的智识活动而存在，而是作为人类的一项最基础性的社会活动得到了历史性的确认。

正如我们所看到的那样，一旦科学被赋予了这种不可替代的功能性的社会属性和社会角色之后，得到了社会的资金充分支持的科学，它所蕴含的知识创造的潜能和力量，便被最大化地激发和释放了出来，建立在科学基础之上的快速的技术演替模式，取代了石器时代以来的那种基于日常生活和生产中的经验缓慢积累的技术演替模式。科学与社会之间形成了一种高度联结的日益紧密的互动关系。正是在这样的社会的基本架构中，科学与社会的互动关系，更显著地表现为科学对社会的一种强力介入、引导和结构性变革的作用。工业革命以来的人类社会发生的一系列的显著而重大的变化，正是科学的这种结构性的变革力量的外化和表达的结果。

对于科学与社会之间形成的这种动力学关系，无论我们给出怎样的价值评价，它都已经作为一个难以撼动的当代及未来社会发展和变化的模式而被固定下来。简单地说，科学引导和驱动社会的模式使得社会在寻求新的发展机会和动力的时候，总是把关注的目光和焦点投向科学一方，因为人们已经充分地意识到，只有在科学那里，他们才能得到他们想要得到的那些高效和确定性的东西和力量。从第一次工业革命到今天的每一次工业革命，它们的背后都是由相应的最新的科学成果所支撑的。而科学认识上取得的每一次重要进步，总是会在一个可期的时间范围内被转化成为一种现实的社会力量，从而为社会的发展和变革提供动力性的支持。那些转化成为现实的社会力量的科学，它们所影响或辐射的范围，涵盖了社会基本架构的各个方面，从生产力到社会关系，再到生活方式和观念或意识形态领域。

由《寂静的春天》所引发的现代环境运动，不仅与生态学达成了一个可靠的科学联盟，使自身明确地建立在生态学这一科学基础之上，而且也在它的社会面向的过程中，把生态学这门发展历史还极其短暂的生物科学中的一个不被重视的分支学科，历史性地推向了世界舞台的中心，使之成为一种新的引人注目的变革社会的巨大力量，这是现代环境运动对科学强力影响社会做出的一个直接和现实的贡献。尤其重要的是，我们发现，与历史上的那些对社会曾经产生过重大影响的科学思想和科学理论显著不同的一个地方就是，由生态学带来的介入、干预、引导和塑造社会的力量，正在以一种全面系统的方式作用到了社会结构的各个方面。生态学作为一种新的科学力量的表达，既反映在对物质生产领域的整体性变革，同时也深刻地反映在对人们的消费方式、生活方式，以及观念或意识形态领域中的整体性变革。由此，我们不得不说现代环境运动通过生态学的路径，使其成为科学强力引导社会的一种新的重要的表现形式。

在这个意义上讲，我们认为要想使现代环境运动能够持续地保持一个健康、高效的发展态势，那么，以生态学为代表的科学就必须在这个过程中成为一种占主导地位的力量，以此引导和规范我们的社会生产、社会生活和社会行动。事实上，我们也清楚地看到在当代的环境运动中存在着复杂多样的思潮和主张，当然，我们相信它们都抱有美好的愿望，真切地期望在人与自然之间能够建立起一种和谐共存和可持续发展的关系，但是，它们在不同程度上同我们这里所说的环境运动的性质之间存在着差异，其中一些甚至是严重相冲突的。在这里，我们明确地建议和主张把建立在科学基础之上的环境保护称为"科学的环境主义"，以此与当前环境运动中存在的"浪漫的环境主义"以及"激进的环境主义"相区别。

环境哲学随着现代环境运动兴起之后，在它的数十年的理论研究和发展过程中，逐渐出现了一种背离科学——实质上这也是对作为一门科学学科的生态学的背离——走向直觉的非理性主义的倾向。这种倾向与早期的浪漫主义的环境保护思想有汇流的趋势，或者说，它们已经融汇在了当代的那些激进的环境主义者的思想中，浪漫主义和激进主义是如此紧密地交织在一起，以至于我们很难把它们二者清晰地区分开来。如果我们的这个观察是正确的，那么，我们就可以把环境哲学中的这种激进的环境主义称为一种"浪漫的激进环境主义"，亦即一种建立在浪漫主义基础之上的激进环境主义。正如马丁·W. 路易斯（Martin W. Lewis）所说的那样："如果我们想要建构一个足够强大的环境运动以实施那些必需的改革，那么我们就必须首先放弃我们的浪漫的幻想。一种有意义的环境主义不能建立在怀旧、一厢情愿，以及一旦文明被瓦解，人类固有的善良就会显现的信念基础之上。"[①] 路易斯还在他的一篇论文中对这种激进的环境主义做过评价。他告诉我们，那些最坚定的激进环境主义者一直就对科学抱有敌意，认为科学是造成环境破坏的同谋者，他们把科学和理性看成是导致我们人类远离自然的根源。路易斯指出，这种激进的环境主义思想目前在许多从事环境哲学工作的研究者那里已成为一种主流思想，同时也广泛波及人文

---

① 转引自 Gross, P. R., & Levitt, N. (1994). *Higher Superstition: The Academic Left and Its Quarrels with Science*. Baltimore and London: The Johns Hopkins University Press. p. 149.

社会科学领域，导致人们把近代科学革命的出现看成是我们人类犯下的一个最大错误。①

特别值得提到的是，由美国的生物化学家保罗·R. 格罗斯（Paul R. Gross）和数学家诺曼·莱维特（Norman Levitt）共同出版的《高级迷信：学术左派及其关于科学的争论》一书。这本书是科学共同体正面系统地批驳人文主义者反对科学和理性的第一本著作。在这部重要的著作中，他们二人专门用了题为"伊甸园之门"（The Gates of Eden）一章的篇幅，强有力地批驳了许多激进的环境主义者的思想主张，特别是对中国环境哲学的研究者所熟悉的美国环境哲学家卡洛琳·麦茜特（Carolyn Merchant）的激进的环境主义思想的批判。麦茜特的激进的反科学思想反映在她的许多著述中，尤以《自然之死》和《激进的生态学》为代表。② 格罗斯和莱维特以非常明确和肯定的方式告诉我们："生态乌托邦的狂热带来的威胁是，它们无论打着什么样的意识形态的旗帜，都将会在事实上并且长期地削弱或消除生态上健全的社会政策实行的可能性。我们相信，这样的影响一定是源于激进的环境主义者现在所信奉的狂热的反科学主义，这种反科学主义倘若到处泛滥，那么就必然会减少对那些是标准的科学问题的回答和解决的成功的机会。"③

此外，另一位为中国理论界，特别是环境哲学以及马克思主义哲学领域中的研究者所熟知的，就是著名的美国社会学家和生态马克思主义者约翰·贝拉米·福斯特（John Bellamy Foster），他在一定程度上也受到了麦茜特的反科学的激进环境主义思想的影响。福斯特在他 1994 年出版的《脆弱的星球：环境经济简史》一书中引用和采纳了麦茜特的《激进的生

---

① Lewis, M. W. (1996). Radical Environmental Philosophy and the Assault on Reason. *Annals of the New York Academy of Sciences*, 775 (1), 209 – 230.

② Merchant, C. (1980). *The Death of Nature: Women, Ecology, and the Scientific Revolution*. San Francisco: Harper and Row. Merchant, C. (1992). *Radical Ecology: The Search for a Livable World*. New York: Routledge. Merchant, C. (2003). *Reinventing Eden: The Fate of Nature in Western Culture*. New York: Routledge. Merchant, C. (2006). The Scientific Revolution and the Death of Nature. *Isis*, 97 (3), 513 – 533.

③ Gross, P. R., & Levitt, N. (1994). *Higher Superstition: The Academic Left and Its Quarrels with Science*. Baltimore and London: The Johns Hopkins University Press. p. 156.

态学》与《自然之死》中的有关科学革命和培根的观点，把资本主义制度社会下产生的生态问题的根源，最终归咎于17世纪的科学观和培根的有关观点。① 后来，福斯特的一位朋友指出了他所犯的这一错误。正是对这一问题的重新思考，成为他在研究马克思的生态世界观过程中的一个重要的转折点。②

激进的环境主义者指控资本主义制度及其生产方式是导致出现严重的环境危机的根源，这一结论是没问题的，正如我们在本书的第一章中给出的分析所表明的那样，我们当代遭遇到的环境危机正是根源于人类社会进入工业文明时代以来的一个结果，同时，这一结论在关注和研究环境问题的研究者那里，也是一个基本的共识。然而，让我们多少感到有些难以理解的是，那些激进的环境主义者却在这个寻求问题的根源及解决问题的过程中，把激起的怒火烧向了科学和理性本身。因为，现代环境运动，正是建立在科学基础之上的一种环境运动，如果没有以生态学为代表的科学的支撑，就不会有现代意义上的环境运动，而且，如果没有科学革命和作为独立形式的现代科学的出现，生态学也不可能从那个包罗万象的博物学的

---

① 福斯特说：:"没有什么比17世纪的科学观更能够反映那个时代的帝国精神了，当时的科学观把人类看作是为了支配自然而进行的一场战争。培根认为，征服自然构成了'人类的真正事业和命运'。他写道，'通过技术和人类的手'，自然应该'被迫离开其天然状态，被压榨和被塑造。'自然必须'为人类服务'，让它成为'奴隶'，而不是让自然界继续支配人类。对于培根来说——作为他那个时代最具影响力的人物——征服自然与征服女性是同步进行的。"见 Foster, J. B. (1999 [1994]). *The Vulnerable Planet: A Short Economic History of the Environment.* New York: Monthly Review Press. p. 41.

② 福斯特在他的《马克思的生态学：唯物主义与自然》一书的"前言"中特别谈到过这个问题。他指出，在他最终得到马克思的世界观是一种根源于他的唯物主义的深刻和真正系统的生态世界观这一结论时，虽然已无法说清楚是经过了几个阶段才得到了这一结论，但是，他清楚地记得造成他思想发展上出现的一个转折点，就是在出版《脆弱的星球：环境经济简史》之后不久，他的朋友约翰·马吉（John Mage）指出了他在该书及随后的一篇文章中在试探性地采用"浪漫绿色"观时所犯的错误。这个观点认为，资本主义的反生态倾向在很大程度上根源于17世纪的科学革命，尤其是根源于弗朗西斯·培根的著作。这促使福斯特意识到必须从头开始思考科学与生态学的全部问题。他告诉我们，他惊讶地发现，培根、马克思，甚至还有达尔文的唯物主义都可以追溯到一个共同的起源，这就是伊壁鸠鲁的古代唯物主义哲学。伊壁鸠鲁著作中的观点被培根、康德、黑格尔和马克思所共享，福斯特说，由伊壁鸠鲁使他首次看到了唯物主义生态学出现的一个连续的画面。见 Foster, J. B. (2000). *Marx's Ecology: Materialism and Nature.* New York: Monthly Review Press. pp. viii–ix.

传统中走出，进而成为现代科学的一个部分。正是由于来自科学共同体的关注和研究，并由科学所揭露，环境问题的严重性和普遍性才得以被我们所知道。此外，环境问题并不会像麦茜特所想象的那样，通过复活古代的"万物有灵论"和"有机论"的自然观的方式，就可以被消除。事实上，在那样的时代里，人与自然的关系呈现出来的并不是一派田园牧歌式的浪漫景象，相反，人类面临的是严酷的和强大的生存环境压力，人为了生存，对天然环境的机械操纵是一个必然的事情，因此带来的环境破坏也同样是一个不可避免的事情，尽管那时的环境问题是地方性的和区域性的。

归根到底，环境问题不是工业文明时代独有的一种现象。环境问题的普遍性，恰恰说明了一个根本性的问题，这就是在人与自然的关系中，环境的状况与人的认知状况高度相关，甚至可以说，二者之间存在着必然的联系。人的认知和思想没有达到的地方，那么，发生在那里的行动必然是盲目的，甚至在很大程度上将会是破坏性的。这种情况无论是在石器时代以来直到工业文明之前的阶段，还是在进入工业文明之后的时代里，都是一个共有的特征。当我们真正拥有了现代意义上的生态学时，尽管它直到今天还远未达到如物理科学那样的科学形象，但是，正是通过生态学，通过卡森将其作为揭露化学杀虫剂导致的环境问题的基本架构，我们才真正感知到了一个严重的生态灾难的存在。在这个意义上，没有生态学提供给我们相关的思想和基本原理作为认知和评价的前提，那么，我们无论如何也不会达到今天这样一种对地球生命以及人与自然关系的深刻理解。激进的环境主义者把最终解决环境问题与科学对立起来，这不仅是非历史的和不明智的一种观念主张，而且也必然会在实践上误导和阻碍环境问题的有效解决及进程。

因此，生态学作为一门科学的实质性进步，不仅对于其自身的学科建设和发展是重要的，同时更重要的，还在于通过它能够为我们提供理解和解决环境问题的一个更为完善的概念框架和一系列的可操作的技术方法。美国环境历史学家J. 唐纳德·休斯（J. Donald Hughes）指出，最新历史发展中的一个明显趋势，就是"日益增长的自然系统运行的知识，以及生态学科学的进步。这不仅仅是信息的增长，而是来之不易的理解的增长。如果我们的社会要与支持它的事物保持一种可持续的动态关系,那么,我们所做的每一项决定都必须与生态系统有关"[1]。休斯强调:"我们必须根据科学告诉我们的关于自然系统运行的方式来理解我们的集体行动。但是科学不是一种教条;它是一种一直持续着的寻求理解的活动。这个时代,以其特有的怀疑主义,只会缓慢地去接受科学所证明的东西,但它肯定不会去接受任何似乎没有科学基础的东西。"[2] 坚持科学,坚持用生态学引导和规范我们在自然中的行动,这是我们在当前及未来的社会发展中必须遵行的基本策略。

现代环境运动是人类文明史上的一个重要的历史转折点

最后,我们讨论现代环境运动的第三个方面的意义。相对于前两个方面的意义,这将是现代环境运动带来的最重要的,同时也是最具深远意义的一个方面。即,从人与自然之间的关系角度看,现代环境运动构成了人类文明史上的一个重要的历史转折点,它将彻底改变人类文明的已有的发展道路和前进的方向,同时促使我们去建构一个指向新的前进方向的人类文明的发展道路。这是现代环境运动正在显现出的它在人类文明的历史发展进程中的一种特别意义。如果我们的这个观察和判断是成立的,那么,我们今天的人类就正处在这个重大的决定着人类自身未来命运的历史变化的十字路口上。

具体地说,这是在我们把观察和审视现代环境运动的背景转换到人与自然关系这一时空参考系下所看到的一个全景式的清晰画面。在这个画面中,包括我们这里说过的现代环境运动的前两种意义在内的一切具体的事物和景象都在消退,逐渐隐没在人与自然关系的背景中,但在这个隐没过

---

[1] Hughes, J. D. (2001). *An Environmental History of the World: Humankind's Changing Role in the Community of Life*. London and New York: Routledge. pp. 238-239.

[2] Hughes, J. D. (2001). *An Environmental History of the World: Humankind's Changing Role in the Community of Life*. London and New York: Routledge. p. 239.

程的同时，现代环境运动的第三种意义则逐渐清晰地浮现出来。我们看到的是，作为一个物种的人类在那个包被在地球外面的一层薄薄的膜状结构的地球表层中的行动轨迹。这个实际的行动轨迹对应着的是我们人类同一切非人类生命形式，以及与生存于其中的物理环境之间的变化着的关系，尤其是人在这个变化着的关系中呈现出来的自身形象的蜕变过程，而这个蜕变过程在今天由于现代环境运动的激发而达到了一个新的蜕变的临界点。这个临界点构成了人类文明史上的一个划界的路标，这个路标的意义就在于，它使得我们有机会能够从基于进化的文化人类学和生态学的角度，综合地审视人类以往的蜕变所生成的作为一个物种的形象，同时通过对这种形象的反思和批判，为新的人类形象的蜕变提供观念上的支持。

　　从进化的文化人类学的层面看，人是作为一个文化物种的形象与所有其他的生命形式相趋异的，[①]而这种物种形象的生成正是建立在人作为智人的基础之上的。作为智人，人通过不断进化的脑器官所表达出的智能，及由此发展出的工具—技术系统作为自己应对环境压力的基本方式，工具—技术系统构成了人作为文化物种的一个最直接的类特征。人类在地球环境下之所以能够演化成为今天这样一种存在的样态，可以说，这是完全依赖于以工具—技术系统为主要表现形式的日益增长的文化进化表达的结果。

　　如果从生态学的角度看，我们便可以进一步清楚地看到，在种间关系上，相对于所有其他生命形式，人类的文化进化把自己塑造成了一个唯一具有突破物种自身界限能力的物种，摆脱了包括地域、捕食者关系、气候等各种环境因素的限制。人的这种突破物种自身界限的能力，使自己在地

---

① 近几十年的田野和实验室研究表明，在灵长类动物如巨猿、黑猩猩和猩猩中也存在着某些文化行为，但我们认为这些研究结果并不否证人是作为一个文化物种而存在的这个类特征的判断。见 Whiten, A. et al. (1999). Cultures in Chimpanzees. *Nature*, 399 (6737), 682–685. Boesch, C. (1996). *The Emergence of Cultures among Wild Chimpanzees*. In W. G. Runciman, J. M. Smith, & R. I. M. Dunbar (Eds.). *Proceedings of The British Academy*, Vol. 88. Evolution of Social Behaviour Patterns in Primates and Man (pp. 251–268). Oxford: Oxford University Press. Janson, C. H., & Smith, E. A. (2003). The Evolution of Culture: New Perspectives and Evidence. *Evolutionary Anthropology*, 12 (2), 57–60. Boesch, C. (2003). Is Culture a Golden Barrier between Human and Chimpanzee? *Evolutionary Anthropology*, 12 (2), 82–91. Laland, K. N., & William Hoppitt, W. (2003). Do Animals Have Culture? *Evolutionary Anthropology*, 12 (3), 150–159.

球自然生态系统中具有了多重的物种形象。我们把这种多重的物种形象概括表述为三种形象：人是一个优势物种，具有根据自己的意志和愿望去影响、引导、干预和塑造等各种支配或控制其他生物种和环境及其变化的能力；人是一个全天候物种，具有突破几乎一切生物和物理因素的限制而自由行动的能力，这种能力使人能够实现跨时空地出现在整个地球表面的任何地方；人是一个关键物种，具有能够引发整个地球自然生态系统发生结构性变化的能力，换言之，人已具有了把自己的文化力作为一个平衡自然力的动力性因素融入地球自然生态系统进化或演替的过程之中的能力。

在这里，文化物种与优势物种、全天候物种和关键物种之间的关系是，文化物种是人与非人类生命形式相趋异的一阶特征，它表征了人作为一个生物种的独特的生存方式。而优势物种、全天候物种和关键物种这三种特征，表征了人作为一个文化物种与非人类生命形式相趋异的一组二阶特征，它们是人作为一个文化物种的三种具体的表现形式。这是人作为一个文化物种直到目前演化蜕变出的三个具体的物种形象，而且它们三者在性质上是完全相同的，它们均代表着人作为一个文化物种具备了突破一般意义上的物种界限，进而干预和变革生存环境的能力。

然而，这三个具体的物种形象并不是由人作为一个文化物种演化出的全部的物种形象。现代环境运动作为人类文明发展进程中的一个新的历史转向，正在呼唤人作为一个道德物种的新形象的出现。我们今天在环境问题上所做的一切有价值的理论反思和批判，实质上都可以看成是在促使作为一个物种的人朝着自己的这个新的物种形象演进而做出的努力。事实上，人作为一个道德物种的出现，并不是我们今天才有的一个纯粹的道德期望的构想，是现代环境运动带来的对环境问题产生的根源的全面系统的反思，为这种努力提供了一个当代的历史契机。在这里，我们之所以这样说，是因为早在达尔文 1871 年出版的《人类的由来及性选择》一书中就为我们今天能够如此明确地提出人类作为一个道德物种的期望，提供了来自进化生物学方面的最初的支持。[①] 只是让人感到遗憾的是，达尔文在人

---

① Darwin, C. (1981 [1871]). *The Descent of Man, and Selection in Relation to Sex*. Princeton: Princeton University Press.

类道德这方面做出的开创性的工作,并没有像他的《物种起源》一书那样,能够如此广泛地深入社会大众的精神世界中,产生超越时代的持续影响,而是基本上停留在了专业共同体的研究中。

在整个自然科学领域中,极少有像进化生物学这样的学科部门把对人类本性的理解作为自己的学科使命的一部分,把生物进化的研究与人类的未来命运紧密地联系在一起。可以说,达尔文的工作开创了这一伟大的科学传统。达尔文之所以研究人类道德问题,这直接根源于以往这方面的研究严重缺乏自然史的考察,换言之,在道德的来源问题上,人们从未想过要这样做。在这里,我们并不打算具体引用达尔文有关的论述,而是想特别指出达尔文进行的这项研究所蕴含的巨大意义。毫不夸张地说,这种意义表现在对我们在道德上的已有的认知将会带来颠覆性的变化。

自古希腊以来,研究者对于道德的理解,无论是在人类学的传统中,还是在宗教中,都是普遍地把它作为一个标准的规范性的问题来看待的。直到达尔文生活的时代,没有研究者对此提出异议。这意味着,在人的社会生活中,道德根本上就是在一个特定的社会中享有话语权的少数人,根据自己的意愿或意志而制定出来的用以规范和调节绝大多数人行为的一套社会制度,无论是在一个世俗社会中,还是在一个宗教社会中,道德都是这样一个"自上而下"的生成过程。然而,我们不得不说,道德的这种生成方式,不只是没有得到任何自然史方面的经验证据的支持,而且这种性质的道德,也更在实质上隐喻了我们社会中的绝大多数人都处在一个非道德的存在状态中。而达尔文的工作的深刻意义则在于,在人类的思想史上他首次把道德这样一个纯粹的规范性问题,转换成了一个真正意义上的科学问题。正是随着这一革命性的转换,它彻底改变了我们看待道德的基本方式,使我们认清了以往的道德是一种独断论的道德这一本质,尤其重要的是,它使我们如此清晰地在达尔文那里"自下而上"地看到了道德与人的其他的类属性一样,都是通过漫长的生物进化而生成的,并没有什么隐秘或神秘的道德来源。它只是人在作为社会性动物的长期进化中逐渐产生出来的一种"社会本能"(social instinct),而且,这种社会本能随着人的活动圈层的扩大,一同扩大到了更大的圈层中,最终扩大到了非人类生命世界中。这就是说，道德对于人而言，并不是由少数人制定，然后由大多数人简单执行的一套行为规范，而是普遍地生发于人的社会生活中，以及与自然的交往过程中。

由此，我们可以清楚地发现，作为一个物种，人类在与自然的长期的相互作用过程中，已发展出了两类性质完全不同的突破物种自身界限的能力。一类是我们前面已说过的人依赖进化出的高度发达的工具—技术系统，使其具有了超越物种界限的能力，人因此外化为优势物种、全天候物种和关键物种的形象；除此之外，通过达尔文，我们看到人类在其社会生活的道德方面，也已历史性地发展出了相应的跨越物种自身界限的能力和意识，人因此外化为道德物种的形象。如果说通过工具—技术系统所实现的跨越物种界限的能力，在其现实性上，更多地表现为对环境的大规模的机械操纵和塑造所引发的环境破坏的严重后果，那么，由道德的社会本能及其扩展到非人类世界中的这一自然史事实，则可以看成是人类发展出的一个与之完全相反的用来平衡前一种跨越所造成的有害后果的能力。这是一种自觉的自我修正。这种修正在于，面对自然，在处理人与自然关系的过程中，作为一个物种的道德意识将会成为我们实施社会行动时的一个自我约束的基本架构。在这个意义上讲，人作为一个道德物种的形象的生成，毫无疑问是人在其自身进化过程中出现的一个具有里程碑意义的变化和人作为道德物种的完成。

当然，相对于人的工具—技术系统的进化日益走向成熟，表现出的强劲的干预、引导和支配自然的能力，人在道德的社会本能方面的进化，显然还处在一个相对滞后的状态和过程中。因为，直到《人类的由来及性选择》一书出版，道德问题才开始被有意识地作为一个科学问题而首次进行尝试性的探索研究。再进一步讲，如果说达尔文在人类道德问题上的发现是成立的，亦即他通过大量的自然史研究证明了道德是作为人的一种"社会本能"而进化出来的，那么，人对自己是作为一个有道德的生物而存在的这一自我认知，到今天在科学上也不过才有150年的历史，而且这一发现除了进化领域之外，并没有多少人了解达尔文在道德问题上做出的这一发现及其可能具有的重要意义。更不要说在环境哲学或环境伦理学领域中，除了极少数的例外，几乎没有什么研究者试图从进化生物学或进化伦理学的路径来为他们的道德扩展的主张进行论证，作为其合理性的来源支撑。即使是被环境伦理学家们尊崇为环境伦理学主要奠基者的美国林业官奥尔多·利奥波德（Aldo Leopold），在这个问题上也同样如此，尽管他提出了实行"土地伦理"思想在进化上的必要性，但是利奥波德并不是从进化的而是从生态学的角度为他的"土地伦理"思想提供合理性证明的。[①]我们指出这一理论现象的意义在于，支持人类的道德扩展的一个直接的经验证据，就是来源于达尔文所说的道德作为一种"社会本能"的出现，而那些基于规范伦理学的环境伦理主张，显然与达尔文意义上的道德及其扩展没有任何关系。同时，让我们在这个问题上多少感到困惑的一个地方，就是研究者为什么把道德扩展的环境伦理思想可以追溯到利奥波德的"土地伦理"思想，却没有继续沿着他的思想追溯到达尔文呢？因为，利奥波德的"土地伦理"思想是直截了当地在进化的意义上提出来的。

因此，我们说现代环境运动构成了人类文明史上的一个重要的转折点，实质上是想表明，现代环境运动正在起到这样一个历史作用，它使人对自己作为一个道德物种的自我意识方面能够产生一个真正的助推作用，并由此促使人能够做出未来发展及其走向的一个符合道德物种这一类特征的决断。这样，在这个转折点上，我们需要思考的一个基本问题是，在人类未来的发展进程中，如何处理好以工具—技术系统为代表的人类体质方面的文化进化力与作为一个道德物种的人之间的关系。或者说，在现代环境运动的强力激发下，使得我们有这样一个历史的契机，去思考在与自然交往的过程中如何把人的活动纳入与人的道德物种的形象相一致的一个概念架构中，使之成为调节和约束人的那种早已超越了物种界限的文化进化的一种力量。

综上所述，现代环境运动从三个不断扩大的时空尺度的参考系中呈现出来的重要变化，虽然分别指向了不同的发展方向，但是，当从整体上综合地审视这三个重要的变化时，我们还是能够从中清晰地发现这三者之间

[①] Leopold, A. (1949). *A Sand County Almanac and Sketches Here and There*. New York: Oxford University Press.

实质上存在着内在的一致性。这种一致性就集中地表现为由科学认知的不断进步对我们人类社会持续产生结构性影响的一种不可阻挡的演进趋势，一种对人的发展的全面和系统的引导和建构的力量。可以说，生态学的跃迁不只是促使环境运动本身走上了以科学为导向的理性的环境保护的发展轨道，而且也使其更深刻地成为科学用来组织和构造我们的社会生活和社会行动的一种新的思想范式，同时，在人与自然的关系层面，现代环境运动之所以能够促使我们站立在新的人类文明转向的临界点上，就在于它使我们有机会能够从更为基础的进化生物学的认知成果出发，并与生态学一起，为人作为一个道德物种的生成，进而为种间伦理的生成和实践提供坚实的科学基础。而从哲学上看，这种统一在科学上的内在一致性，带给我们的最大教益就是，通过现代环境运动，它向我们再次强化了人的认知与行动之间的内在统一性的观念，即人的行动逻辑总是应当根植于人的认知逻辑基础之上。尤其是社会行动的合法性，如果离开或无视认知作为合理性的支撑，那么，这种合法性必然陷入主观意志的恶的自我循环中。这种恶的自我循环及对社会的伤害在历史上和在现实中并不是什么罕见的事情。坦率地说，无论由认知提供给我们的思想成果处于何种状态，甚或是表现出怎样的有限性，它对于我们的社会行动而言，都是我们在其现实性上无法摆脱的合理性前提。因为，离开了认知，我们什么也不知道。在这个意义上讲，现代环境运动显现出的意义，正是这种认知逻辑与行动逻辑的内在统一性在人的发展中的不同层面的一种显现。

第二部分
生态学的理论图景

第四章 生态学的"危机"

现代环境运动的兴起,导致了作为一门科学的生态学的学科命运发生了颠覆性的变化。我们把这种变化所导致的后果称为生态学的跃迁。这对生态学这一学科来讲,毫无疑问是一个它所希望的变化。坦率地说,生态学的学科命运出现的这种出乎意料的变化,实质上,与生态学家自身的努力之间并没有什么直接的关系,相反,它是借助于现代环境运动所造成的强大的外部的社会力量才得以实现的。而所谓生态学的"危机"也正是由于生态学的跃迁而引发出来的一个严重的科学问题,因为,在现代环境运动出现之前,除了生态学家外,几乎没有什么人会为生物科学中的这样一个被严重漠视和边缘化的分支学科的科学发展状况及其科学地位感兴趣。当然,从积极的角度看,给出生态学的"危机"批判的背后,发生了一个生态学的科学地位及其在社会实践方面所蕴含的巨大意义得到承认的实质性的变化。在这个意义上讲,我们便没有什么特别的理由为这种表面上看上去不利于生态学的这些严厉批评而忧虑。科学的批评,正如在科学研究的实际生活中呈现出来的情形那样,它是推动科学能够持续地自由探索和科学进步的一个不可或缺的重要机制。那么,在当前的科学批评中,所谓生态学的"危机"指的是什么?产生的根源又是什么呢?抑或说,生态学作为一门科学真的处在"危机"中了吗?这些问题将是我们在这一章中试图阐明和解决的问题。

生态学的跃迁

生态学作为一门科学的跃迁,源于《寂静的春天》的发表所引发的现代环境运动。概括地说,生态学的跃迁,直接得益于卡森在揭露化学杀虫剂造成的严重环境问题,以及在为寻求如何有效地理解和解决环境问题时,与她明确和坚定地诉之于生态学的科学支持有着内在的关联性,这使得人们真正意识到了生态学在理解和解决环境问题上蕴含着不可估量的巨大价值。正是现代环境运动的兴起和持续地蓬勃发展,为生态学这个仅有极短暂历史的学科注入了巨大的能量,才真正使得生态学的学科命运发生了翻天覆地的变化。在这个意义上讲,生态学家无论如何都应当由衷地感谢卡森的工作,因为,如果没有她的《寂静的春天》的发表,没有随之而来的现代环境运动,那么,生态学就不可能迎来改变自己学科命运的一个适时的历史契机。

这种历史契机的意义至少表现在三个重要的方面。首先是在科学领域中,生态学能够从生物科学中的一个原本极度不受重视的边缘性的小的分支学科,迅速跃升为当代世界一个令人瞩目的核心学科,其科学地位在整个科学领域中得到了前所未有的提高,同时也显著改变了生态学作为一门科学的历史发展进程。其次是在社会领域中,生态学被赋予了更为重要的历史使命,这就是,我们的社会从未像今天这样期待它能够在回答和解决我们所面对的紧迫和严峻的全球环境危机问题上,贡献出其独一无二的科学智慧与思想方法。最后则是在观念领域中,跃迁到当代世界历史舞台中心的生态学具有了一种更为深远的和革命性的历史使命。这种使命表现在它将开始承载着一种全新的意识形态或观念的启蒙和建构的任务,亦即它将以一种既用于引导人与自然关系,同时也用于引导人类社会生活的以"生态意识"为核心的观念体系,彻底取代历史上长期存在的非生态的观念体系。这一任务,不言而喻,就使得生态学显著地区别或超越于科学领域中的绝大多数学科在社会生活中所扮演的那种纯粹的工具性的角色,而具有了观念引导和塑造功能的生态学,不可避免地会迫使或至少是促使我们的社会把它看成是不只是能够参与,而是要引导当代及未来社会发展与变化的一个重要的观念力量。

对于生态学的这一在意识形态或观念价值层面的社会表达及其后果,我们甚至可以乐观地说,它将很可能媲美于哥白尼和达尔文的科学工作对我们人类的精神世界所产生的那种难以估量的影响。正是由于生态学的跃迁，我们的人类社会正在走进一个以生态学思维和生态意识为导向的新的科学时代。正如著名的美国环境历史学家唐纳德·沃斯特（Donald Worster）在他的《自然的经济》一书中所说的那样，现代环境运动使得生态学这个特殊的研究领域以一种异乎寻常的方式登上了历史舞台，它开始扮演着一个核心的智力角色，以至于我们可以把我们这个时代称为"生态学时代"。[1]

当然，对于生态学家而言，由于现代环境运动的兴起而使生态学似乎在一夜之间被推到了世界现代历史的中心，这种巨大的变化多少使得他们感到有些措手不及。因为，一个严峻的现实问题是，直到目前的生态学，在许多生态学家和哲学家看来，显然还没有为这一重大变化带来的历史机遇和面对的现实需要，做好科学上的准备。换言之，生态学作为一门科学的跃迁，竟然出乎意料地立刻使自己陷入了一个双重的巨大挑战之中，也可以说生态学由此陷入了一个冰火两重天的两难境地。

这种冰火两重天的两难境地，一方面表现为整个社会对生态学效用的极度的推崇，对它能够解决当前严重的生态问题给予了难以置信的信赖和厚望。这种期许几乎使生态学达到了这样的地步，只要以生态学的名义，或是以生态学作为标签，就会使与之相连接的一些思想、观点、主义和行为具有了压倒性的优越地位，不仅如此，也正是由于这种对生态学所表现出的社会价值的极度信赖，生态学中的一些思想和概念在未经审慎的思考和判断的前提下，被人们随意使用，甚至达到了滥用的地步。

而在另一方面，与之形成鲜明对照的是，生态学在现代科学领域中的实际状况，远非像一般人所想象的那样，已是一门与其他科学部类（也包括生物科学中的其他分支学科）具有了同样的科学地位和科学声望的学科。相反，按照科学共同体目前所公认的科学评价标准和对科学本质的一般理解，生态学的科学性和科学地位，并没有得到包括许多生态学家在内的研究者的基本认可，这种令人沮丧的评价，尤其集中反映在一门科学中

---

[1] Worster, D. (1977). *Nature's Economy: The Roots of Ecology.* San Francisco: Sierra Club Books. p. vii.

的最重要的理论部分层面，亦即生态学在它的基本概念、模型、规律和理论等方面，直到目前，还无法通过现有的科学评价体系的审查。

这种强烈的质疑和批评的结果是，生态学作为一门科学自其产生以来所持续开展的种群、群落、生态系统和景观等各种水平的研究，不仅没有使其在整个科学共同体中为自己赢得基本的科学尊重，以及获得作为一门标准科学的地位，而且还反被认为是一门软弱的科学，甚至是处在"危机"中的科学。尽管对生态学给出这种极低科学评价的研究者说，之所以给出这样的评价，并不是因为生态学是一门最软弱的科学，而是因为生态学对于我们而言是一门最重要的科学。[①] 针对有关生态学的这样一种难堪的科学评价，我们可以直截了当地说，由于生态学在作为一门成熟的或标准的科学地位方面遭遇到了这种科学性的质疑的窘境，这也就同时加重了它在面对社会的前所未有的期许时的窘境，因为当我们在环境决策和环境保护方面需要生态学为其提供坚实的和可信赖的科学支持的时候，难以避免的一个现实问题是，生态学究竟能够在何种程度上满足社会的这种需要。

面对这种巨大的反差，生态学家们要想使他们真正摆脱这种冰火两重天的尴尬局面，一个最紧迫的任务就是，他们首先需要想办法激发起自己的科学探索和洞察力，去有效地解决生态学所面对的来自科学共同体的科学地位的质疑。生态学作为一门科学的现状，真的像批评者所说的那样，还远未达到一门标准科学的地步吗？是一门正处在"危机"中的科学吗？澄清生态学究竟是一门怎样的科学，或者说生态学究竟是一门何种性质的科学，这是生态学家们在当代面对来自社会的普遍期许和科学共同体内部的质疑造成的这种双重压力时必须接受的科学挑战。除此之外，别无他路。对此，我们赞同生态学家雅各布·维纳（Jacob Weiner）所说的，生态学中的怀疑主义和自我批评的传统对生态学作为一门科学的发展是至关重要的。[②] 因为，如果我们不能实质性地消解存在于生态学中的这些问题，那么，它也就难以真正有效地承担起解决紧迫的环境问题的历史使命。

---

① Peters, R. H. (1991). *A Critique for Ecology*. Cambridge: Cambridge University Press. p. xi.
② Weiner, J. (1999). On Self-criticism in Ecology. *Oikos*, 85 (2), 373–374.

此外，需要明确指出的是，尽管生态学在当代环境运动的背景下，遭遇到了许多生态学家和哲学家对其科学地位的诘难，但是我们不能就因此把问题产生的责任简单和轻率地归咎于生态学本身的原因，因为，导致生态学目前这种科学处境的原因是复杂的，甚至可以说，最基本的原因是直接与整个科学共同体普遍认同和接受的那个科学评价体系密切相关的。与此同时，即使生态学不存在仍然是一门"软"的科学或处在"危机"中的这种科学评价问题，我们也不能把环境问题的最终解决的期望完全寄托于生态学这门科学。这不是我们为生态学回避它自身存在的科学问题而刻意寻找的某种托词。

实际上，环境问题的最终解决与生态学之间并没有严格意义上的一一对应的必然联系，亦即生态学并不构成环境问题真正解决的充分必要条件。换言之，没有生态学，环境问题便无法得到最终真正有效的解决，这是不言而喻的；但是，如果我们仅仅依靠生态学，环境问题也不可能从根本上最终得到解决。在这里，生态学作为一门科学，仅是最终解决环境问题的一个必要条件。确切地说，生态学在解决环境问题中所扮演的角色是为其提供科学上的强力支持，它构成了环境问题解决的科学基础，而环境问题的最终解决，毫无疑问还需要来自社会中的其他重要力量的参与和协同。当看清了环境问题与生态学之间的这种关系的性质之后，我们就不会把生态学在今天所遭遇到的科学与社会实践方面的困境看成是灾难性的。

何谓生态学的"危机"

生态学目前处在"危机"之中的这一科学判断，是由生态学家弗朗西斯科·迪·卡斯特里（Francesco di Castri）和马尔科姆·哈德利（Malcolm Hadley）二人最早提出的。[①] 他们认为，所谓生态学的"危机"包括生态学研究中存在着三个主要方面的缺陷：一是许多生态学的研究缺乏科学的严谨性。这种性质的缺陷广泛地表现在生态学研究从个人到组织和国际的

---

① Di Castri, F. & Hadley, M. (1985). Enhancing the Credibility of Ecology: Can Research be Made More Comparable and Predictive? *Geo Journal*, 11 (4), 321-338.

科学研究计划的许多水平上和许多方面,因此,生态学研究的"问题"往往不能得到很好的表述;工作假说基本上缺乏科学的精确性;研究设计有时是糟糕的;评价是不严格的;即使是在专业生态学家那里,他们所使用的术语也存在着语义模糊或定义不同的情况,而且新词的出现过于频繁。二是生态学的预见力是弱的。与绝大多数的其他科学家群体相比,生态学家仅有很弱的预见能力。生态学在很大程度上依然是一门描述性的科学,只有有限的数据外推和概括的可能性,以及一个仍停留在初期的和基本上没有凝聚力的理论和概念体系。因此,生态学的研究者通常就不得不继续以可能性和不确定性,而不是以预见的方式来呈现他们的研究结论。要改变这种状况,使生态学成为一门"硬"的科学,生态学就需要在非贬义的意义上借鉴物理科学中的还原主义的分析模式。三是不能充分利用现代技术。生态学家由于缺乏机会以及许多生态学家惧怕成为工具的奴隶等方面的原因,使他们在利用新技术获取或处理数据方面基本上是失败的。现代技术的确可以使描述变得更优雅简洁,但是如果工具不是用于检验工作假说的,那么输出的就依然是描述性的,而不是解释性的。

卡斯特里和哈德利认为,正是这三个相互关联的缺陷使得许多生态学家感受到了他们的科学中存在着的危机,认为生态学已经迷失了它的方向,在整个社会和科学共同体中已被"边缘化"。而公众、资助机构和更大的科学共同体对生态学的看法,则是造成生态学共同体对其科学地位产生沮丧和不安情绪的原因。一句话,缺乏科学的严谨性、较弱的预见力,以及无法利用新技术获取和处理数据是阻碍生态学进步的三大障碍。

生态学家罗伯特·亨利·彼德斯(Robert Henry Peters)接受了卡斯特里和哈德利二人的生态学处在"危机"中的观点。彼德斯在他的《生态学批评》一书中对当前的生态学提供了一个更深入的批判性的考察。[①] 彼德斯接受和倡导的科学观是,科学是一个能够提供有关自然信息的结构。但是在这个方面,生态学的大部分却不是科学,而能提供给我们的也是质量低下的,以至于我们只能说生态学是一门"软"的科学。如果生态学家想

---

① Peters, R. H. (1991). *A Critique for Ecology*. Cambridge: Cambridge University Press.

第四章 生态学的"危机"

要满足当代环境问题的需要，就要极大地提高他们的批判力，而不是为现有的生态学提供证明或辩护。

彼德斯做出这种判断的根据是基于这样一个标准，即一个科学理论必须描述宇宙的某些方面。因此，需要检验的理论是根据它们能提供给我们将遭遇或不能遭遇到的信息的能力而进行判断的，科学理论必须对自然现象给出可检验性的预见。如果说科学理论是以预见力为其特征的，那么科学领域就将以预见的对象而区分。对于生态学而言，它旨在预见自然界中的生物的丰度、分布和其他方面的特征，但实际的状况却是，"当代生态学的大部分既不能预见生物的特征，也不能预见其他任何东西的特征"[①]。他指出，除了评价标准预见力对任何科学的发展都是必不可少的之外，还有其他的标准来判断一个特定理论的质量，这些标准有客观性的标准，包括精确性、范围、可检验性和简单性等，以及主观性的标准，包括与现行观点的一致性、启发效果和美等。彼德斯认为，在所有这些标准中，预见力是科学理论的一个决定性的特征[②]，或者说，"鉴别科学知识的特征就是预见力"[③]。彼德斯认为，生态学家一直以来总是提出一些看上去很重要，但却无法回答的问题，因此，我们需要做的工作是，把生态学发展成为一种预见的科学，在真实数据的基础上开发简单的预见模型。彼德斯给出的这个批判性的考察，可以说，是毫无保留地建立在科学共同体广泛持有的以物理主义为核心的科学评价体系基础之上的。因为，在他看来，评价一门科学或理论的一个最重要的标准就是其预见性。正是在这个意义上，当代生态学由于无法通过这一核心标准的审查，因而，生态学还只能是一门软弱的科学。

在这里，我们还需要提到的是哲学家 K. S. 施雷德－弗雷切特（K. S. Shrader-Frechette）和生态学家 E. D. 麦考伊（E. D. McCoy）二人在其《生态学方法》一书中关于生态学的科学现状所给出的批评的观点。[④] 他们通

[①] Peters, R. H. (1991). *A Critique for Ecology*. Cambridge：Cambridge University Press. p. 17.
[②] Peters, R. H. (1991). *A Critique for Ecology*. Cambridge：Cambridge University Press. p. 18.
[③] Peters, R. H. (1991). *A Critique for Ecology*. Cambridge：Cambridge University Press. p. 36.
[④] Shrader-Frechette, K. S. & McCoy, E. D. (1993). *Method in Ecology：Strategies for Conservation*. Cambridge：Cambridge University Press.

过考察群落生态学方法用于解决实际环境问题的实例，对它的精确性、解释力和经验上的充分性的实际状况进行了评估。通过这种考察，他们认为，直到目前，一般的生态学理论从整体上讲还无法为我们提供精确的预见，而这些预见常常是指导完善的环境保护所需要的。一般的生态学理论尽管具有启发式的力量，但却不能为健全的环境政策提供一个精确的、可预见的基础，其中一个最好的例证就是多样性—稳定性假说。他们详细审查了生态学在应用科学和环境问题解决方面能做什么和不能做什么的问题。他们讨论了"平衡"和"稳定性"概念的模糊性和不一致性，这些概念经常扰乱群落生态学的理论。他们还以岛屿生物地理学为例，考察了生态学（尤其是群落生态学）充斥着伦理和方法论价值判断的方式问题，认为这些价值负载的判断阻碍了理论的建立。他们还表明生态学能够对实际的环境问题给出具体的回答。他们强调博物学和伦理分析，反对一些控制统计误差和在不确定情况下的科学决策的传统原则。他们认为，成功的环境保护和保存需要创建一种新的科学方法（案例研究的方法）和对科学合理性的新理解，一种明确地诉之于伦理原则的新理解，他们以濒危的佛罗里达黑豹的详细案例研究说明他们的新方法。

除了上述有关当代生态学遭遇到的严厉的科学质疑和批评之外，我们注意到在生态学共同体的内部，生态学家们的研究还存在着其他严重的分歧或分裂的情况。这种情况也同样可以看成是生态学作为一门科学的现状与标准的科学之间的确存在较大的差距。生态学家朱恩·H.库利（June H. Cooley）和弗兰克·B.高利（Frank B. Golley）在他们的一项有关20世纪80年代的生态学的发展趋势的研究中，指出了在方法论意义上的价值取向的不同所导致的在生态学共同体内部出现的对立和分裂的情况。他们发现，生态学在经历了30年的多少有些无政府主义式的快速发展之后，许多生态学家开始提出"生态学正处在一个十字路口吗？"的问题。"他们有一种不再属于一个统一的、成熟的科学学科的感觉。他们许多人声称自己只是经验主义者，而另一些人则以自己被认为是理论家而自豪。双方都有自己的刊物，召开自己的专家会议，基本无视对方的成就。两个学派之间的沟通差距正在迅速扩大，这对双方都是不利的。更糟糕的是，'生态学'

这个词现在对职业生物学家和普通大众有了不同的含义。前者仍然认为生态学是一门值得信赖的（虽然是'弱的'）科学学科，而后者则认为生态学是一门新的、不墨守成规的政治哲学。"①

尤其是，两位生态学家在这里说到的生态学在它的社会面向中得到的那种"糟糕的"的形象，在科学共同体之外，竟然被社会大众理解为一种"政治哲学"，而不是把它看成是一门科学。这种出乎意料的结果，相对于科学中的其他领域而言，的确是一种极其罕见的情况，因为，我们没有发现这种情况曾经在其他科学学科那里发生过。我们不知道在社会大众那里，究竟由于什么原因才形成了对生态学的这种令人奇怪的看法，但是我们猜测，这至少与生态学共同体内部在研究上存在的分裂或某种混乱有关，生态学家并没有形成一种统一的或具有一致性的科学话语，因此也就无法保证在交流中能够给生态学共同体之外的人，特别是普通大众留下生态学是一门科学的清晰的形象。更不要说生态学家在与外部的交流中，有意地去强调它在社会生活中可能表现出的政治和伦理等方面的意蕴了。

此外，生态学家高利还指出了生态学直到20世纪80年代还未能走向成熟科学的另一种形式。这就是在生态学共同体中，各分支学科之间不仅联系是松散的，而且也没有共同的理论做支撑。他告诉我们："近20年来生态学在所有层次上的研究有了快速发展，同时这一学科也分裂成为许多分支学科，但这些分支学科之间的联系通常是松散的，几乎没有什么共同的理论或实践。"针对生态学研究的这种现状，生态学在各个层次的研究能够更好地综合起来，从而使某个层次的理论能够与其他层次的理论相一致，这构成了生态学家的一个重要任务。② 高利所说的这种情况，表明了生态学作为一门独立的科学，其研究在理论层面还处在一个显著较低的组织化程度的水平上。实际上，这种情况直到今天也没有出现实质性的改变。

除了我们上述所涉及的这些质疑和批评之外，在生态学共同体中和哲

---

① Cooley, J. H., & Golley, F. B. (eds.). (1984). *Trends in Ecological Research for the 1980s.* New York: Plenum Press. p. v.

② Golley, F. B. (1983). Future of Ecological Research in the 1980s: Results of an Intecol Workshop. *Intecol Newsletter*, 13 (3), 1 – 2.

学家那里，还存在着大量的这方面的讨论，因此，在这里我们不再特别举出。概括地说，我们发现他们对生态学的这些批评，绝大部分都集中在生态学的理论层面，而且是对生态学的理论层面的研究结果给予了全面的审查和批评。从内容上看，它涉及生态学中的基本概念、规律、模型、理论等诸多方面，这些批评的矛头都毫无例外地指向了生态学作为一门科学是否具有合理性的基础问题。因为，在批评者看来，大量的研究和证据表明了生态学迄今依然存在或未解决的主要问题，具体表现在生态学理论的以下层面。一是生态学中的基本概念例如"自然平衡""稳定性""整体性"是模糊的，有些概念甚至掺杂了非科学的因素，或者说概念起源的非科学性，例如"自然平衡"概念[①]；二是生态学给出的模型、假说，如"多样性—稳定性"假说不具有可检验性；三是生态学中不存在物理科学那样的普遍性的科学规律；四是生态学的理论不能为环境决策和环境保护，提供人们所期望的那种更为精确的或可检验的预见性；等等。

如果说对生态学的这些批评是成立的，它们真实地反映了生态学作为一门科学的现实状况，那么，这的确会使当代的生态学陷入一种极为尴尬

[①] "自然平衡"也叫作"生态平衡"，它究竟是一个科学概念，还是一个非科学意义上的概念，以及"自然平衡"是否存在，这些问题在生态学研究领域中一直存在着激烈的争论。我们引用在这里的文献只是有关这一问题讨论的一小部分。有关其他重要生态学概念如"稳定性"和"整体性"的实际情形在科学的严密性上也都存在着这种激烈的争论。在生态学中，这样的问题是值得我们进行深入的专题研究的。参见 Jansen, A. J. (1972). An Analysis of "Balance in Nature" as an Ecological Concept. *Acta Biotheoretica*, 21 (1-2), 86-114. Borlaug, N. E. (1972). Mankind and Civilization at Another Crossroad: in Balance with Nature—a Biological Myth. *BioScience*, 22 (1), 41-44. Egerton, F. N. (1973). Changing Concepts of the Balance of Nature. *Quarterly Review of Biology*, 48 (2), 322-350. Brett-Crowther, M. R. (1987). Ecological Balance and Change: Some Unperceived Problems. *International Journal of Environmental Studies*, 30 (2-3), 101-112. Bennetta, W. J. (1991). When the Shark Bites with His Teeth, Dear, Remember That It's All for the Best. *Textbook Letter*. Available Online at: www.textbookleague.org/25paley.htm (accessed 30 March 2016). Bennetta, W. J. (1992). Old Paley Strikes Again. *Textbook Letter*. Available online at: www.textbookleague.org/34paley.htm (accessed 30 March 2016). Allchin, D. (2014). Out of Balance. *The American Biology Teacher*, 76 (4), 286-290. Cooper, G. (2001). Must There Be a Balance of Nature?. *Biology and Philosophy*, 16 (4), 481-506. Cuddington, K. (2001). The "Balance of Nature" Metaphor and Equilibrium in Population Ecology. *Biology and Philosophy*, 16 (4), 463-479. Jelinski, D. E. (2005). There is no Mother Nature—There is no Balance of Nature: Culture, Ecology and Conservation. *Human Ecology*, 33 (2), 271-288. Kricher, J. (2009). *The Balance of Nature: Ecology's Enduring Myth*. Princeton: Princeton University Press.

的科学境地。一方面,生态学由于环境问题的出现而一跃成为一门极为显著和重要的科学,人们对其能够解决当前严峻的环境问题给予了前所未有的期望;但另一方面,生态学却又由于自身在关键的理论层面存在的系统性的问题,而无法给出它与社会的迫切希望能够相对应的各种解决环境问题的科学方案。批评者正是基于他们对生态学中存在的上述理论层面的问题,普遍认为生态学作为一门科学,事实上还远未达到人们的期望,即它还未发展成为一门像物理科学那样的硬科学,生态学还缺乏实质性的进步,因此,我们目前还只能把它看成是一门仅具启发性和教育意义的软生态学,甚至认为生态学作为一门科学的理论发展和实践还处在"危机"中。这些质疑和批评对生态学作为一门科学及其发展构成了严重的指控。

毋庸讳言,目前针对生态学的理论层面的科学审查和批评所指出的各类问题,的确是系统性地存在着的。从"问题—解决"的路径看,基于社会对生态学的巨大需求,以及批评者给出的生态学存在的理论层面的问题而造成的这种双重压力,关注于生态学的研究者试图从中找出能够使生态学摆脱这种科学困境的路径或策略,便是一个非常紧迫的事情了。我们看到在这种努力中,研究者所给出的一些具有代表性的解决方案,例如,一些生态学家提出了以"自下而上"的个案研究方法论取代以往的"自上而下"的一般规律或理论的预见性的方法论方案[1],甚至还有生态学家直截了当地指出,要求生态学家像其他自然科学那样试图追求和发现生态中的普遍性是一种"精神分裂"的表现,因为生态学事实上已成为一门关于个案研究的科学[2],此外,也有研究者主张应当把生态学诉之于人文学科,以此消解生态学在当前遇到的科学困境。[3] 当然,大多数的生态学家试图努力使自己的研究更加符合物理科学那样的硬科学的要求。

诸如此类的这些方案,事实上已在不同程度上,或强或弱地接受和默认了基于物理主义的科学评价体系关于生态学在理论层面存在着严重问题

---

[1] Shrader-Frechette, K. S. & McCoy, E. D. (1993). *Method in Ecology: Strategies for Conservation*. Cambridge: Cambridge University Press. p. 1, pp. 106–148.

[2] Keller, D. R. & Golley, F. B. (eds.). (2000). *The Philosophy of Ecology: From Science to Synthesis*. Athens: University of Georgia Press. p. 10.

[3] Weiner, J. (1995). On the Practice of Ecology. *Journal of Ecology*, 83 (1), 153–158.

的判断是正确的。这样，如果我们把生态学还看成是一门科学学科，那么，针对那些主张把生态学改造成为以个案研究或是将其直接交付人文学科的处理方式，生态学就很可能成为一种与规律无关，同时也是毫无科学规律可循的学科了；而按照物理主义的科学模板来改造生态学，无论其可能性大小，则又不可避免地会使当前的生态学在研究上陷入难以想象的科学困境中，这种结果对于生态学的社会应用和环境保护，同样会不可避免地带来难以想象的困难。总之，无论是哪种情形，都是需要生态学家和生态学哲学家，以及关注生态学学科发展的其他研究者特别重视的问题。

上述关于生态学的科学形象以及科学现状的激烈批评，实际上是一个属于更早的一直持续到当代的有关物理学与生物学之间关系之争的自然延续的结果。这个争论的焦点就是生物学作为一个整体能否还原到物理学，使之成为其中一部分的问题，而对于生物学家而言，这就是一个力证生物学是不是一门"自治的"（autonomous）科学的问题。这个争论可以说一直就是一般的科学哲学研究中存在的一个基本问题，直到今天这个问题也没有得到真正的解决。我们之所以认为这是一个物理学与生物学之间关系之争的自然延续，是因为关于生态学是一门"软"科学，还处在"危机"中的这一科学判断，是彻底地建立在以物理主义为基准的科学评价体系基础之上的，这种特殊性质的或价值偏好的科学评价体系及其标准，已成为包括许多生态学家在内的科学共同体和科学哲学家用来理解科学和评价科学的一个占据主导地位的坐标或参考系。正如我们已经看到的结果那样，正是在这样的坐标或参考系下，生态学作为一门科学的整体存在状况才遭遇了物理主义的严格审查。

生物学家弗朗西斯科·J. 阿亚拉（Francisco J. Ayala）[①] 告诉我们，在科学的发展历史上，一个科学理论或一个科学领域还原到另一个领域中，是经常发生的事情，而这种还原的成功案例则使得一些研究者确信，"科学的理想就是把所有的科学，包括生物学在内，都还原到一个全面的理论

[①] Ayala, F. J. (1968). Biology as an Autonomous Science. *American Scientist*, 56 (3), 207 - 221. Ayala, F. J. (1972). The Autonomy of Biology as a Natural Science. In Breck, A. D., & Yourgrau, W. (eds.). *Biology, History, and Natural Philosophy* (pp. 1 - 16). New York: Plenum Press.

中，该理论将提供一组具有最大普遍性的原理，它能够解释我们关于物质世界的所有观察"。阿亚拉认为，只有满足了内格尔所说的一门科学还原为另一门科学必须满足"可推导性条件"和"可连接性条件"这两个形式条件才能实现，但是，"在科学发展的当前阶段，大多数的生物学概念，例如细胞、器官、物种、生态系统等，都不可能在物理学和化学的意义上表述。目前也不存在任何一类属于物理学和化学的陈述，能够逻辑地推出所有生物学定律的情况。换句话说，在物理学知识和生物学知识发展的现阶段，既不能满足可连续性条件，也不能满足可推导性条件，这是还原的两个必要的形式条件"。对此，阿亚拉认为，至于生物学在未来是否有可能还原为物理学和化学，则是一个在经验上无意义的问题。此外，生物学之所以不能还原到物理学中，更重要的原因，还是因为有些解释模式在生物学中是不可或缺的，但在物理学中却是没有的，这就是目的论的解释。"目的论的解释适合于描述和解释目的论系统和定向组织化的结构、机制和这些系统呈现出的行为模式的存在。生物体是唯一的呈现目的论的自然系统；事实上，它们是唯一具有内部目的论的一类系统。目的论的解释在物理科学中是不合适的，而它们在生物学这个研究生物体的科学领域中是合适的和不可或缺的。因此，目的论的解释，在所有自然科学中，是生物学所独有的。"根据阿亚拉的论述，我们可以说，正是在目的论的意义上，阿亚拉彻底否证和拒绝了生物学作为一个整体还原到物理学中的可能性，因此，相对于物理学，生物学是一门"自治的"科学。

相较于阿亚拉，生物学家恩斯特·迈尔（Ernst Mayr）[①] 对生物学之所

[①] 迈尔关于生物学的自治问题有大量的著述，参见我们在这里列出的文献。对迈尔的生物学的自治的思想感兴趣的研究者可以寻此参阅。我们通过阅读发现，迈尔虽然发表了许多这方面的论述，但是从中反映出来的他在生物学的自治这个问题上的基本思想和观点，并没有什么实质性的变化，相反，是高度一致的。Mayr, E. (1985). How Biology Differs from the Physical Sciences. In Depew, D. & B. Weber (eds.). *Evolution at a Crossroads: The New Biology and the New Philosophy of Science* (pp. 43–63). Cambridge, MA: MIT Press. Mayr, E. (1988). *Toward a New Philosophy of Biology: Observations of an Evolutionist*. Cambridge: Harvard University Press. Mayr, E. (1996). The Autonomy of Biology: The Position of Biology among the Sciences. *Quarterly Review of Biology*, 71 (1), 97–106. Mayr, E. (1997). *This is Biology: The Science of the Living World*. Cambridge: Harvard University Press. Mayr, E. (2004a). The Autonomy of Biology. *Ludus Vitalis*, 12 (21), 15–27. Mayr, E. (2004b). *What Makes Biology Unique?: Considerations on the Autonomy of a Scientific Discipline*. Cambridge: Cambridge University Press.

以是一门"自治的"科学，给出了更为全面的论证。迈尔指出，自 17 世纪科学革命以来一直到当代，科学在大多数人的观念里，就是以物理学、化学、力学和天文学这些高度依赖数学、追求普遍规律为代表的一种"精确"的科学形象；物理学被认为是科学的典范。相比之下，对生物世界的研究则被认为是大为逊色的，而且，即使在今天，依然有许多人对生物科学持有很深的误解。尤其令人遗憾的是，许多生物学家对生物科学有一种过时的观念，他们往往对自己专业领域之外的情况一无所知，而且很少把生物科学作为一个整体来看待。例如遗传学家、胚胎学家、分类学家和生态学家都认为自己是生物学家，但是，他们中的大多数人对这些不同的专业有什么共同之处，以及它们与物理科学有什么本质的区别知之甚少，相反，他们倒是在无意中采用了许多物理主义的概念。

迈尔指出，20 世纪前几十年出现的"科学哲学"，根本就不是什么真正意义上的科学哲学，因为它实质上就是一种逻辑、数学和物理科学的哲学，与生物学家所关注的问题几乎没有任何关系。生物学是一门与物理科学完全不同的科学，在研究对象、历史、方法和哲学上都是完全不同的。虽然所有的生物过程都与物理和化学的定律相符合，但是，生物体不能被还原为这些物理和化学的定律，而物理科学也不能解决自然中生物界所特有的许多方面。生物学的大多数理论不是基于规律，而是基于概念，例如选择、物种形成、系统发育、竞争、种群、适应、生物多样性和生态系统等。经典物理科学作为经典科学哲学基础，被一套不适合于研究有机体的思想所控制，这些思想包括本质主义（类型学），决定论，还原论和普遍主义。这四项原则在物理科学中是如此基础，但它们并不适用于生物学。摆脱这些不恰当的思想是发展一套健全的生物学哲学的第一步，或许也是最困难的一步。而生物学的自治的特征，清楚地表现在它的种群思想、概率、机会、多元主义、涌现和历史叙事方面。这些特征是生物学独有的，它们不可能与任何物理定律相统一，通过把生物学还原为物理学的这种科学统一的理想，只是一个美丽的梦想，是在寻求海市蜃楼。相反，我们需要的是一种新的科学哲学，它能够把所有科学的方法统一起来，包括物理学和生物学。

综上所述，以生物学家迈尔和阿亚拉为代表的一些生物学家明确拒绝了对生物学不科学的批评。在他们看来，导致这种局面出现的主要根源就在于，是因为研究者们把对生物学的科学性质的判断完全放置在了以物理科学为范例的一般科学哲学理论的框架之下。对于生物学而言，这种做法是不公正的，因为他们认为在现有的一般性的科学哲学考察的理论框架中，并没有给作为一个整体的生物科学留下一个合理存在的科学位置，因而，整个生物科学的独特性或自主性特征，在这种还原论的审查中被排除掉了。迈尔等人明确主张，在科学理论评价的体系中，应当为生物科学留下这样的位置，因为传统上的科学理论评价体系并不适合于生物科学，生物科学是一个完全不同于物理科学的"自治的"科学部类。

如何理解生态学的"危机"

接下来我们就如何理解当代生态学的"危机"问题做一个讨论。所谓生态学"危机"，它完全是包括许多生态学家在内的研究者以物理主义的科学评价模式为基准而得到的一个判断，在这个意义上讲，它与生态学作为一门科学是否真的处在"危机"之中，并没有必然的联系。物理主义的科学评价模式在生态学的长期的实际研究中达到了这样一种难以想象的地步，它全方位地或弥漫式地浸透在生态学家的思想和研究的整个过程之中，生态学家们似乎从来没有对他们这样一种思想和工作模式产生过任何的怀疑。相反，他们所做的事情，就是如何使自己的研究至少看上去更符合那个居于支配地位的物理主义的科学研究模式，甚至可以说，这种研究模式已成为绝大多数的生态学家用来衡量自己的工作是否具有科学合理性的唯一根据。然而，使人难以置信的是，在一个相当长的时间里，竟然很少有生态学家能够有意识地去思考他们所研究的那个特定的主题，是否在本质上与使物理主义的科学研究模式得以成立的那些对象之间具有一致性的关系。

关于物理主义的这种典型的研究模式究竟是一种怎样的情况，我们可以通过著名的物理学家理查德·P. 费曼（Richard P. Feynman）的有关论述为例加以说明。费曼给出的科学的理解，是一种极具代表性的对物理主义的科学观及其研究程序的简单和清晰的说明。他自信地告诉我们："科学的原理，几乎可以定义为：对所有知识的检验都是实验。实验是科学'真理'的唯一裁决者。但知识的来源是什么呢？要检验的那些定律来自哪里呢？从它提供给我们的某些暗示的意义上讲，实验本身有助于产生这些定律。但是从这些暗示中发展出重大的概括还需要想象力——去猜测隐藏在所有暗示后面的那些奇妙的、简单的，但非常奇怪的模式，然后进行实验，再次审查我们所做出的猜测是否正确。这个想象的过程是极其困难的，以至于在物理学中存在着劳动的分工：理论物理学家负责想象、推演和猜测新的定律，但不做实验；而实验物理学家进行实验、想象、推演和猜测。"[1] 费曼所坚信的这种科学观念及标准的科学研究模式，毫无疑问来自他在长期的物理科学研究中获得的成功经验，他的这种理解与我们所熟知的波普尔的"证伪主义"的科学哲学理论在实质上是高度契合的。

　　如果我们透视长期以来的生态学的实际研究，我们就会清楚地发现，费曼所说的那种物理主义的研究模式对整个生态学共同体究竟产生了一种怎样的影响。毫不夸张地说，这是一种深刻的和系统性的影响。生态学家在他们的研究中，对自己的学科研究的目标、方法和评价，可以说是完全沉浸在这种物理主义的研究模式中而不可自拔。对于这种情况，一些研究者从不同的方面给出了描述。例如，生物学家乔治·盖洛德·辛普森（George Gaylord Simpson）提醒我们注意："几乎所有的关于科学的哲学和方法的研究都主要涉及物理科学。这在一定程度上是因为物理科学确实有一个卓越的地位——但我坚信这种地位不是逻辑的，而是历史的。正如我们现在严格定义的科学那样，第一科学是物理科学。在一个时期里，科学家们也认为自己是，甚至首先是哲学家，而且，'自然哲学'事实上长期以来一直是'物理学'的同义词。这个传统一直在延续着。它被还原主义的半真半

---

[1] Feynman, R. P., Leighton, R. B. & Sands, M. (2010 [1963]). *The Feynman Lectures on Physics: The New Millennium Edition: Mainly Mechanics, Radiation, and Heat*. Vol. 1. New York: Basic books. pp. 1–2.

假的理论所强化,即所有的现象最终都可以用严格的物理术语来解释。"①

生物学家和哲学家亚历山大·罗森伯格(Alexander Rosenberg)指出了科学哲学在对生物学的科学性评价中具有的支配地位:"在过去的几十年里,许多哲学家已经把他们的注意力转向了生物学,以评估科学哲学的充分性,这个科学哲学来源于一个几乎排他性的考察和物理学的重建。物理学应当是有关科学本质的理论的灵感的主要来源,这是自然的和明显的。生物学应该成为哲学审查的下一个目标,这同样是自然的,尽管不是那么明显。一旦掌握了物理学哲学,那么,关于它的逻辑和方法论、它的认识论基础和形而上学含义的论述,人们就会很自然地把这种论述应用到另一门科学学科上,尤其是应用到那些看上去与物理学有重大区别的学科上。如果生物学不能符合这种哲学声称在物理学中发现的科学充分性的结构和标准,那么,讨论中的科学哲学就可能有严重的错误。另一方面,如果生物学满足了这种哲学所提出的对科学尊严的种种诘难,那么它作为所有自然科学,包括物理科学和生物科学的充分性的论述就得到了证明。"②

哲学家格雷戈里·J. 库珀(Gregory J. Cooper)通过生态学中真实存在的"概括"这种理论形式,告诫生态学家们不要以物理主义的科学哲学的标准来衡量,应当摆脱其对生态学理论探索的不合理的制约。库珀指出,生态学中存在着不同抽象层次的概括,有经验模式的和因果机制的形式,比较抽象的概括称为理论。它们的意义在于,首先,"认识到生态学研究的合理成果可以采取如此多种形式,这足以根除希望把生态科学的进步置于科学哲学的那种不切实际的标准中进行评价的任何诱惑,而这种标准是把物理学看成是科学成功的典范。在我们对待自然的过程中,我们得到我们所能得到的东西;很清楚,我们对什么构成了成功的期望应当是由我们关于自然可能提供的东西的最好猜测作为基准,而不是以一个科学过程的先验图景作为基准"。其次,"如果让我们的愿望去满足对成功科学标准的特定看法以形成对生态实在的结构的期望是没有任何意义的,那么我们还

---

① Simpson, G. G. (1963). Biology and the Nature of Science. *Science*, 139 (3550), 81–88.
② Rosenberg, A. (1985). *The Structure of Biological Science*. Cambridge: Cambridge University Press. pp. 13–14.

应当警惕从成功的科学无法实现的某种标准这一事实中得出关于生态现象组织的实质性的结论"。如果我们按照科学哲学所认定的科学规律的标准，那么生物学中就没有任何规律可言了。① 甚至可以说，如果我们真的完全按照物理主义的科学评价模式审核生态学的科学性，生态学在理论层面大概什么也不会剩下了。库珀在谈到研究者关于由如何理解"自然平衡"概念所引发的争论的原因时说，其中的一个重要原因"可以追溯到人们期望为生态学建立科学合法性的渴望，但这是误入歧途的期望，它很大程度上是从那种把物理学作为科学典范的科学哲学中输入进来的，各种生态学规律需要确保这种合法性"②。

生态学家阿列克谢·M. 基拉洛夫（Alexei M. Ghilarov）从追求生态学研究的数学化的角度，指出了生态学家们对普遍性的渴望。他说，生态学家自20世纪初就一直坚持以数学化的这种硬科学的方式寻求生态学的真正理论和普遍规律。他们早期所使用的数学模型部分来自物理学和化学，这在很长一段时间里都是理论生态学的特征，尽管它们明显地缺乏实证数据支持。到了20世纪60年代末，随着人们对生态学的"经典"理论基础的失望，这迫使一些研究人员转向"模式导向"的模型，这些模型源于对真实的种群、群落和生态系统的观察，但这种做法由于自身的缺点，到了20世纪80年代，它便被一种旨在理解基本过程和约束条件的"机械论"方法所补充。生态学家的注意力从一般的"规律"转到"模式"，后来再转到"机制"，这与人们对理论严谨性的要求明显减弱有关。生态学家们虽然对生态学中是否存在普遍规律有极大的怀疑，但他们仍然在继续寻求普遍性。③

生态学家托马斯·P. 韦伯（Thomas P. Weber）指出了专业期刊编辑由于对波普尔式的研究模式的尊崇所导致的对论文选择的主观好恶。他说："理性主义的、假设—演绎的波普派的方案尤其对期刊编辑有吸引力，因

---

① Cooper, G. J. (2003). *The Science of the Struggle for Existence: on the Foundations of Ecology*. Cam-bridge: Cambridge University Press. pp. 123 – 124.

② Cooper, G. J. (2003). *The Science of the Struggle for Existence: on the Foundations of Ecology*. Cam-bridge: Cambridge University Press. pp. xiii – xiv.

③ Ghilarov, A. M. (2001). The Changing Place of Theory in 20th Century Ecology: from Universal Laws to Array of Methodologies. *Oikos*, 92 (2), 357 – 362.

为他们希望看到创新性的理论或理论衍生的假设利用实验数据进行检验，最终目的是证伪。这显然被视为实现'硬的'和'真正的'科学的唯一途径。而另一方面，观察的或博物学的工作通常会遭到强烈的反对。"① 此外，我们也注意到，由于在生态学的研究中广泛存在着的对这种系统性地以物理主义为基准的研究模式的过分依赖和遵从，这导致了近些年来一些生态学家开始有意识地，或者说是干脆直截了当地呼吁生态学家们要明确地拒绝在生态学与物理科学之间进行这种过于紧密的类比。② 他们提醒生态学家们不要理所当然地去相信那些来自物理科学的哲学传统。在他们看来，生态学研究对象的巨大复杂性这个事实，已对这种建立在物理科学基础上的科学评价方式提出了挑战。

如前所述，许多生态学家和哲学家认为生态学作为一门科学的实际发展状况正处在"危机"之中，这是研究者完全基于物理主义的科学评价模式而得到的一个结果，因而，这与生态学是否真的处在"危机"之中并没有什么必然的联系。这是我们给出的有关生态学"危机"性质的一种理解。此外，从另一方面看，虽然人们一般认为生态学的"危机"这一判断，对生态学毫无疑问是一个严重的质疑和指控，但这是对生态学的一个似是而非的科学评价，因为，从科学的发展角度看，生态学的实际发展状况充其量还处在其发展的不成熟阶段，而不是所谓的"危机"之中。针对生态学作为一门科学的这种发展状况的判断，我们也可以通过哲学家托马斯·S. 库恩（Thomas S. Kuhn）在他的《科学革命的结构》③ 一书中所描

---

① Weber, T. P. (1999). A Plea for a Diversity of Scientific Styles in Ecology. *Oikos*, 84 (3), 526 – 529.

② Cooper, G. J. (2003). *The Science of the Struggle for Existence: On the Foundations of Ecology.* Cam-bridge: Cambridge University Press. p. 124. Birnbacher, D. (2004). Limits to Substitutability in Nature Conservation. In Oksanen, M. & Pietarinen, J. (eds.). *Philosophy and Biodiversity* (pp. 180 – 195). Cambridge: Cambridge University Press. De Roos, A. M. & Persson, L. (2005). Unstructured Population models: Do Population-level Assumptions Yield Ggeneral Theory?. In Cuddington, K. & Beisner, B. (eds.). *Ecological Paradigms Lost: Routes of Theory Change* (pp. 31 – 62). Burlington, MA: Elsevier Academic Press. Taylor, P. J. (2010). *Unruly Complexity: Ecology, Interpretation, Engagement.* Chicago: University of Chicago Press. p. 1.

③ Kuhn, T. S. (1996 [1962]). *The Structure of Scientific Revolutions.* Chicago and Lordon: University of Chicago press.

述的科学发展进程得到说明。

　　库恩为我们提供的实质上是一个科学发展的历史主义的解释框架,这完全不同于那种以证明的逻辑为特质的理解科学的方式。在库恩的解释框架中,科学的发展被表述为一个从不成熟到成熟的演化过程。而从不成熟到成熟科学的转化机制就是,当一门科学中的某一个理论从其早期的各种候补的竞争理论中脱颖而出,并且占据了支配地位的时候,该门科学就一劳永逸地从其不成熟的阶段真正走向了成熟的发展时期,这个脱颖而出的理论便成功地成为引导和规范该领域未来研究的"范式"。进入成熟发展阶段的科学也叫作常规科学,它呈现为一个结构性的新旧范式的转换过程。这个结构性的转换过程具体地表现为:常规科学—反常—危机—科学革命—新常规科学。在这里,"危机"成为新旧范式转换中的一个结构性环节,它仅出现在一门科学进入成熟科学之后的发展阶段。

　　这样,按照库恩的历史主义的解释框架所描述的科学发育的一般图景,我们可以非常容易地得到一个基本的科学判断:如果我们认同生态学的实际发展状况正处在"危机"之中这个观点,它的确是一个相关事实的正确判断,那么,我们就必须先于这一判断,首先承认生态学作为一门科学已经是一门成熟科学的这一事实判断。因为,只有在成熟的科学发展时期,才存在着所谓的"危机"这种科学现象。然而,从许多生态学家和哲学家对生态学采取的那些激烈的质疑和批评中,我们丝毫看不到他们在事实上是在成熟科学的意义上开展这些批评的。相反,在这个意义上,生态学尽管遭遇了我们所说的那些严重的质疑和指控,但它们仅仅是表面意义的,因为,这丝毫不改变生态学作为一门标准的成熟科学的地位。

　　如果我们从根本上就不能接受生态学已经是一门成熟科学的这个科学现状的判断,那么,对于生态学而言,它也就自然不存在所谓的"危机"这一情况了。同样地,在这个意义上,我们可以说,有关生态学的那些质疑和批评所涉及的各种问题,就不能被合理地看成是关于生态学处在"危机"中的问题。因此,要想使这些质疑和批评还具有科学上的意义和价值,就需要批评者放弃生态学处在"危机"中的这一科学判断。事实上,当我们把有关针对生态学的各种质疑和批评,从成熟科学阶段后退到不成

第四章 生态学的"危机"

熟科学阶段的时候,这一切看上去就会显得更加的自然与合理。直截了当地说,从科学的发展角度看,生态学不存在所谓的科学"危机"问题,因为它还从未使自己进入成熟的科学发展阶段中。

我们在这里给出的这个判断,或许会更加引起许多生态学家的不快,甚至是愤怒,因为,他们会因此发现,他们所从事的这项重要的科学学科的专业研究,竟然还没有达到或满足一门标准科学的基本要求和资格,这要比让他们去接受该学科是一个正处在"危机"中的科学这一现状更加困难。但是,如果我们对生态学作为一门科学的实际状况给出的这个判断是一个事实,那么,就不存在对生态学这一学科的任何轻视和贬损的问题。

相反,从为了更好地促进生态学作为一门在当代如此重要的科学的发展这一积极的意义上讲,面对当前遭遇的困境,努力澄清其实际的科学状况,具有十分重要的科学和实践的价值。借用生态学家彼德斯的说法,"假如我们想要去某个地方,那么,我们就必须知道我们身处何处,我们想要到哪里去。基于相似的理由,当我们明确了当前的状况和未来的目标的时候,科学的进步才会显得更加容易"[1]。但是,与彼德斯不同的是,他对他所认定的生态学在实际发展中存在的一系列问题所给出的最后诊断,都是被用来作为证明生态学至今还处在"危机"之中的证据,而我们在这里给出的诊断则是,生态学还从未进入它的成熟科学的发展阶段,因此,在彼德斯那里,用来确定生态学的实际存在状况的"身处何处"的那些问题,事实上都可以作为生态学还未进入自己的成熟科学发展阶段的各种证据。

需要特别指出的是,我们把生态学在当前的实际发展状况定位于不成熟科学的阶段,并不是像人们通常所想象和理解的那种前科学的形象,即一门科学还处在早期的混沌无序的情形中,严重缺乏值得信赖的有价值的科学思想和理论成果等。生态学作为一门科学自创立以来,可以说已经摆脱了历史上的那种博物学传统的束缚,确切地说,它已经从古希腊就开始的那种沉醉于各种动植物、矿物,甚至各种令人们感到惊异的事物的搜

---

[1] Peters, R. H. (1991). *A Critique for Ecology*. Cambridge: Cambridge University Press. p. 1.

生态学的跃迁及其问题

集、保存、整理和分类,并以此为旨趣的活动中历史性地走了出来,脱胎为一门努力以所有其他学科都共同遵循的科学研究规则作为圭臬的科学领域,成为现代科学大家族中的一个有机组成部分。对于生态学以现代科学的研究模式为典范所取得的一系列的认识成果是有目共睹的,这种情况尤其是在许多具体的生态学的分支领域中表现得更为显著。这不需要特别的证明。事实上,我们只需去浏览一下大学生物学系里使用的生态学的教科书中所讲授的内容,以及专业期刊中发表的海量的生态学方面的论文,就可以轻易地看到生态学在增进我们对包括人类在内的生物与环境关系的认识方面所做出的巨大贡献。

但是,尽管如此,我们还是有充分的理由相信,生态学直到目前为止所取得的一系列科学成就,并不能够实质性地转化成为生态学家们用来证明生态学作为一门科学已经进入自己的成熟科学发展阶段的根据;或者,面对长期以来的大量的科学批评,像彼德斯所批评的那样,一些生态学家试图以生态学的研究对象的包罗万象、学科过于年轻,以及材料的复杂性等理由为自己的科学地位进行辩护。[1] 同时,我们也相信,没有任何人会因为生态学还未进入成熟的科学发展阶段而无视和否认它已经取得的大量的科学成就,因为这与生态学是否已具有了成熟科学的地位之间没有必然的联系。

或许,我们可以这样积极而审慎地看待生态学目前的实际科学状况,它距离实质性地进入成熟科学的发展阶段,只有最后一步。当然,这也是最为关键和最困难的最后一步。而生态学家在前期已开展的一系列具体和细部的理论和经验方面的研究,甚至包括他们长期以来争论不休的各种问题,我们都可以把它们看成是为生态学从整体上跨越这最后一步,真正进入它的成熟科学的发展阶段所提供的足够丰富的和坚实的科学素材。而这些具体的细部的科学素材,如同构成一个完整的拼图上的一个个模块一样,等待着最后的组装。在这个意义上讲,我们与那些对生态学的未来持有悲观主义立场的批评者不同的是,尽管直到目前我们认为生态学还未成

---

[1] Peters, R. H. (1991). *A Critique for Ecology*. Cambridge: Cambridge University Press. p. 4.

为一门真正意义上的标准的成熟科学，但是，由生态学的实际研究历史呈现出来的情况看，它远非一般意义上的处在不成熟发展阶段的早期的科学所能比拟的。

在这里，我们之所以认定生态学并不存在所谓的"危机"，而是还处在不成熟的科学发展阶段中，或者说，它距离走向成熟科学的发展阶段还有最后的一步，最重要的根据并不在于生态学的科学发展状况必须根据库恩描述的一般性的科学发展图景来判断，换言之，我们把库恩的历史主义的解释框架看成是我们理解生态学的科学发展实际状况的一个维度。事实上，即使退一步讲，我们完全不考虑库恩的这一维度，也不会对我们给出的生态学还不是一门成熟科学的这一判断构成真正实质性的影响。因为，根据我们的研究，证明生态学还不是一门成熟科学的最重要的根据来自另外两个方面。一方面，生态学家们直到今天还未能在生态学的研究对象这个最基本的问题上达成认识上的共识。关于这个问题，我们将在后续的章节中给出详细的讨论。另一方面，生态学在理论层面至今还没有一个统一的科学理论出现，而之所以还没有一个统一的科学理论的出现，这与生态学的研究长期以来一直存在的两种方法论上的严重分裂和对立有密切的关系。

例如，生态学家 K. 迪拉普兰特（K. deLaplante）向我们概述了生态学自 20 世纪 50 年代以来在研究中存在的"种群方法"和"整体方法"及其演进的情况，这两种方法常常处在一种此消彼长的或摇摆不定的情形中。"20 世纪的 50 年代和 60 年代在生态学中整体方法占主导地位，而且对一个成熟的生态科学的前景存在高度乐观，这种生态科学可以与物理学这种由规律支配的领域相媲美。而在 20 世纪的 70 年代和 80 年代，随着生态学中的进化和种群方法的主导地位的增长，看法摆向了另一种方向，在这个时期，人们把关注的重点放在生态系统的历史上偶然的、特定地点的特征方面，以及对生态学中的规律的怀疑和对生态学中的整体方法的普遍的批评。专业的科学哲学家们只是在最近的 15 年里才真正开始关注这些问题，但是最近的工作表明，钟摆正在摆回到 20 世纪的 50 年代的整体乐观主义与20世纪80年代的还原悲观主义之间的一个更为中间的位置。"① 而生物学家乔尔·B. 哈根（Joel B. Hagen）则在更早的时候，把生态学中存在着"种群方法"和"整体方法"的对立看成是生态学反常或不成熟的表现。②

　　方法论上的对立或常处在摇摆不定的状态中，这是在一门成熟的科学中不可能出现的现象。这种现象的存在，对于任何一门学科来讲，都意味着该门科学在理论层面的分裂和相互排斥，正如生态学的发展历史表明的那样，它至今没有发展出一个作为共同基础的科学理论，能够把生态学内部的不同旨趣的研究，在一个统一的概念框架下把它们有机地组织在一起，这显然与方法论上的趋异有直接的和内在的关系。许多生态学家已指出了这一点。这是方法论上的分裂和对立造成的一个最直接的理论后果。至于在生态学作为一门科学的研究中，为什么会出现这种方法论上的分裂和对立的严重状况，则是需要生态学家们更加关注的一个基础性的问题。在这个问题上，我们强烈地感受到，方法论上的分裂和对立，说到底还只是生态学还未走向它的成熟发展阶段之前所呈现出的各种现象中的一种，亦即它不是因，而是果。因此，要彻底解决方法论的分裂和对立这个问题，就与我们所说的生态学直到今天还未能在它的研究对象这个最基本的问题上达成共识有关。这个问题构成了我们这项研究中需要解决的一个最重要的任务。

边缘化的生态学

　　在本章的最后，我们要说的一个问题是生态学作为一门科学在历史上长期被边缘化的问题。实际的历史表明，生态学自产生以来一直到卡森的《寂静的春天》一书发表之前，它一直都处在一个被严重忽视和边缘化的境地之中。这是导致生态学发展缓慢或严重滞后的一个社会学方面的因

---

　　① deLaplante, K., (2008). Philosophy of Ecology: Overview. In Jørgensen, S. E. & Fath, B. *Encyclopedia of Ecology* (pp. 2709–2715). Amsterdam: Elsevier Science. p. 2711.
　　② Hagen, J. B. (1989). Research Perspectives and the Anomalous Status of Modern Ecology. *Biology & Philosophy*, 4 (4), 433–455.

素。我们虽然没有把这个问题看成是导致其未能进入成熟科学发展阶段的一个原因，但是，它依然可以间接地帮助我们更好或更全面地理解生态学为何还没有进入成熟科学的发展阶段。

相反，我们可以清楚地看到，在现代环境运动之前，生态学家们尽管做了大量的工作，但一个残酷的事实是，生态学家业已进行的各种研究，以及他们做出的各种促使生态学对于人类社会生活重要性的努力，都没有使自己摆脱掉被漠视和被边缘化的这种无可奈何的境况。令人遗憾的是，即使是在生物学共同体内部，也没有多少人对生态学的科学地位有什么真正的关心，甚至生态学作为一门科学的资格也常常受到人们的怀疑，它是否能够作为一门独立的科学而存在。正如有生态学家指出的那样，虽然现在生态学被生态学家还有广大的公众给予了很高的期望，但是在此之前，人们却常常对生态学这样一门科学存在的可能性持有怀疑态度。[1] "生态学曾一度被嘲笑为仅仅是一种观点，或者是生理学的一个可怜的亲戚。"[2]

生态学被漠视和被边缘化的这种情况是一个普遍存在的现象。我们选取的第一个例子，就是卡森在她的《寂静的春天》一书中提到的有关生态学的某种存在状况的问题。这就是，卡森认为生态学在环境保护中是我们所需要的一种重要的科学知识，但是，它并没有被纳入我们对化学杀虫剂的环境释放带来的生态风险评价的过程中。卡森指出："许多必要的知识现在是可以得到的，但我们没有使用它们。我们在大学里培养生态学家，甚至在我们的政府机构里雇用他们，但是我们却很少听取他们的建议。我们任由化学的死亡之雨落下，就好像没有任何其他的选择那样，然而，事实上有许多替代的方法，如果提供这种机会，我们的聪明才智就会很快地发现更多的方法。"[3] 卡森所说的这段话，我们虽然在讨论"现代环境运动的三重意义"这一部分时已引用过了，但是我们认为在这里有必要再次提

---

[1] Macfadyen, A. (1975). Some Thoughts on the Behaviour of Ecologists. *The Journal of Animal Ecology*, 44 (2), 351–363.

[2] McIntosh, R. P. (1980). The Background and Some Current Problems of Theoretical Ecology. *Synthese*, 43 (2), 195–255.

[3] Carson, R. (2002 [1962]). *Silent Spring*. Introduction by Linda Lear, Afterword by Edward O. Wilson. Boston: Houghton Mifflin Harcourt. p. 11.

到它。这是因为它作为一个重要的例证,直接表明了直到20世纪60年代初的时候,生态学作为一门科学在它的社会面向中的重要意义被人们极大地忽视了。

第二个例子是当时的一位卓有成就的入侵生态学家查尔斯·C. 埃尔顿(Charles C. Elton),他在1958年出版了《动植物入侵生态学》① 这一重要著作。卡森在《寂静的春天》中引用了埃尔顿的这一工作。在一项有关埃尔顿如何影响了卡森的《寂静的春天》的研究中②,研究者指出,埃尔顿的入侵生态学激发了卡森的灵感,促进了卡森对环境毒素与生态系统、野生动物和人类之间关系的深入思考。然而,相对于埃尔顿对《寂静的春天》产生的影响,虽然埃尔顿的工作得到了研究入侵生物学的生物学家的认可,但它对外界的影响微乎其微,相比之下,《寂静的春天》却让美国人广泛地意识到了一个无处不在的生态威胁,由此激发了现代环境运动。

第三个直接的例证是与著名的美国生态学家尤金·P. 奥德姆(Eugene. P. Odum)有关的。他在1977年发表在《科学》杂志上的一篇文章中谈到了他早年曾经遭遇过的一段不愉快的学术经历。他告诉我们,在他1940年作为一名年轻的教师来到佐治亚大学任教时,他曾建议把生态学这门学科作为一门核心课程纳入主修课程中,但这个愿望却遭到了极大的冷遇,因为,那时的生物学家们还只是想当然地把生态学这门科学与历史上的博物学的研究传统混为一谈,认为生态学这门课程并没有揭示出任何新的观念和原理,因此不能把生态学与其他的生物学分支学科如分类学、进化生物学和生理学等这些更基础的学科等价齐观。③

第四个例子是美国的生态学家保罗·B. 西尔斯(Paul B. Sears)。他是20世纪最重要的一位高产的生态学家,是生态学领域公认的权威,尤其是把生态学方法应用于人类及其社会组织研究的一位先驱。我们这里提到的

---

① Elton, C. C. (1958). *The Ecology of Invasions by Animals and Plants*. London: Chapman and Hall.

② Davis, F. R. (2012). "Like a Keen North Wind": How Charles Elton Influenced Silent Spring. *Endeavour*, 36 (4), 143–148.

③ Odum, E. P. (1977). The Emergence of Ecology as a New Integrative Discipline. *Science*, 195 (4284), 1289–1293.

是他在1939年发表的《生命与环境：生物的相互关系》① 一书，该书主要是为中学和专科学校的教师而写的，是以非技术语言写的用于通识教育的一本简明的生态学著作。

该书尽管是一本通俗读物，但是其中传递出了深刻的生态学思想。我们发现，西尔斯在书中表达的一些观点，即使是放在今天依然是具有其深刻的洞察力的。在该书的前言中，西尔斯指出了人类从根本上对环境的高度依赖性，但由于人类对环境的过度开发和利用，导致了广泛和严重的一系列的环境问题的发生。这些问题对我们所有人都构成了影响。西尔斯说："这些都是人与环境之间失调的一些证据；它们影响着我们所有人。对这些情况的研究属于生态学的范畴，或属于生命科学与环境的一切关系的范畴。如果我们以恰当的方式看待我们当前的困难，并为解决这些困难提供科学的方法，那么，了解生态学家的发现和结论是至关重要的。应当很清楚，应用生物学的最终目的在于更好地调节人与环境之间的关系，包括生命的和无生命的。无论以何种方式实现社会目的，无论是通过社会手段、公众舆论的力量，还是通过个人的行动，都必须以生态学知识为基础。这种知识必须始终与开明的政治行为保持紧密的关系。因此，在一个民主国家，我们有理由相信，生态学的原则应当成为共同的工作知识的一部分。"② "这些原则构成了人类与环境关系的基础。这些原则不仅来自于动物生态学和植物生态学的领域，而且也来自于专门研究人类自身的领域，即文化人类学。"③ 同时，西尔斯也坦率地告诉我们，虽然生态学作为对生物与环境之间关系的研究已发展成为一门独立的科学，这种关系的研究显然应当成为我们用来组织世界图景的一个基础，但是它作为一门新课程，很少被作为一门入门科学课程或作为更新的研究课程的一个重要组成部分，因为它遭

---

① Sears, P. B. (1939). *Life and Environment: The Interrelations of Living Things*. New York: Teachers College Columbia University.
② Sears, P. B. (1939). *Life and Environment: The Interrelations of Living Things*. New York: Teachers College Columbia University. p. xx.
③ Sears, P. B. (1939). *Life and Environment: The Interrelations of Living Things*. New York: Teachers College Columbia University. p. 153.

遇到了原有的教学形式的慢待。①

如果考虑到这是一位生态学家在20世纪30年代向社会大众传递出的生态学的思想，那么，我们就不得不惊叹于他在生态学的科学地位以及对于我们的社会的基础性意义方面所具有的深刻理解。换句话说，西尔斯对生态学的这些理解所达到的深刻程度，即使是从我们今天对生态学的这些方面理解看，不仅不过时，相反，依然是先进的和卓越的。遗憾的是，作为历史的回应，该书在社会中几乎没有产生任何的影响，这似乎印证了西尔斯所说的生态学不受重视的情况。也许让我们对西尔斯的生态学思想多少有些了解的，尤其是对环境哲学和环境伦理学的研究者而言，是他在1964年发表的一篇题为"生态学：一门颠覆性的学科"②的文章。这篇文章由于强调了生态学对现代社会已接受的那些假设和实践采取的批判态度，从而引起了研究者的广泛关注和反响。③

西尔斯早期发表的这些重要的生态学思想未能引起注意，倒是与我们所熟知的利奥波德的《沙乡年鉴》的历史命运有某些相似之处。利奥波德的《沙乡年鉴》发表于1949年，比西尔斯的《生命与环境：生物的相互关系》一书的出版晚了10年，同样没有产生什么影响。在《沙乡年鉴》这个以自然随笔为主体的著作中，有大量的关于人与土地关系的伦理思考。④ 在这个思考中，利奥波德基于生态学的和进化的思想提出了他的

---

① Sears, P. B. (1939). *Life and Environment: The Interrelations of Living Things*. New York: Teachers College Columbia University. p. 152.

② Sears, P. B. (1964). Ecology: A Subversive Subject. *BioScience*, 14 (7), 11–13.

③ 参见 Shepard, P. & McKinley, D. (1969). *Subversive Science: Essays toward an Ecology of Man*. Boston: Houghton Mifflin. Woodwell, G. M. (1981). A Postscript for the Old Boys of the Subversive Science. *Bioscience*, 31 (7), 518–522. Hardin, G. (1985). Human Ecology: the Subversive, Conservative science. *American Zoologist*, 25 (2), 469–476. Ulanowicz, R. E. (2000). Ecology, the Subversive Science?. *Episteme*, 11, 137–152. Disinger, J. F. (2009). Paul B. Sears: the Role of Ecology in Conservation. *The Ohio Journal of Science*, 109 (4–5), 88–91. Cittadino, E. (2015). Paul Sears and the Plowshare Advisory Committee: "Subversive" Ecologist Endorses Nuclear Excavation? *Historical Studies in the Natural Sciences*, 45 (3), 397–446. Cittadino, G. (2015). Paul Sears: Cautious "Subversive" Ecologist. *The Bulletin of the Ecological Society of America*, 96 (4), 519–526. Steiner, F. (2016). *Human Ecology: How Nature and Culture Shape our World*. Washington, DC: Island Press. pp. 1–16.

④ Leopold, A. (1949). *A Sand County Almanac and Sketches Here and There*. New York: Oxford University Press. pp. 201–226.

"土地伦理"观。从他所涉及和利用到的有关生态学的思想和概念的实际情况和深度看,与西尔斯的那本通俗易懂地阐述生命与环境关系的,而且思想深刻的生态学著作是无法比较的,这是一个客观事实。

我们在这里这样说,并没有丝毫轻视利奥波德的"土地伦理"观在生态学上是贫乏的含义。正是因现代环境运动的出现,利奥波德的"土地伦理"思想被发现,同时,也正是因为他的"土地伦理"思想,而使其赢得了巨大的社会声望,在推动现代环境运动的深入发展过程中扮演了一个重要的角色,利奥波德的"土地伦理"思想,已成为那些积极倡导和推动环境保护和野生生物保护的人们的一个重要的思想来源,乃至思想和行动上的理论基石之一。对于生态学而言,利奥波德的"土地伦理"思想的科学基础,正是主要地建立在生态学的"群落"概念基础之上的,这也就为通过"土地伦理"思想,进而引起人们对作为一门科学的生态学的广泛关注,以及在促进生态学的知识和思想的社会传播方面,做出了不可替代的贡献。

相对于利奥波德的"土地伦理"思想,西尔斯在他的《生命与环境:生物的相互关系》一书中向当时的社会传递出的那些深刻的和富有远见的生态学思想,也包括他基于生态学的思想对当时社会中存在的那些严重的环境问题所提出的警示,显然就没有这样的幸运。也许,我们只能把这种历史的遗憾归咎于西尔斯的生态学思想,相对于他所处的那个时代,过于超前了,与那个时代的人们普遍地沉醉于通过工业化发展带来的财富的创造和积累的梦想格格不入有关。总之,历史地看,生态学作为一门科学,它被严重地漠视和边缘化的这个结果,是由社会本身的因素所造成的,当然,这种社会因素也将特别地指向科学共同体本身。

因为,正是在科学共同体中,确切地说,是在生物科学共同体这种特殊的社会组织形式中,才发生了生态学被其他生物科学领域的同行严重漠视和边缘化的结果。因此,科学共同体对待生态学的这种基本的科学态度,就会不可避免地在不同程度上迟滞或阻碍生态学思想的社会传播,一般的社会大众自然也就更难以对生态学关于生命与环境关系研究的科学意义,以及它在社会生活方面蕴含的巨大价值,会有什么真正意义上的了解。历史事实表明，生态学家仅靠自身的力量和努力，是无法完成这种学科地位的根本改变的；相反，生态学的命运，正是借助现代环境运动这一强劲的外部社会力量，才最终完成了彻底的蜕变。在这个意义上，这是作为一门科学的生态学的幸运。由此，生态学历史地走进了世界历史的中心，开创了沃斯特所说的一个属于我们人类的"生态学时代"。

第五章　统一的科学及其评价的概念框架

我们在前面的章节讨论中已表明，随着现代环境运动的兴起而走入世界历史中心的生态学，人们在普遍的范围内对它在深刻认识和解决当前紧迫的环境问题上给予了前所未有的重视和期望。这种巨大的变化，对于生态学而言，历史性地彻底改变了它作为一门科学的命运，它的科学地位相应得到了显著的提高，它在社会面向中所蕴含的价值也正在被人们广泛地认识到，这些改变毫无疑问为作为一门科学的生态学提供和创造了一个巨大的发展空间，这一切都是积极的变化。但与此同时，正是由于这种变化，生态学也就遭遇了它在历史上从未经历过的严格的科学审查，当然，这种审查的一个最重要的目的，就是看它能否承担其解决当代紧迫的环境问题的科学责任，能否为我们的环境保护和环境决策提供一个值得信赖和坚实的科学基础。在这个意义上，这样的科学审查，无论是从促进生态学作为一门科学的发展需要上，还是从它的社会功能表达的期望上看，都是我们这个时代所需要的一种合理的审查。

关于生态学科学评价的逻辑破缺

对生态学的这种科学审查，清楚地表明了它作为一门科学的实际发展状况与我们所期望的科学形象之间还存在着显著的差距，它在通向一门标准科学或成熟科学的发展道路上还有很艰难的一段路要走。这是我们通过这种审查对生态学的学科发展状况给出的一个基本的科学判断。因此，我们需要明确的是，生态学在当前存在的主要问题究竟是哪些。对于许多生态学家和哲学家来说，与其他科学领域相比，生态学的整体状况正处在

"危机"之中，而作为科学还只是一门仅具有启发意义的"软"或"弱"的科学。做出这种判断的根据是，因为生态学在其理论水平上存在着系统性的问题，也即从最基本的科学概念到规律、模型和理论，都无法达到或满足标准的硬科学在这些方面所普遍具有的例如精确性、一致性、普遍性、可检验性和可预见性的基本要求，同时，在方法论上还存在着显著的分裂和对立，以及整个生态学严重缺乏能够把所有的分支学科领域有机地联系和组织在一起的统一的科学理论和基本原理。

在当前的科学批评中所指证的这些问题，长期以来，的确在生态学的实际研究中不同程度地存在着。对此，我们在整体上认同这种判断，即生态学在它的理论层面上系统性地存在着这些问题。这些问题，可以说对任何一门自称为是科学的领域来讲，都是无法回避的重要问题。但是，我们在这里需要再次强调的是，这种生态学批评是基于物理主义的科学评价体系作为参考系而做出的，因此，与生态学作为一门科学的存在状况是否真的处在"危机"中没有直接的关系。我们对由此而给出的这一"危机"的科学判断是不赞同的。因为，生态学还从未实质性地进入它的成熟科学发展的阶段。我们之所以认定生态学的这种存在状态，最重要的理由就是，这是我们在前一章中提到但未展开讨论的一个理由，作为一门科学的生态学，直到今天，生态学家们还未能在其认识对象这个最基本的科学问题上，达成基本的共识。

这个问题，根据我们了解到的对生态学的科学批评中呈现出来的实际情况看，至少可以说，对于绝大部分的批评者而言，当然也包括辩护者在内，他们都没有意识到这个问题的存在，或者说是被他们严重忽视了。相对于已揭示出的生态学在理论层面存在的一系列问题而言，这个问题才真正构成了我们所认为的问题解决的一个逻辑起点，这是生态学未能进入它的成熟科学或一门标准科学发展轨道的根本原因，因为，这个问题与理论层面存在的问题在许多方面有着内在的关联性，尤其是，在与我们更为关心的生态学至今还没有找到那个能够把它所有的分支领域组织在一起、作为它们的共同基础的统一理论之间有密切的关系。

这个问题构成了我们在这里需要解决的关键问题。正是在这个意义上，如果我们在这里给出的问题解决的逻辑起点这个判断是准确的，那么，我们就为解决生态学还未进入它的成熟科学的发展轨道，找到了一个重建的突破口，由此，也可以使我们避免陷入理论层面的一系列的具体问题的无休止的批评和辩护的怪圈之中，而无法自拔。这促使我们把注意力集中在生态学的研究对象的统一问题上，可以极大地改变生态学研究中纷繁复杂，甚至看上去多少显得有些无序的局面。这不是说，除了这个问题之外，生态学在理论层面存在的其他问题是不重要的，而是说，如果我们能够在这个问题上有实质性的理论进展和突破，那么，将会为其他问题的理解和解决，提供一个共享的概念框架。这种转变在科学上带来的一个最大的益处是，它可以把生态学的思考和研究引向我们最希望的一个方向上，这就是，通过统一的研究对象，能够使我们去直接地面对一个统一的生态学理论建构问题的挑战。换言之，从一个统一的研究对象到一个统一的理论，构成了一个最重要的生态学研究的逻辑路线。

科学家和哲学家们对一个统一的科学评价体系的追求，源于他们对一个统一的科学理想的追求。这是二者之间的一种不言自明的关系，因为，没有对统一科学的追求，就不会有一个统一的科学评价体系的创建和发展。在这个意义上，这个统一的科学评价体系相对于统一的科学而言，并不能独立存在，它是探索者为发展一个统一科学的过程中而出现的一个派生物。因此，否定有一个统一的科学评价体系的存在，就意味着否定有一个统一的科学的存在。这种追求统一科学的理想，是自古希腊以来直到今天形成的一个占主导地位的哲学或科学的智力传统，这种传统反映出来的是人们的一种自觉地探索导致他们持续关注的那部分事物真相的活动，亦即探寻事物的真相构成了我们所说的统一科学的最基本的含义。因此，在这个过程中，人们为判断他们的这种特殊的智识活动是否实现了追求事物真相的认识目的，发展出一个与之相应的科学评价体系，便是一个必然的结果。

在这个意义上，建立在一个统一科学的理想引导下的科学评价体系，毫无疑问应当是这样一个统一的体系，这个评价体系将对科学共同体中的所有科学部类都具有普遍的无例外的适用性和一致性。这样，对外而言，科学便能够无障碍地以一个统一的科学形象和与之相一致的一个统一的科学评价体系和标准呈现出来，这使其能够同其他的人类智识活动及其成果清晰地区别开来。对内而言，对于所有不同的科学领域，只要它们声称自己属于科学研究的一个组成部分，那么，就必须接受一个统一的科学评价体系及其标准的审查，在这个问题上，不应当存在例外，否则，那些自称为科学却又拒绝或抵制这种科学评价审查的领域，便与科学无涉，它们要么是非科学的，要么是伪科学的。这意味着，不存在所谓的某种或某些科学的"自治"问题。如果科学共同体在这些最基本方面的认识上还存在着这种性质的重大分歧，那么，我们也就无法指望能够在科学与其他的智识活动及其成果之间给出明确的区分了。因此，我们不反对这种一般意义上的科学评价体系及其标准，相反，我们赞同对所有那些声称能够给我们提供世界真相的确定性的领域，给予审慎和严格的科学审查，科学共同体不会放弃它对一个统一的科学和一个统一的科学评价体系的承诺。所有科学领域都将无例外地受到这样的约束。

生态学作为一门科学，当然也在这个统一的科学评价体系之内。像所有其他不同的科学领域那样，生态学自其诞生以来，一直就是作为一门科学的形象而存在的，因此，它自然就包含在这个统一的科学评价体系所要审查的范围之内。在有关生态学的科学评价问题上，我们在一般意义上并不会拒绝对其在一个统一科学的理想所期望的科学评价体系及其标准的科学性的审查，但是，我们并不赞同在现有的科学评价体系及其标准下所做出的对生态学的审查。因为，由现有的科学评价体系所显示出的一个统一科学的理想，是以物理科学为典范和模板而形成的一种科学图景。因此，这是另一种意义上的统一科学的理想，也是我们不赞同的一种统一科学的理想。统一的科学与统一的科学评价体系与物理科学之间不存在等价的关系。

除此之外，我们直到今天面对的这个统一的科学与统一的科学评价体系表现出的另一个旨趣，也是我们所反对的，这就是，这样的统一是严格地限制在科学认识的理论层面上的。这意味着，人们总是唯一地从理论层面来理解和构建统一的科学与统一的科学评价体系，而作为认识活动中的其他构成要素并没有得到重视，或者说，是被排除在这种建构之外的。正如德国化学家和哲学家保罗·奥本海姆（Paul Oppenheim）以及美国哲学家和数学家希拉里·普特南（Hilary Putnam）所说的那样，统一的科学，根据其强弱有三种含义：最弱意义上的科学统一指的是把科学的所有术语都还原为某一学科的术语，如物理学或心理学；较强意义上的科学统一指的是规律的统一，即把科学规律还原为某一学科的规律，如果这样一个全面的解释系统的理想被实现，人们可以将其称为单一科学；而最强烈意义上的科学统一则是指，如果科学规律不仅还原为某一学科的规律，而且该学科的规律在某种直觉意义上是"统一的"或"相互联系的"。[①] 由此可见，科学的统一，从科学术语到科学规律的还原，均是作为理论层面的不同形式的还原。

这种集中于理论层面还原的统一的科学与统一的科学评价体系的建构及其精致化，就清楚地体现在现代科学哲学的发展过程中。历史地看，大多数人信奉和坚持的这种科学的理论评价体系，就直接地根源于逻辑实证主义（也称之为逻辑经验主义），以及对它主张的科学的理论评价体系的批判和超越。逻辑实证主义产生于对哲学的形而上学传统的拒斥，这种拒斥是建立在逻辑实证主义者所坚信的哲学演进的科学化这一基本趋势的背景下的。他们通过把理论还原为命题或句子的形式的语言学分析，以归纳的方法证明形而上学命题是伪命题，由此试图把形而上学从哲学中驱逐出去。从方法论上看，逻辑实证主义者的"拒斥形而上学"的主张，是建立在归纳方法上的"证实原则"。而逻辑实证主义者的这一方法论旨趣，实质上又是基于自近代科学革命以来的数百年间，在科学研究中所形成的一种流行的观念，即科学及其所获得的知识是在大量的正确观察陈述基础上，通过归纳方法而产生的。但是，逻辑实证主义者用来拒斥形而上学的这一科学观念，事实上依据的是一个未加任何批判的想当然的科学观念。逻辑实证主义者就是以这样一个虽然流行，但却未经严格审查和证明的

[①] Oppenheim, P. and Putnam, H. (1958). Unity of Science as a Working Hypothesis. In Feigl, H., Scriven, M. & Maxwell, G. (eds.). *Concepts, Theories, and the Mind-Body Problem* (pp. 3–36). Minneapolis: University of Minnesota Press. pp. 3–4.

"科学"概念来拒斥形而上学的。

正是由于逻辑实证主义者的基于归纳的科学概念拒斥形而上学的这种做法,引发了相关研究者的质疑和批判。这种质疑和批判的结果,最终导致了一个建立在"证伪主义"(falsificationism)原则基础之上的科学理论评价体系的出现。哲学家卡尔·波普尔(Karl Popper)在他的著作中系统提出了以"证伪主义"为核心的批判理性主义理论。① 波普尔的批判理性主义理论认为,逻辑实证主义所坚信的基于归纳方法的科学观念,由于无法克服"归纳问题",亦即一个全称命题既不能从经验上也不能从数学上得到最后的证实,因此,这种科学观念是不成立的。相反,取而代之的应当是建立在"证伪主义"原则基础上的科学观念。

这种科学观念认为,科学认识活动是一个通过猜想与反驳的问题解决过程。一个科学猜想或假说的成立,必须满足它所推出的检验陈述——精确的预见性——能够通过证伪而非证实的检验。一个科学假说必须具有"可证伪性",即它应当包含可检验的经验内容,它的"证伪度"越高,也就意味着它所包含的可检验的经验内容就越多,该假说接近真理的程度也就越高,因此,其科学性也就越高。反之亦然。凡是那些不能通过这种严格的证伪程序检验的科学假说,就应当被抛弃。波普尔的这一"证伪主义"思想虽然被哲学家伊姆雷·拉卡托斯(Imre Lakatos)称为"朴素的证伪主义"(naive falsificationism)②,但是,波普尔的这一基于物理科学作为范例而提出的科学观念和科学划界的评价体系,事实上,直到目前已成为科学哲学领域和科学共同体中的大多数人所认同的一种科学观念,以及用来区分科学与非科学或伪科学的一种强的科学的评价标准和评价体系。这一思想事实上对许多生态学家产生了重要影响,并且已经成为主导许多生态学家看待自身研究领域的一种普遍的科学评价的方法论观念。

---

① Popper, K. (2005 [1959]). *The Logic of Scientific Discovery*. London and New York: Routledge. Popper, K. (2014 [1962]). *Conjectures and Refutations: The Growth of Scientific Knowledge*. London and New York: Routledge.

② Lakatos, I. (1968–1969). Criticism and the Methodology of Scientific Research Programmes. *Proceedings of the Aristotelian Society*, 69 (1), 149–186. See also: Lakatos, I. (1978). *The Methodology of Scientific Research Programmes*. Cambridge: Cambridge university press.

把科学的评价集中在理论层面，或者说把对科学的理解彻底还原到科学理论层面的这种做法，是我们可以理解的一种方法论策略，甚至也可以说，做出这种选择是一种在直觉上就直截了当地认定了我们应当以科学理论为基准建构科学的评价体系，只有这样，才能够最准确地反映和代表科学的精神实质。因为，科学理论毕竟是我们在认识活动中最为关注的一个方面，它是这种活动目的的一个最终结果的表达。但是，这种方法论策略或价值取向，其本身存在着明显的缺陷，这就是，它排除了认识活动中的其他构成要素进入这个科学评价的体系之中，这必然导致一种在逻辑上破缺的，同时也是武断的科学评价体系的出现。尤其是在那些被排除掉的构成要素中，作为认识对象的实在本身的特质，将会对一个科学理论或一个科学领域的存在形式构成实质性的影响。确切地说，我们这样说的意思是想特别表明，在认识对象与认识成果之间的关系这一基本问题上，是作为认识对象的实在本身具有的特质决定了一个科学理论的存在形式，进而也决定了我们对它的科学评价的方式，而不是相反，让实在本身去符合我们所期望的某种理论形式和评价方式。这是二者之间的一个基本的因果关系。

如果说在对科学的认识和对科学的评价过程中，就像当代生态学所遭遇的科学批评那样，人们自觉或不自觉地总是以这种抽象的还原论的理想，以物理主义的方式塑造统一的科学和统一的科学评价体系，进而以此审视和约束其他科学的科学性，那么，不要说今天的生态学无法符合这种标准科学的要求，恐怕还有很多其他的科学领域也很难满足物理主义的这种要求。这种把所有其他科学都塞进物理主义的科学评价体系的模板中的做法，我们只能说，这并不能真正反映整个科学的全貌。因为，在这种科学评价过程中，包括生态学在内的其他科学领域，它们的认识对象的真实存在状态，都因这种狭窄和武断的做法而被屏蔽掉了，反倒因此而无法获得作为一门标准科学的存在资格。正是在这个过程中，由于像生态学这样的科学领域，它们的认识对象不能作为评价的要素进入科学评价体系中，因而连同与之相对应的公允的评价方法，也就被排除在了我们所追求的那个具有普适性的理想的科学评价体系之外了。

基于认识模型的生态学科学评价

因此，为能真正看清生态学作为一门科学的存在状况，以及它在当前存在的问题究竟是什么，我们在这里需要给出一个最一般意义上的认识活动的图示模型作为分析的参考系。

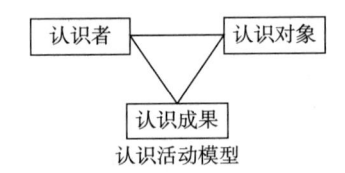

认识活动模型

从这个认识活动的图示模型可以看到，我们把认识活动直观地表述为一个由三个初始概念及其关系所形成的空间构型。这三个初始概念是认识者、认识对象和认识成果。这三个初始概念作为一组，我们把它们看成是理解认识活动的一阶问题，而三者之间所形成的关系作为一组，则构成了我们理解认识活动的二阶问题。相对于一阶问题，二阶问题不能独立存在，因为，它们依附于前者而生成，是它们的派生物。上述两组问题分别表征了整个认识活动的六个方面的基本特征，由此，我们也可以把它们看作构成认识活动的六个特征变量，它们是对认识活动的一个全面系统的刻画和抽象。通过它们我们可以重建统一的科学与统一的科学评价体系的基本图景，并以此作为我们进行科学评价的基本的参考系。换言之，凡是声称能够给我们提供事物真相及确定性知识的那些学科领域，我们都将无例外地把它们置于这个参考系下进行审查和评价。从科学评价的角度看，我们能够采取的方法论策略有两种选择：一是根据单变量审查一门科学的存在状况，二是采取多变量的方式审查一门科学的存在状况。总之，上述六个方面作为特征变量构成了一个完整系统的科学评价体系及评价标准。

在这里，我们对上述作为基本要素的六个方面给出一个简要的说明。

（1）认识者。认识者是人的认识活动的主体，是我们的认识活动最初得以发生和发展的发动者及推动者，正是在这个意义上，我们明确地把认识者看成是引发认识活动变化的一个独立的特征变量，亦即自变量，而构成认识活动的其他五个特征变量则是因变量；于是，我们这里给出的这个认识活动的模型，本质上就是一个动力学模型。这意味着，认识者的存在状态决定了认识活动中的其他五个特征变量的存在状态，这是认识者与它们之间在认识活动上所达成的一个基本的因果关系。从时间的角度看，作为认识者的存在状态，经历了一个从古希腊以来的以个体的或少数人的自由探索为基本特征的存在形式，至近代演进成为以科学共同体为基本社会学特征的存在形式的转变过程，尤其是自19世纪的工业革命以来，科学共同体已真正发展成为专门承载知识生产职能的一个极其重要的基础性的社会建制。认识者之所以会演进成为一个特殊的社会组织形式的共同体，就在于他们拥有了共同的信念、共同的研究对象、共同的研究方法和程序、共同的研究传统和研究规范等。认识者是我们在认识意义上完整系统地理解科学和评价科学的一个社会学要素。

（2）认识对象。我们也可以把它叫作研究主题。它的生成根源于认识者对外部世界和自身世界中的某些刺激而引发的好奇、兴趣及相应的持续探索活动。因此，在这个意义上，认识对象的存在状态及其变化，总是会随着认识者的变化而改变自己的存在状态。通过认识对象的存在状态，包括它所涉及的范围、对象分化的程度以及研究的深度，我们可以测量出与之相对应的学科领域发展的程度。毫无疑问，一门学科领域在一般意义上必然与一个清晰的、独立的和特殊的认识对象相对应，而且，这个特殊的认识对象不能同时被其他学科部门所拥有或分享。这是一门学科能否相对独立存在的基本前提和要求，反之，该学科如果在这个基本问题上还存在争议，那么，它就不能满足一门科学应当具备的最基本的本体论地位的要求。令人遗憾的是，认识对象及其存在状态这一重要的因素迄今并没有被纳入科学评价的范围内，这对于一个健全的科学评价体系的建构而言，不能不说是一个严重的逻辑破缺。

（3）认识成果。它是我们关于认识对象持续探索的一个结果，即以某种普遍的理性存在形式与认识对象相对应，通常我们把这种普遍的理性形式的最终结果称为科学理论，这期间经历了科学假说的转换环节。与认识对象不同的是，科学史表明，科学理论总是会随着认识者的认识的深入程度的变化而变化,例如理论的修正,以及库恩所说的理论的转换等;而认识对象一旦得到相应的科学共同体的确认,或者说达成认识上的普遍共识,就不会发生变化,变化的只是作为一个整体的对象本身的分化程度。认识成果在不同的学科领域的实际研究中的存在形式,通常有概念、规律、模型、假说和理论等。从构成的角度看,对于任何一个学科领域而言,它们的研究对象都可以无一例外地抽象为一组概念及其关系,由此,我们可以把一个理论看成是一个概念体系、概念网络或概念框架,或者说以这样的不同的表述形式来指代理论。直到目前,理论的存在状态一直就是科学家和哲学家用来进行科学评价的最主要的,甚至被视为唯一值得考察的一个指标。

(4) 认识者与认识对象的关系。这种关系的出现,根源于认识者对他们所感兴趣的那部分事物真相的自觉和持续定向的探索,它构成了我们的认识活动中的一个最基本的关系,正是由于有了这一关系的建立,我们的认识活动才得以有序地进行和实现。认识者对他们的研究对象实施了一种明确有目标指向的持续的信息采集和加工处理,由此提取出他们所需要的一组经验材料和数据。认识者在这个过程中逐渐摸索出了相应的经验研究方法和工具。经验方法包括科学观察和科学实验,工具直接影响和决定着认识者由此获取到的经验材料的有效性、精度和深度。概括地说,这些经验方法和工具,在整个认识活动中具有双重的作用,一方面,它在认识者与认识对象的关系中,成为认识者以此获取经验材料或经验事实的基本手段;而另一方面,它在认识对象与认识成果的关系中,则扮演着研究者用来证明或检验认识成果是否与研究对象具有外部一致性关系的重要角色。

(5) 认识者与认识成果的关系。这种关系反映出来的是,研究者如何把在认识者与认识对象的关系中所获得的经验材料组织和构造成为理论存在形式的过程,这个过程实质上是一个科学抽象的过程。在这个意义上,我们也就可以把如何组织和构造经验材料的这种方法,称为科学研究的理论方法。这种理论研究方法,具体地说,就是认识者通过使用某种特定的语言形式把经验材料抽象上升为一个系统完整的理论形式,亦即一个满足了内部一致性要求的理论存在形式。而这个理论形式是否能够清晰准确地表征研究的对象,是否具有高度的确定性,就取决于研究者所使用的是何种形式的语言,由此,二者的关系也可以被称为语用学关系。历史地看,科学用来组织和构造经验材料的语言形式,经历了一个从早期的自然语言到近代以来的人工语言的转换过程,因此,我们可以通过一门学科所使用的语言形式的不同,来测量和反映该学科所处的实际的科学状态的不同。一般而言,当使用人工语言成为一门学科领域主要的理论表述形式的时候,就表明了该学科已处在一个相对发展更为成熟的科学状态。

(6) 认识对象与认识成果的关系。这种关系揭示的是一个科学理论与其对象之间是否达成了一致性的关系,由此我们也可以把这种关系称为理论的外部一致性问题。关于理论的外部一致性问题的解决,本质上是一个经验证明的问题,与该理论的内部一致性问题不再有直接的关联,因为,理论的内部一致性仅在于一个理论是否满足了逻辑自洽或数学自洽的要求。一个理论能否与它的研究对象之间达成一致性,一般而言,是通过解释和预见这两种基本的路径进行检验的,这两种路径实际上是一个理论的逻辑结构及其推论,与研究对象作为类所指涉的经验世界之间建立联系的两个面向。解释路径指向的是已知的经验世界,亦即一个理论能够对已知的经验世界中存在的事物、现象和过程给出合乎逻辑的解释,这是一个理论同化现实经验世界的过程。预见路径指向的则是未知的经验世界,亦即该理论同时能够对未知的经验世界中可能存在的事物、现象和过程给出合乎逻辑的推论,这是一个通过理论做出新的发现的过程。这里需要强调的是,对于一个理论的可预见性的经验检验,并非都是必须或唯一地通过实验的方式进行的,考虑到学科对象的不同特点,这种检验也常常通过观测的方式进行。总之,相比较而言,如果一个科学理论的解释力和预见力越高、越准确,那么,它的可靠性和可信性也就会越高。

根据上述认识模型中的六个维度,我们可以清楚地发现,生态学中存在的问题,以及对生态学作为一门科学的存在状况所产生的重要争论,直到目前显著地存在于一阶问题上。一是,在认识对象这一特征变量上,生态学家们至今未能在生态学作为一门科学的研究对象方面达成普遍的共识。一方面,一些生态学家坚持以种群和群落为目标对象的生态学研究,是一种不涉及人作为变量的自然科学的研究,亦即生态学是一门纯粹的自然科学;而另一方面,还有生态学家坚持一种整体主义的生态学研究方法,亦即把生态学看成是一门包含人在内的综合性的生态学。这是生态学在研究对象究竟是什么的问题上存在的分裂和对立的情况。二是,在认识成果上,生态学至今还缺乏一个能够把一系列不同的生态学研究领域有机地组织在一起的统一的生态学理论,而生态学之所以在理论层面还存在这种问题,这显然与生态学在研究对象上存在的分裂和对立有直接的因果关系。因为,我们难以想象,在研究对象上还存在着这种严重的分裂和对立的情况下,生态学如何能够发展出一个统一的科学理论。

正是在上述两种意义上,生态学作为一门科学的这种存在状况,是导致其从根本上还未走向成熟科学发展阶段的原因。因此,这两个方面的问题将是我们接下来要试图解决的问题。在这里我们将通过对这两个方面的问题的深入讨论,进而最终给出我们关于生态学作为一门科学的理论图景的整体判断。换句话说,我们将首先根据生态学家关于生态学的研究对象的设想和争议,给出我们在这一问题上的判断,并由此尝试性地给出理解生态学的理论图景的一个统一的工作假说。这个工作假说旨在对地表生态系统中的人与自然的互动关系,及人在其中的地位和影响提供一个整体的解释和说明。我们期望这一工作假说能够为我们的环境保护和环境决策,提供一个有价值的参考框架和有效的理论支撑。

第六章　生态系统作为生态学的研究对象

　　由上述，生态学作为一门科学目前存在的主要问题，首先表现在生态学的研究对象及其所涉及的范围、内容等方面的问题。这是一个最基础性的和至关重要的问题。我们知道，从认识的角度讲，任何一门科学都应当有自己确定的研究对象，这是一门学科能否成立和能否得到科学共同体认可的一个首先要满足的前提条件。事实上，一门学科如果在这个问题上还一直存在着明显的疑问或犹疑不决，那么，毫无疑问，这会给这个学科的实质性发展造成一系列的认识上的障碍，同时也不会得到科学共同体的真正重视和尊重，当然，在这种情况下，也就更谈不上它是一门成熟的科学。或者更为准确地说，这样的学科还只是徘徊在一门学科发展的初始阶段。

　　这个至关重要的学科定位问题目前就真实地发生和存在于生态学之中。该问题在生态学研究中的具体表现形式为，生态学作为一门科学，在究竟是作为一门纯粹的自然科学，还是作为一门综合性的学科之间存在着争议。具体地说，如果我们要把生态学这门科学看成是一门纯粹的生物科学的分支学科，亦即一门一般意义上的自然科学，那么，人及人的各种活动因素就会被彻底地排除在生态学的研究范围之外；相反，如果我们要明确地把生态学定位于一门综合性的学科，那么，我们就必须要把人及人的各种活动作为重要的影响因素考虑进去，亦即在生态学的研究对象中就必须要把人包含在其中，进而构成一个完整的研究对象，而不是将人及其活动与自然生态系统分离开来。

　　这样一来，生态学作为一门科学的研究对象，它所涉及的时空范围、研究的内容，以及一系列的构成要素之间的关系，就会同以往的研究表现出巨大的差异。可以说，这种差异给生态学的研究带来的后果，可能完全超出了我们的想象。首先，可以肯定的是，这种学科定位选择上的不同，将会不可避免地把生态学的未来研究引向一个完全不同的发展方向上，进而，生态学呈现给我们的理论研究成果，诸如它所提供的基本概念、模型、规律、假说和理论，与我们所理解的那种纯粹的自然科学的理论成果相比，都将会产生很大的变化。这种变化表现出来的一个最显著的特征就是，这些理论成果的形成及其存在的形式，都将会很有可能与某个或某些特殊的价值因素和价值取向联系在一起，亦即它们根源于某种最初制定的并且持续存在和产生作用的价值参考系的预设。毫无疑问，这个预设的价值参考系是我们所期望的地表事物之间的一种生态关系的图景。

奥德姆的"新生态学"

强烈坚持生态学是一门综合性学科这种主张的美国生态学家尤金·P. 奥德姆（Eugene P. Odum），早在20世纪60年代他就开始明确地主张和呼吁生态学家们应当超越传统的生态学的研究对象和研究方法，把生态学看成是一门"新生态学"或"新的综合性学科"。

奥德姆早在他的1964年的《新生态学》[①] 一文中指出，"新生态学植根于深厚的历史发展，但它上升到人类思想的第一线的地位，则是原子能利用、外太空探索和人口爆炸的结果。因此，如果我们要理解新的维度，尤其是如果我们要应对人类及其环境问题带来的挑战，我们就需要考虑历史的观点和现代的压力"。奥德姆在理论上所构想的这种新生态学，把"生态系统"作为它的研究对象。它的意义在于："生态系统的概念使所有生态学家联合起来，因为，生态系统是我们必须最终处理的结构和功能的基本单位。生态学家可以团结在生态系统的周围作为他们的基本单位，这就像现在的分子生物学家团结在细胞周围一样，这是另一个重要的结构和功能的基本单位。因此，新生态学是一种系统生态学——或者，换句话

---

① Odum, E. P. (1964). The New Ecology. *BioScience*, 14 (7), 14–16.

说，新生态学研究的是各种组织层次的结构和功能，它超越了个体和物种层次的结构和功能的研究。或者我们可以说，如果我们把自然定义为在我们所选择考察的任何空间内运行的任何一个生命支持系统（例如，任何生态系统），无论它是一个培养皿，一个太空舱，一块农田，一个池塘，还是地球的生物圈，那么，生态学是关于自然的结构和功能的研究。"为此，奥德姆希望生物学家们能够迎接这一挑战，加强对生态科学的研究和支持。他告诉我们："我真诚地请求所有可能会阅读到这篇文章的生物系的负责人去评估他们的情况，看看在他们的部门中，他们的所有的生物学课程是否得到了教学和研究的充分支持。如果生物学家不接受这个挑战，那么，谁将为人类环境的管理提供建议——是那些有高超的技能却不懂得生态学的技术人员，还是那些两者都不具备的政治家们？"

在十多年后的《生态学作为一门新的综合性学科的出现》[①] 一文中，奥德姆进一步阐述了他的"新生态学"思想，他更为明确地把这种"新生态学"的学科属性或独特性，定位于"新的综合性的学科"，亦即，所谓新生态学，就是新的综合性学科。奥德姆告诉我们："我以前所说的'新生态学'的兴起——至少部分的——是对科学和技术领域中的整体论需要更大关注的回应。因为'生态学'这个词来源于希腊词根 oikos，意思是'居所'，它是关于我们生活于其中的生物圈研究的一个恰当的名称。然而，直到不久之前，生态学作为一个学科的范围，要比这个名称所表示的范围小得多。"因此，"新生态学不是一门交叉学科，而是一门新的综合性的学科，它所研究的是超个体水平的组织，这是在当前的边界下其他学科很少触及的一个领域——这就是说，那些学科指的是已经有了确定学科边界的学科，和由专业协会所特别强化了的学科，以及在大学里的系或课程设置中已经有的学科。在学术学科中，生态学是少数几个致力于整体论的学科之一。但我这样说并不意味着生态学是在默认的情况下就出现的；其他学科，或许甚至包括经济学，……都正在努力向上攀登这个等级的阶梯"。作为对未来研究前景的一种期望，奥德姆明确主张和呼吁要把新生

[①] Odum, E. P. (1977). The Emergence of Ecology as a New Integrative Discipline. *Science*, 195 (4284), 1289–1293.

态学采取的这种"整体论"的思想方法,从生态学扩展到整个自然科学和社会科学的各个领域中,"假如科学和社会为了共同的利益而相互契合,那么,现在超越还原论走向整体论就是必需的。要实现真正的整体论的或生态系统的方法,不仅是生态学,而且还有自然、社会和政治科学的其他学科,这种方法同样必须出现在这些新的直到目前尚未被承认和未被研究的思维和行动的层面"。

由上述,我们可以看到奥德姆他所坚持倡导的"新生态学"的一个基本图景。我们把它概括为以下三个方面:

一是,新生态学明确地主张,我们应当把生态学的研究对象定位于一个统一的"生态系统"概念下。生态学的这一学科定位的选择,既是回应当代突出的全球性的环境问题带来的巨大压力的结果,也是基于"生态学"一词的词源的基本含义的考虑。这种新生态学,从根本上讲是一种系统生态学,即它是关于自然作为生命支持系统的一种超越了个体和物种层次的各种组织层次的结构和功能的研究,而不再以个体和物种层次的研究作为自己的学科任务。在空间尺度上,生态系统小到一个培养皿,大到地球上的整个生物圈。

二是,新生态学根本上是一门新的综合性的学科。这种性质的生态学的理论构想和诉求表现在,一方面在学科范围内实现自然科学与社会科学两大基本领域的有机联结,[1] 另一方面则从实践的角度实现科学与社会的有机联结。[2] 换句话说,这种新生态学既是实现自然科学与社会科学,以及科学与社会联结起来的桥梁,也是把上述诸领域作为一组基本要素归并在一个统一的研究对象"生态系统"的时空尺度下进行综合考虑和系统研究的学科。概括地说,这种新生态学的总的科学任务就是,正是通过使其作为这样一种具有双重意义的桥梁的方式,致力于在一个确认了生态学原理与人类事务之间的相关性,以及要发展出一种长期的解决环境问题方案

---

[1] Odum, E. P. (1975). *Ecology: The Link between the Natural and Social Sciences* (2nd ed.). New York: Holt, Rinehart and Winston.

[2] Odum, E. P. (1997). *Ecology: A Bridge between Science and Society.* Sunderland, MA: Sinauer Associates Incorporated.

的理论框架内，从认识层面和实践层面全面系统地开展生态学的研究。

三是，新生态学采取的是一种整体论的研究方法。新生态学之所以要拒绝传统的生态学的还原论的研究方法，这是当生态学的研究对象从个体水平转换到涵盖各级组织水平的"生态系统"之后，必然要随之发生的一个相应的根本变化。因为，在新生态学中，生态学的研究必须考虑到生态系统内的所有构成成分及其复杂的相互关系，新的组织层次的特征将在这种复杂的关系中"涌现"出来，而在传统的生态学研究中，集中于个体的或种群水平的生态现象的研究中，不可能发现在特定的组织层次的那些新特征。换言之，面对着各组织层次而且是作为复杂系统的生态学研究，不得不采用与之相适应的整体论的研究方法。

在这里，如果我们对奥德姆所主张的这种新生态学的理论构想的理解是准确的，那么，这种"新生态学"毫无疑问地将会使生态学作为一门科学的性质发生一个巨大的不可逆的转变。这种转变造成的一个最显著和最重要的后果就是，从学科建制上讲，生态学作为一门科学的学科地位，将不再是我们过去通常所理解的那样一种一般意义上的生物科学中的分支学科了。这就是说，这不仅会在事实上把生态学从作为一门极为普通的生物科学的分支学科的地位中提升出来，甚至也将会把它提高到与包括生物科学在内的整个自然科学部门相对应的地步，不仅如此，而且连同整个的人文社会科学部门，也都一并被统摄在了新生态学的研究范围之内，进而作为生态学在整体上从"生态系统"这一组织水平考察的内容。因为，按照奥德姆的理论设想，这种新生态学的研究对象明确无误地以整个地球自然系统，当然也包括人类社会在内，都将作为它所要考察和研究的内容。正如生态学家彼德斯所说的那样："生态学的主题是包括人类在内的生物有机体与其环境之间的关系，这使得生态学成为整个科学中的一门最重要的和涵盖了一切事物的学科。"[1]

当然，这种巨大的变化，并不是说被涵盖在"生态系统"这个研究对象之内的所有内容，都是要分别按照一组学科的研究方式而进行专门研究

---

[1] Peters, R. H. (1991). *A Critique for Ecology*. Cambridge: Cambridge University Press. p. xi.

的，这不仅是生态学的任务，也是它所无意承担的一种所谓的综合性的研究任务。这样的研究，事实上也是无法想象和难以实现的。生态学只是把所有这些内容作为有机地组织在"生态系统"中的一组变量加以考虑的，尽管这是一组复杂的构成变量。确切地说，所有这些构成变量是被置于"生态系统"这一组织层次上进行系统研究的内容，这是"生态系统"这一组织层次的研究不可避免地要涉及和处理的内容。

正是由于这种根本性的变化，使我们看到，新生态学一方面极大地突出和提升了生态学在整个科学领域中的学科地位的重要性和基础性，另一方面它也显著增加了生态学研究的难度。因为，如上所述，这种"新生态学"不仅涉及传统意义上的生态学研究的范围和内容，同时也把人文、社会科学部门一并涵盖在了生态学的研究对象的范围内。这种转变带来的难度是，生态学的研究中包含了比以往更多的变量和不确定性的因素，因为在以整个生态系统或整个生物圈为考察对象时，在原有的开放性和复杂性的基础上，人所带来的各种扰动因素又被加入其中。

尤其是，这种新生态学带来的研究难度，还不只是反映在了那些组织在"生态系统"中的各种要素，是在原有的自然要素之外又增加了人类这一要素。问题的关键之处在于，这些新加入其中的人类要素在"生态系统"中将会被如何看待：我们是把它们作为像其中已存在的那些纯粹的自然要素一样看待，还是把它们作为"异质性"的要素而看待呢？由人类带入的那些构成要素究竟是作为"中性"的要素，还是作为具有价值偏好的要素呢？这个问题是我们在开展新生态学的研究时必须考虑，同时也是必须澄清的一个至关重要的问题。因为，这个问题，从根本上关系到新生态学作为一门科学究竟是何种意义上的一门科学的问题。

因此，对这样的问题的回答，并不是无关紧要的。相反，我们在这个问题上给出的不同回答，将会产生完全不同的结果。假设我们把由人类带入"生态系统"中的要素视为像那些纯粹的自然要素一样性质的要素，那么，新生态学作为一门学科的性质依然是一门纯粹的自然科学，进而，这样的研究所获得的任何成果，从概念到最终的理论形式，都依然是一种"中性"的、具有客观性的科学成果，它们并不会因为人的要素存在于其中而改变其客观性和普适性的基本特征。

但是，如果我们假设甚至可以确认，由人类带入的各种因素它们从根本上都内在地具有了不可消除的价值偏好，甚或说，它们就是价值偏好主导下的产物，那么，新生态学作为一门纯粹的自然科学的学科性质，毫无疑问就会发生彻底的变化。这意味着，新生态学得到的从概念到理论的各种理论形式的成果，都会不可避免地使人们有理由去怀疑这样的生态学研究成果，它们究竟是科学意义上的一种结果，还是人们所期望的某种认知结果呢？对此，与其说这是一种产生于科学程序下的科学形式上的结果，还不如直截了当地说，这就是一种产生于某种价值偏好所引导的价值期望框架下的结果。如果是这样一种情形，那么，生态学作为一门科学的基本属性，就的确会发生颠覆性的变化了。这意味着，新生态学所得到的任何科学认识成果，或者说至少其中的一些部分，将会被我们视为一种另类的社会建构的产物。

由此，当我们还是按照一般意义上的那种科学理论评价的标准来看待生态学的时候，我们就很难按照精确科学的要求对这种新生态学所给出的基本概念、规律和理论做出一个准确的判断，也许这种判断的公正性与合理性本身是否成立都成了问题。因为，如果我们确认围绕着"生态系统"而展开的新生态学研究，就是一种建立在人所期望的某种明确的价值评价框架背景下的研究，那么，那种一般意义上的科学理论评价的标准体系，对于新生态学而言，就不再适用了。这种情况并不意味着这是"新生态学"作为一门科学的一种所谓缺陷，而是它就是这样一种在某种价值取向引导下的科学研究。这就是"新生态学"作为一门科学的学科属性。它提供的研究成果及其合理性，将会随着我们的价值期望的变化而做出某种相应的调整。因为，新生态学得到的生态学原理和原则，总是与我们人类事务及其期望之间存在着高度的相关性。新生态学的这种学科属性，的确突破了我们长期以来所形成的那种关于纯粹的科学形象的认知和理解的边界，也的确对我们现有的科学知识体系的统一性和同质性构成了一种挑战。

例如，作为被生态学家们广为熟悉的"自然平衡"是一个最古老的生态学概念，尽管随着时代的变化而有不同的解释，但它直到今天依然是一个基本的生态学观念，然而，这个术语究竟是一个科学意义上的概念，还是一个价值意义上的概念？生态学家们对此并没有给出一个明确的和统一的科学判断。事实上，针对"新生态学"这种要研究全部实在的综合性主张，虽然雄心勃勃，极具吸引人的魅力，但是多数的生态学家并没有被这种雄心勃勃的科学抱负所打动，正如有生态学家所指出的那样，他们更愿意从事的依然是传统意义上的那种有关自然细部的分门别类的生态学研究，而不是这种统一在"生态系统"下的全部的实在的综合性研究。① 可以说，这是由奥德姆所呼吁和倡导的"新生态学"与传统意义上的生态学之间产生的一个矛盾，也是在观念上造成的具有挑战性的一个学科性质上的冲突。

对一种另类的"新的新生态学"的批评

除此之外，在这里我们需要特别指出的是，一种看上去似乎更加激进，但实质上却是非科学的环境主义的思想必须拒斥。这种主张是由中国的环境哲学或环境伦理学领域的研究者所熟悉的著名的美国环境哲学家 J. 贝尔德·科利考特（J. Baird Callicott）所提出的。科利考特把奥德姆的"新生态学"看成是一种"旧的新生态学"，他认为应当以一种"新的新生态学"取代之。我们丝毫不怀疑科利考特的动机，他的确希望通过这种超越能够找到一个最终解决环境危机的方案。但是，遗憾的是，他的这个"新的新生态学"的主张，已经远远超出了我们关于生态学作为一门科学进行讨论的边界。

在科利考特看来，奥德姆在 20 世纪 60 年代凸显的环境危机以及随之而来普遍兴起的环境意识的背景下提出的"新生态学"，现在已经过时了。科利考特做出这种判断的主要根据是，奥德姆的这种"新生态学"是基于生态系统概念作为它的组织思想的，而这种利用生态系统概念的组织思想

---

① Keller, D. R. & Golley, F. B. (eds.). (2000). *The Philosophy of Ecology: From Science to Synthesis*. Athens: University of Georgia Press. p. 15.

所强化的，仍然是一种长期以来就存在的经典的自然观念。在这样的自然的观念中，自然是一个不受人类活动的干扰影响的存在物，它就像处在一种动态平衡的稳定状态中那样。但是，科利考特认为，这种经典的"自然平衡"范式在生态学领域中所占据的主导地位，已经随着过去的四十年里出现的新范式的转换所打破，取而代之的是"自然通量"（flux-of-nature）的新范式。这种新范式强调的是，生态系统是一个开放的系统，人类对它的影响无处不在，而且是长期的，自然的干扰是多方面的、广泛的和频繁的。这种情况表明了，不论是在佛教中还是在生态学中，"一切事物都是动荡的"（everything bums），即所有事物都处在一种周期性的扰动中。因此，在科利考特看来，"任何看上去可信的和最新的'生态神学'的清晰表达，都应当由新的新生态学而不是由旧的新生态学所阐明。在世界宗教中，佛教与生态学有着最长久的联系，……佛教在环境主义者的想象中使宗教世界观与生态学保持着最紧密的联系"①。

如果仔细分析科利考特的这种思想，我们就会清晰地发现，他所主张的这种所谓的"新的新生态学"，实际上主要强调了两个方面的意图。一是，根据他所了解到的近几十年来的生态学研究中的一些变化，他认为奥德姆所倡导的"新生态学"已被新的研究成果，即"新的新生态学"所取代。科利考特给出的这个主要理由，属于生态学研究的范围内的事情。二是，如果科利考特把他的关于"新的新生态学"的这种更惊人的主张严格限制在生态学的范围内，或仅止于此，那么，无论他给出的根据和论证是否成立，我们都会把这种讨论看成是一种标准的关于科学问题的讨论方式。但是，事实上科利考特的目的并不在于此。

他的最终目的，从根本上讲，就在于要去特别地论证他所主张的那个"生态神学"在科学上的所谓合理性，亦即"生态神学"可以通过生态学上的"新的新生态学"得到合理的说明，甚或说，"生态神学"与"新的新生态学"二者虽然看上去是两种完全不同的观念形态，但是它们二者之间是具有内在一致性的。正如他在他的文章标题中所明确标示的那样，所

---

① Callicott, J. B. (2008). The New New (Buddhist?) Ecology. *Journal for the Study of Religion, Nature and Culture*, 2 (2), 166–182.

谓"新的新生态学"实质上就是一种"新的新（佛教的？）生态学"（new new (Buddhist?) ecology）。尽管科利考特在他的文章标题中谨慎地使用了一个"？"，这似乎表明了他在二者之间的内在一致性问题的认定上，好像还存在着某种不确定性的犹豫不决，但是，他能以这种奇特的组合方式把二者联系在一起的做法，就已经充分表明了在他的思想中，二者根本上就是一回事情。

如果我们在这里给出的上述理解和判断是正确的，没有误解了科利考特的观点，那么，科利考特想要表达的主旨就是，所谓"新的新生态学"，本质上就是一种"新的新佛教生态学"。这是一种奇怪的逻辑。如果仅仅因为生态学中出现的新范式，它强调了生态系统是一个开放性的系统，其中的一切事物及其关系都无不处在包括人的各种复杂因素的影响下，并呈现为一种周期性的扰动状态，由此与佛教看待世界上的万事万物的基本观念相吻合，就可以把它们二者进行"实质性的等同"看待，那么，按照这样的逻辑，这是不是意味着，只要佛教的这种看世界的观念与任何其他的科学学科的看法存在着某种相似或者一致性的地方，我们也同样可以由此逻辑把那些科学领域都与佛教之间做"实质性的等同"看待呢？或者直截了当地说，就把它们都称为佛教科学呢？我们不反对甚至理解科利考特想要表达的佛教的观念，在应对生态危机的问题上也是有其应用价值的想法，但是他的这种处理问题的方式，却是不成立的。因为科利考特首先在这里模糊和混淆了宗教与科学之间的界限，其次他在这个问题上的论证方式在逻辑上也是不成立的。

因此，我们在这个问题上给出的结论是，从根本上讲，科利考特所主张的所谓"新的新生态学"，并不是科学意义上的一种什么生态学，而是宗教意义上的一种所谓生态学，因此，它与生态学本身没有任何内在的关系，即使是相关性也不存在。至于在科学意义上的所谓"新的新生态学"是否能够成立，则完全是另外一个不同的问题，而是一个纯粹的科学问题了。最后，我们在这个问题上需要特别强调的一点是，奥德姆的"新生态学"是否被所谓的"新的新生态学"所取代了，这完全是一个科学内部的事情，在这里没有什么宗教的事情。在科学的思维进程中，没有也不会给宗教预留下任何介入的可能性，科学知识评价的"普遍主义"规范才是我们在科学认知过程中应当始终遵循的一个基本原则。[①] 这也是我们今天在全面系统地开展生态文明建设的过程中，尤其是在生态文明的理论思想的建设过程中，需要认清的一个重要的问题。生态文明建设作为旨在生态友好的一种有计划的系统的政治安排和决策，它需要的是通过科学的和建立在科学基础之上的一种社会行动来实现。

而奥德姆的基于"生态系统"概念而提出的"新生态学"这个学科构想是否真的像科利考特所说的那样，已被生态学领域中出现的所谓"自然通量"新范式所取代了呢？事实上，这是科利考特在对奥德姆的"新生态学"和"自然通量"范式的理解上出现了偏差，进而做出的一个错误的科学判断。

"自然通量"新范式主要是由美国的生态学家斯特华德·T. A. 皮科特（Steward T. A. Pickett）等人提出的。该范式是针对传统的"自然平衡"的生态学范式而提出的，因为，这种传统的生态学范式把自然视为一个自然平衡的封闭的系统，而并不是针对奥德姆的"新生态学"提出的，他们甚至在其文章中根本就没有提到奥德姆的"新生态学"这一问题。[②] "自然通量"新范式把生态系统看成是一个非均衡的开放的系统。"自然通量"这个术语是一个隐喻，它强调的是自然系统的变异、流动性和变化，不是系统的静态。[③] 而奥德姆所倡导的"新生态学"，事实上同样也认为生态系统是一个开放的系统，而且明确指出了"在生态系统和生态圈的层次上不存在任何平衡，只有脉冲平衡，例如在生产和呼吸之间，或在大气层中的氧

---

① Merton, R. K. (1938). Science and the Social Order. *Philosophy of Science*, 5 (3), 321 – 337. Merton, R. K. (1973 [1942]). The Normative Structure of Science. In *The Sociology of Science: Theoretical and Empirical Investigations.* (pp. 267 – 278). Chicago and London: The University of Chicago Press.

② Pickett, S. T. A. & White, P. S. (1985). (eds.). *The Ecology of Natural Disturbance and Patch Dynamics.* Orlando: Academic Press.

③ Pickett, S. T. A. & Ostfeld, R. S. (1995). The Shifting Paradigm in Ecology. In Knight, R. L. & Bates, S. F. (eds.). *A New Century for Natural Resources Management* (pp. 261 – 278). Washington, D. C.: Island Press. Pickett, S. T. A. (2013). The flux of Nature: Changing Worldviews and Inclusive Concepts. In Rozzi, R., Pickett, S. T. A., Palmer, C., Armesto, J. J., & Callicott, J. B. (eds.). *Linking Ecology and Ethics for a Changing World: Values, Philosophy, and Action* (pp. 265 – 279). New York: Springer.

气和二氧化碳之间的平衡"①。此外,奥德姆并没有把作为影响生态系统变化的人类因素看成是外部的不正常的扰动因素。相反,奥德姆之所以长期以来一直强调,希望生态学家们要把生态学作为一门新的综合性的科学来看待,正是充分考虑到了人类及其活动不仅是影响生态系统变化的重要原因,而且更是把人类及其事务作为构成要素一并统摄在了生态系统之中。

最后,我们需要指出的是,奥德姆他所坚持倡导的"新生态学",强调的是生态学的研究应当以"生态系统"概念作为关注的核心和基准,这与生态系统作为一个"系统"本身的存在方式和运行的基本特征,究竟是平衡的还是非平衡的,则是两个完全不同层面上的问题。换句话说,即使奥德姆所说的"生态系统"作为"新生态学"的一个综合性的研究对象难以成立,或者说,即使多数的生态学家在实际的研究中并不特别以此作为他们工作的基本前提和特定的时空参考系,这也都与科利考特以"自然通量"范式来反对奥德姆的"新生态学"之间没有任何的逻辑关系。

这样,根据上述分析,我们可以完全抛开科利考特的"新的新生态学"而不予考虑,因为,它根本上就不属于科学意义上的生态学,而对于奥德姆所主张的以"生态系统"作为研究对象的"新生态学"是否成立,或是否具有存在的合理性,则完全属于生态学共同体成员需要做出选择的一个问题。在这个问题上,我们可以假设生态学共同体中的研究人员,他们分别属于两个对立的和不可调和的阵营。一个阵营是那些更愿意从事传统意义上的分门别类的自然实体的生态学研究,亦即继续坚持进行"生态系统"水平之下的个体、种群和群落的研究;另一个阵营则坚持选择以"生态系统"作为他们的研究对象,亦即他们坚持进行统一在"生态系统"水平的全部的自然和人文要素及其关系的综合性研究。对于这种选择,在一般的或抽象的意义上讲,这似乎并没有什么好坏或优劣之分,因为这只是与那些做出选择的人们的意愿有关。

但是,生态学作为整个科学事业的一部分,它事实上担负着我们的社会在人与自然关系方面的系统认知,以及在地球自然环境中合理行动的愿

---

① Odum, E. P. & Barrett, G. W. (2005). *Fundamentals of Ecology*. (5th ed). Belmont, CA: Thomson Brooks/Cole. p. 9.

望。这意味着,生态学的研究在这个意义上,就不再仅仅是一种纯粹地依赖个人的或一些人的愿望而进行的研究。这种情况只是在科学早期的或近代之前的那个自由探索的"小科学"时代才会大量存在。因此,在生态学作为一门学科的研究对象方面存在的问题,亦即在奥德姆倡导的"新生态学"是否具有存在的合理性的分歧问题上,社会的需要使奥德姆的"新生态学"便具有了更大的和更为紧迫的选择上的合理性。

做出这种选择还有更为重要的科学意义。这也是我们在下面将要讨论的问题。简单地说,这种选择的结果与我们对许多生态学家和哲学家关于生态学的科学地位,以及生态学还不是一门标准的或成熟科学的批评的回答,有直接的和内在的相关性。事实上,正是这一选择,可以使我们很好地减少或消解生态学作为一门科学正处在"危机"中的种种质疑,同时也打消许多生态学家对自己这门科学由此所产生的种种疑虑。我们需要在"生态系统"的水平上建构生态学的科学理论图景。

第七章　生态学作为科学的理论图景

很明显，根据科学共同体通常遵循的一般的科学评价标准，直到目前的生态学中存在的问题，以及对其作为一门标准科学的状况所产生的重要争论，就集中反映在两个方面：一方面是关于生态学作为一门学科的研究对象方面存在的问题，另一方面是关于生态学在对研究对象的科学认知中所给出的理论成果方面存在的问题。

如何合理地理解和处理好这两类问题，这对于我们准确地把握生态学作为一门科学的基本特点和整体状况是重要的。因为，这直接影响和决定了科学共同体对待生态学的科学地位的基本判断和态度，这种判断和态度，相应地也会对生态学家们对他们正在从事的工作以及工作成果的基本认知，不可避免地产生直接的影响。这种影响在过去的几十年里事实上已经发生了，许多生态学家因此对自己工作的这个领域及其认识成果产生了质疑，甚至认为生态学作为一门科学，从根本上还不能满足一般的科学评价标准的基本要求，尤其是生态学所给出的理论成果还远远不能满足科学评价的基本要求。而且，这种情况也对我们目前正在进行的生态文明建设能否有效的运行和产生积极的成效，具有重要的意义。正是基于生态学目前存在的这两个方面的问题及其解决，我们在这里尝试着给出生态学作为一门科学的一般理论图景的构想。

生态系统作为生态学研究对象的合理性根据

不言而喻，就像所有其他科学领域那样，一个统一的生态学及其理论图景无论在具体的科学实践中会发生怎样的变化，必然是建立在一个统一的研究对象这一不变的基础之上的。在生态学的研究中，我们究竟是否能够以奥德姆所倡导的"新生态学"把"生态系统"概念作为自己的研究对象，实质上这是一个基于研究者的愿望进行选择的问题。因此，在这个问题上所产生的分歧，一般而言，我们似乎不再需要做过多的合理性的评价。因为，只要某种选择有它的赞同者或追随者，那么，这种基于某个主题的研究就可以持续进行下去，反之，就没有开展研究的必要。我们在这个问题上的基本看法是，赞同并坚持奥德姆所倡导的"新生态学"，即以"生态系统"概念来统摄地表空间中的一切自然因素和人文要素，把它们作为生态系统的构成要素，进而由此探索包括人类在内的所有生物与其生存环境之间的以及生物与生物之间的关系。

然而，现代科学的研究，实质上已经发展成为一种典型的由特定的科学共同体所从事的社会意义上的探索活动。科学家对问题的选择，尤其是对一个领域的研究对象的选择和确认，早已与历史上的那种自由探索时代的情形有了根本上的区别，他们不再依赖于个人的某种特殊的意愿和爱好。这样，科学家们对其共同的研究对象的选择，毫无疑问就要超越个体水平的意愿。因此，在这个意义上讲，我们就有必要对我们所做出的研究对象的选择，给予一个相应的合理性的说明。

这个合理性说明主要包括以下四个方面。

第一，词源学方面的考虑。"生态学"这个词源于古希腊词根 oikos，它同时表示了三个相关但含义不同的概念：即"家庭"或"血统"、"家庭财产"和"居所"。[1] 从词源学的角度讲，它规定了由此所生成的一个词的最基本的含义，以及由此展开的相关研究的基本内容。因此，由此词根形成的生态学一词，就其系统性而言，就应当包含该词根的全部含义所对应的内容。传统意义上的生态学研究更注重的是其中的生物部分，诸如个体的、种群的和群落的。而奥德姆的新生态学或新的综合性生态学的这种说法，从其所包含的内容看，显然更符合这个希腊词根中最初规定的内容，正如奥德姆所指出的那样，生态学是有关我们生活于其中的生物圈研

---

[1] Lewis, D. M., Boardman, J., Davies, J. K. et al. (eds.). (1992). *The Cambridge Ancient History Volume V: The Fifth Century B. C.* Cambridge: Cambridge University Press. p. 290.

究的一个恰当的名称。换言之，生态学就应当是关于所有生物生存于这个"居所"，以及与这个居所有关的一切事物之间关系的研究。可以认为，源于词源学的这个理由，是我们选择"新生态学"的一个最基本的也是最首要的理由。

第二，生态学作为一门独立学科的出现时所给出的基本规定。"生态学"（Oecologie）这个学科名称是由著名的德国动物学家和博物学家恩斯特·海克尔（Ernst Haeckel）创造的，首次出现在他于1866年出版的《普通形态学》（Generelle Morphologie）一书中。在这本书中，海克尔就生态学研究的内容和任务给出了明确的说明。关于生态学作为一门学科的最确切的表述，根据美国生物学家罗伯特·C. 斯塔弗（Robert C. Stauffer）的考证，1866年以后，海克尔不断地提到生态学。1869年1月，海克尔在耶拿哲学学院的就职演讲中，再次就动物科学领域的研究而提及了生态学。斯塔弗指出，海克尔在这个演讲中对生态学的本质做出了最具引用性的表述："所谓生态学，我们指的是关于自然经济的知识体系——即关于动物与它的无机和有机环境的全部关系的研究；尤其是包括那些与动物和植物有直接或间接联系的有益的和有害的关系———一句话，生态学研究的是达尔文所提到的有关生存斗争条件的所有的那些复杂的相互关系。"[1] 从海克尔的这个表述中，我们可以清楚地看到，生态学的研究内容与希腊词根 oikos 的基本含义是高度吻合的。只是在这个表述中，海克尔并没有明确地指出人是否包含在他所说的"动物"之中，但是，这并不构成一个实质性的妨碍，因为，既然没有特别地指出这一点，由于我们人类毫无疑问地也属于动物的范畴，那么，我们就可以说，人包含在其中是一个完全可以成立的推论和判断。

第三，奥德姆倡导的基于"生态系统"概念的"新生态学"，并没有超出或不同于生态学的词源学和海克尔的关于生态学的定义所规定的研究内容的边界。相反，奥德姆所说的这个"新生态学"，就其研究内容而言，

---

[1] Stauffer, R. C. (1957). Haeckel, Darwin, and Ecology. *The Quarterly Review of Biology*, 32 (2), 138–144.

同它们二者是高度一致的。如果说奥德姆的"新生态学"有创新的地方，那就是，他把地球范围内的包括人在内的所有生物与其生存环境之间的关系，都统一在了"生态系统"水平的概念下。可以说，这是生态学在自身的发展进程中会发生的一个不可避免的事情。因为，"生态系统"这个概念，恰好是涵盖了地表上的无机自然、有机自然和生命自然，以及它们之间可能发生或存在的所有关系的一个时空边界系统，而传统的生态学所进行的个体水平、物种水平和群落水平的研究，它们的研究内容都囿于所涉及的边界，因而也都不能完整地反映出生态学的词源学和海克尔的生态学定义中所规定的研究内容。此外，我们在这里有必要指出的一点是，奥德姆的"新生态学"这种说法，实质上并不是相对于生态学的词源学与海克尔的生态学定义而言的，而是特别地针对传统的生态学的研究传统所说的，因为，相对于前者，奥德姆的"新生态学"这一构想并没有额外提供任何新的东西添加到生态学的研究对象中，实质上，奥德姆倡导的"新生态学"的"新"的意蕴，就体现在对传统的生态学研究的一种纠偏或正本清源，使生态学的研究回到其最初的规定和轨道上。

第四，从科学与社会之间的关系看，尤其是从科学能否满足社会的紧迫需要的角度看，奥德姆倡导的"新生态学"这种科学构想，更为符合当代社会环境保护所期望的开展全球性的生态学研究的需要。因为，自20世纪60年代以来出现的环境问题，是建立在规模日益扩大、速度迅速增长的现代工业化的基础之上的，人类借助现代科学的技术所显示出的力量，已经比人类历史上任何时候都更加深度地介入和干预了我们的生存环境。人类作为地球自然生态系统中的一个生物种，由此早已不是那些一般意义上的动物了，人因此不能再被视为地球自然生态系统中的一个简单或普通的构成要素，也更不能把人排除在这个系统之外，而去研究那个纯粹的自然。事实上，那个纯粹的地球自然生态系统按照自己的节奏运行的自然史，随着我们人类的深度介入，已经发生了彻底变化，或者说，我们人类已经成为地球自然生态系统中的一个重要的动力性的进化力量。只要我们人类还存在于这个世界上，那个永恒的、无限的自然，就再也无法回复到它之前的存在状态了。在这个意义上，借用美国的环境主义者比尔·麦克基本（Bill McKibben）的说法就是，自然终结了。① 这种变化意味着，生态学必须考虑把人及其后果纳入"生态系统"的研究框架之下，而无论这样的综合性研究的难度有多大。

  因此，我们迫切地需要能够真正地认识清楚，在我们人类与自然事物共处一体的这个地球自然的"生态系统"中，人和自然作为构成要素在其中的地位、意义和相互关系，以及在此基础上的这个系统的运行方式和变化的规律。要完成这项任务，这当然需要在自然科学与社会科学之间实现一种实质性的真正联合，因为，在这个研究对象上，传统意义上的生态学和生态学家们已不能独自承担和完成这项综合性的研究任务了。这一任务呈现出来的这种特征和特别的要求，是我们今天的关注环境问题的研究者必须充分认识清楚的一个问题，因此，这也是一个需要生态学家们消除分歧和争论，以及统一认识的问题。长期从事生态学哲学和环境问题研究的美国哲学家库珀在谈到奥德姆的"新生态学"时就曾指出："尤金·奥德姆把生态学看成是将自然科学与社会科学联系在一起的科学。尽管这个说法有些强烈，但是生态学的确很可能在观念和方法论上与社会科学要比任何其他的自然科学有更多的共同性，而且，在这个方面，生态学在整个科学领域中占有一个独一无二的地位。……考虑到生态学在环境政策的设计和实施方面所起的基础性作用，很难想象一门科学有更多的社会和实践方面的相关性。"②

  毫无疑问，正是奥德姆所倡导的"新生态学"使生态学作为一门科学的研究拥有了这种独特的性质。对此，我们也许可以说，生态学作为一门科学，由此开始进入了它的一个与其经历过的历史显著不同的，甚至是全新的发展时期。生态学的这种量子跃迁式的变化，是对人类社会变化的一个积极的科学回应，而使生态学做出这种跃迁的最大能量，就来自人类社会期望与地球自然能够和谐共存，一同繁荣和持续发展的迫切需要。

  因此，根据上述的分析和说明，我们认为已经有充分的理由能够支持

---

  ① McKibben, B. (2003). *The End of Nature.* (2nd ed.). London: Bloomsbury.
  ② Cooper, G. J. (2003). *The Science of the Struggle for Existence: On the Foundations of Ecology.* Cam-bridge: Cambridge University Press. p. ix.

生态学做出这样的变化和选择。这样，当我们解决了生态学在它的研究对象方面存在的争议和分歧之后，就可以进入解决生态学的研究中存在的另一方面所争论的问题了，这就是，关于生态学在其科学认知中所给出的理论成果方面存在的问题。正是由于这个方面存在的问题，使得许多生态学家和哲学家至今认为生态学还远不是一门真正意义上的科学，甚至认为生态学作为一门科学已处在"危机"中。我们在前面的章节中已就此给出了比较详细的相应分析，指出了造成生态学这种理论困境的一个重要的原因，就在于那些怀疑者和批评者是根据一般意义上的科学哲学的理论评价标准做出的这种判断。概括地说，这个一般意义上的科学哲学的理论评价体系，是基于严密的物理科学的理论特征而建立起来的，亦即它要求一门标准的科学学科应当从它的概念、模型、规律、假说和理论，都应当满足精确性和预见性。在这个科学理论的评价体系中，并没有给整个生物科学（当然也包括生态学）这个庞大的科学领域留下应有的科学位置。

确定的是，在科学的评价问题上，我们不反对，甚至同样完全赞同和支持去寻求和建立一个统一的科学理论的评价体系，但是，这并不意味着，或者说在整个科学部门中，所有其他的科学部门都应当完全比照物理科学的模板进行科学评价。事实上，物理科学的研究中反映出来的情形，相较于生物科学而言，则显得更为简单和统一。这种简单和统一，就在于物理科学的研究对象，无论是超大时空的，还是原子和基本粒子水平的，它们都满足于"同质性"或"同一性"的这一基本特征的要求。这种特征最首要的就反映在研究对象的处理方式上，例如，在力学研究中，所有的对象都可以被简化为相互之间无任何差别的"质点"，由此得到的规律也都表现出结构和功能的统一性。而这种处理方式，在生物科学中，尤其是包括我们这里讨论的生态学这个学科，是极其不适用的。一句话，在生态学的研究中，对于那些存在于"生态系统"水平的实体以及它们所包含的构成要素，生态学家们绝无可能按照"同质性"的方式对它们进行简化和归并处理，因为，它们相互之间本质上是"异质性"的。因此，考虑到这一基本的差异，一个统一的科学评价体系，不应反对和拒斥理论形态的多态性。

生态学的跃迁及其问题

因此，我们在这里特别就生态学作为一门科学的理论图景给出一个试探性的考察，亦即在"生态系统"水平的基础上提出理解生态学的理论图景的一个统一的概念框架，进而使之成为生态学研究的一个具有普适性的工作假说。同时，我们也特别期望，这个基于"生态系统"的概念框架或工作假说，也能够成为我们当前的生态文明建设，以及环境保护决策方面的一个有价值的参考框架。在此需要说明的是，我们之所以说我们目前正在进行的这个工作，本质上是一个试探性的工作，根本原因就在于，这个问题当前仍然处在较大的不确定性的状态和持续的争论之中，而这种不确定性的状况一直无法得到有效的解决，又在于它同生态学的研究对象的不确定性联系在一起。这也就是说，如果生态学的研究对象这一问题不能得到最终的解决，达成一个基本的共识，那么，我们也很难就生态学的理论图景给出一个有价值的说明。可以说，生态学目前面临的这两个问题具有内在的逻辑关联性：如果研究对象不确定，那么，我们也就无法真正给出后一个问题的确定性的建设。

幸运的是，关于生态学的研究对象这个问题，由于本质上是一个选择的问题，因此，通过前面所给出的为什么要选择"生态系统"作为生态学的工作对象的四点合理性说明，我们在这里可以认定，这是一个已解决的问题，这就为我们进一步地开展后续的研究，提供了一个强有力的合理性的基础。尽管这样，我们仍然把我们的这个工作视为试探性的，因为，另外一个原因就是，在这个重大的问题上，我们目前还没有发现多少可以直接利用的研究资料和可借鉴的参考系，这迫使我们所进行的这个工作具有了拓荒的性质。正如有研究者早就说过的那样，"生态学在统一的和有序的原理方面是极其贫乏的。生态学家应当在建立一个一般的参考系方面做出一定的努力，即使某些推测可能是危险的或是误导的"[1]。当然，在科学认知的意义上讲，这也使我们真实地感受到了作为一个探索者的愉悦。

---

[1] Margalef, R. (1963). On Certain Unifying Principles in Ecology. *The American Naturalist*, 97 (897), 357–374.

基于生态系统的生态学理论图景

接下来，我们将从以下方面来叙述和建构这个基于"生态系统"的作为一门综合性学科的生态学的理论图景。

（1）生态学的研究对象是"生态系统"

"生态系统"概念在生态学中的意义是与生态学的研究主题相对应的一个"实体"存在形式。这个问题是生态学研究中的一个至关重要的问题，也是生态学研究者应当在观念层面认知非常清楚的和无异议的一个问题。这个问题之所以是最重要的，就在于"生态系统"是生态学作为一门独立的科学学科能够存在的根据。在关于这个问题的理解上，需要再一次特别指出，我们始终强调"生态系统"是生态学作为一门科学的研究对象。这个判断的基本意思是，就像所有其他的学科部门那样，这是生态学作为一门独立的学科，在面对外部的时候不会产生任何歧义的一个独一无二的识别标志。换言之，当谈及生态学的时候，我们能够明确地知道生态学是关于"生态系统"的一种系统研究。然而，对于生态学的这一基本要求在现实的研究和社会生活中，都还没有达到这种清晰的认知度和识别度。

我们知道，"生态系统"是生态学研究中的一个基本概念，早在20世纪30年代就提出了。"生态系统"这一概念最早是由著名的英国植物学家和生态学的先驱之一亚瑟·乔治·坦斯利（Arthur George Tansley）于1935年发表的一篇论文中提出的。[①] 他告诉我们："我们人类的与生俱来的偏见促使我们把生物体（在生物学家的意义上）看成是这些系统中的最重要的部分，但是可以肯定的是，无机的'因素'也是这些系统中的组成部分——没有它们就不可能有任何系统，而且，在每一个系统中都存在着大量的各种各样的恒定的交换，这些恒定的交换不仅存在于生物体之间，而且也存在于有机体和无机物之间。我们可以把这些系统称之为生态系统，它们是

---

① Tansley, A. G. (1935). The Use and Abuse of Vegetational Concepts and Terms. *Ecology*, 16 (3), 284–307.

极其多样的，大小也是极其不同的。"坦斯利在他的这篇经典性论文中，论证了提出这一生态学概念的理由，他说，从生态学家的观点看，"生态系统"构成了"地球表面的自然的基本单位"。正是在这个概念中，涵盖了地球表面中的所有生命形式和所有物理因素，而且，也明确地把人类内置于生态学的研究范围之内，人类活动在生态学中找到了他的合适的位置，反对生态学只研究纯粹的自然实体："我们不能把我们自己限制在所谓的'自然'实体范围内，而忽视了现在由人类活动所造成的那些极其大量的植被的过程和表达。……因为生态学必须用来表示由人类活动所引发的那些情况。'自然'实体和源于人类的衍生物同样必须以我们能找到的最合适的概念进行分析。"

可以说，"生态系统"作为生态学的基本单位自提出以来，已得到了越来越多的生态学家的赞同，美国人类生物学家弗朗西斯·C. 埃文斯（Francis C. Evans）对此曾做过评论。他指出，坦斯利提出的"生态系统"这个概念，相比较而言，似乎是一个最成功地传达了生态学的含义的概念，而且已被许多生态学家所接受，因此，"把生态系统作为生态学中的基本单位，将有助于把生态学家的注意力集中在这一迅速发展中的科学的真正基本方面"[1]。例如，奥德姆在他的"新生态学"的讨论中，就持有并坚持了这一观念。但是，像实际的研究所表明的那样，如果我们对这一概念的看法仅仅是停留在科学概念的层面上来理解，那么，这就大大降低了这一概念在整个生态学学科中的极其重要的科学地位和意义了。

我们注意到，从"生态系统"概念的提出并作为生态学的基本单位之后给生态学这一学科带来的后续效应看，导致了"生态系统生态学"作为一门学科的诞生。[2] 那么，这是一门何种意义上的生态学学科呢？它是我们通常理解的那种一般意义上的生态学中的一门分支学科呢，还是作为与整个生态学相对应的一个学科名称呢？对此，我们认为其中只能有一个判

---

[1] Evans, F. C. (1956). Ecosystem as the Basic Unit in Ecology. *Science*, 123 (3208), 1127 – 1128.

[2] Coleman, D. C. (2010). *Big Ecology: The Emergence of Ecosystem Science*. Berkeley: University of California Press. 该书从个体科学家的科学实践角度主要叙述了过去40多年来的生态系统科学的发展历史。

断为真。作为当代生态系统生态学的一位最重要的倡导者和推动者，著名的丹麦生态学家和化学家斯文·埃里克·约根森（Sven Erik Jørgensen）在他主编的《生态系统生态学》百科全书中指出，生态系统生态学是系统生态学，但同时也认为它是关于生态系统作为系统是如何运行的一种生态系统理论，系统生态学是生态学的一个分支学科。① 在他几年后出版的世界上第一本关于生态系统生态学方面的教科书《系统生态学导论》（2012）中也继续坚持了同样的看法。②

这样，从约根森把"生态系统生态学"明确地定位于生态学的一门分支学科的观点看，这门科学的学科性质也就随之确定了。毫无疑问，"生态系统生态学"的出现，无非就是在生态学的旗帜下，在它所统摄的那一组分支学科的序列或集合中，又增添了一个新的成员而已。由此，我们可以判断，尽管生态系统生态学的研究者们特别强调了该分支学科在支持我们的社会应对当代环境问题中有其独特价值，它对于环境保护、环境设计和环境管理等方面具有极其广泛的用途，但是，由于该学科的定位这一根本原因，该学科及其研究者对"生态系统"的整体理解，仍然没有超出它是生态学的一个基本概念的范畴，并没有真正地意识到"生态系统"是唯一的一个能够与生态学的研究对象和研究主旨，从内容到形式相对应的"实体"存在形式。甚至在这个意义上，我们可以说，以约根森为代表的生态系统生态学，并没有在实质性地推动消解长期以来生态学中存在的研究对象依然分裂和对立的现状这一方面做出贡献，他们只是在这种分裂的认识道路上，加强了生态系统生态学研究的力度，在推动它的理论建设方面做出了贡献。

这样一来，在我们关于生态学的学科观念中，生态系统生态学的整体形象与种群生态学、群落生态学和景观生态学等分支学科的整体形象，看上去就没有什么太大的区别了，区别似乎只是在于它们处理的研究对象的时空尺度不同而已。由此，在实际上会不可避免地模糊了"生态系统"是作为与生态学这门科学相对应的"实体"存在形式的这样一个基本判断的

---

① Jørgensen, S. E. (ed.). (2009). *Ecosystem Ecology*. Amsterdam: Elsevier. Preface.
② Jørgensen, S. E. (2012). *Introduction to Systems Ecology*. Boca Raton: CRC Press.

观念。因此，这是我们在讨论基于"生态系统"这一与生态学相对应的"实体"存在形式建构生态学的科学理论图景时，我们需要首先明确的一个基本认识。"生态系统"作为生态学的研究对象，由此明确限定并构成了生态学的域。

（2）"生态系统"是形成和建构生态学作为一门科学的理论图景的概念母体

当解决和确定了生态学的研究对象之后，我们就可以由此确定生态学研究的基本参考系。从概念的层面看，由于我们把"生态系统"概念视为与生态学的研究对象唯一相对应的一个"实体"存在形式，因此，它就不仅仅是生态学中的一个基本概念这种地位，而是我们应当把它看成是整个生态学中的"概念母体"（conceptual matrix）。简单地说，所谓概念母体，就是"生态系统"与生态学中的所有其他概念是一种蕴含关系，生态学中的所有其他概念都可以由它通过某种方式或路径在理论上推演出来。

对"生态系统"作为概念母体的总的要求是，既然它是生态学研究的一个最合适的时空系统参考系，那么，无论具体的研究对象的时空尺度是怎样的，从构成的角度讲，它们所观照的内容必须能够完整地涵盖给定区域内的所有生物与所有物理因素。因为，理由很简单，这就是，生态学关注的就是地球表面范围内的包括人类在内的所有生物与其环境之间的关系，以及生物与生物之间的关系。正是在这个意义上，我们认为，如果不能满足这样的要求，就不能被视为真正意义上的生态学的研究。这是在严格意义上的一种理论要求。当然，我们也可以在一种更为宽泛的意义上讲，对于某种或某类构成要素，特指其中的生物内容的研究，例如个体、种群、群落方面的单独研究，也属于生态学的范畴。但前提条件是，对它们所展开的任何研究，都不能与它们所在的具体的时空边界条件相分离，亦即不能把它们从那个特殊的"地方性"的时空限制中抽离出来，否则，这样的研究就失去了它们在生态学上本应具有的意义。

这样，根据这一整体要求，生态学中的一系列概念由此可以清晰地区分为以下两种基本类型。

一类是能够完整地涵盖给定时空边界条件下的所有生物与非生物及其

关系的概念。这一类概念实质上都是真正意义上的"生态系统"的存在形式。区别只是在于，它们分别是作为"生态系统"与生态学的研究对象相对应的一系列的不同时空尺度的"实体"存在形式，由此，根据时空尺度的不同，我们可以方便地把它们按照一定顺序排列成一组"生态系统"概念。其中，时空尺度最大的"生态系统"概念所对应的"实体"存在形式，毫无疑问是整个地球表面上的生态圈，对应的学科则是全球生态学；而时空尺度最小的"实体"存在形式可能是一滴污水，因为，在这个水滴中也包含着我们的肉眼无法看见的藻类和细菌等微生物。这一类构成或显示了"生态系统"在不同的时空尺度下的组织层级，同时，因为地理时空边界条件的不同，或源于人类需要所造成的地理时空边界的分界，它们也可以显示为水平层面的生态系统的空间分布形态，例如，连续、隔离、交错和镶嵌等。

另一类则是涵盖了给定时空边界条件下的部分或全部生物及其关系的概念。例如，种群概念和群落概念，它们分别对应的学科是种群生态学和群落生态学，它们在生态学上的意义，是通过其特殊的地理时空边界条件而呈现出来的，如前所述，如果抽离了具体的地理时空边界条件，去谈论它们的生态学特征和存在方式，实质上是没有生态学意义的。这就是说，在生态学中对生物部分的这些细部研究，必须与具体的时空尺度，或者说与特定的地理时空边界条件相结合，正是在这种先在的或预设的地理时空参考系的严格限制下，它们的生态学意义才能够被准确地呈现出来。在这个意义上讲，此类概念所对应的"实体"的存在形式，便与第一类概念所对应的"实体"存在形式之间存在着不可分割的内在的关联性。这种内在的关联性指的是，在概念的形成上它们依附于第一类概念，是它们的派生概念，因此不能独立存在。

这样，它们与第一类的确切关系，我们可以极简明地通过一个时空坐标系来表示，亦即我们设想采用这样一个时空坐标系，来统一地表示这两类概念所对应的实体存在形式的时空位置，以及它们之间的相互关系。具体的表示方法是，我们首先画出一个时空坐标系，这个坐标系的纵轴表示空间尺度，横轴表示时间尺度；然后由纵轴和横轴分别画出的垂直线所形成的那个交叉点，即表示一个特定和完整的"生态系统"，以及它所对应的那个"实体"存在形式，与此同时，它也就成为标志第二类概念所对应的生物实体部分的时空参考系。由此，根据不同的时空尺度，我们可以在这个坐标系上画出不同的交叉点，这些交叉点就分别对应着那些不同的"生态系统"的"实体"存在形式。而这个时空坐标系上出现的所有交叉点，对应着的就是生态系统的所有具体和特殊的类型，它们是作为概念母体的"生态系统"的集合。这样，我们就可以清楚地在其中找到第二类概念所对应的时空尺度的交叉点位置。

除了我们能够用这样一个时空坐标系来刻画作为"概念母体"的"生态系统"及由此衍生出的其他构成性的概念之外，还可以进一步地刻画出每一类概念内部构成要素之间形成的那些结构性的和功能性的次级生态学概念。这类概念实质上是一类关系概念，对它们的另一种表述方式就是，它们是定律或规律。这样，由"生态系统"概念逐次衍生出的一个概念图景或概念框架就会清晰地显示出来，它是一个包括了从构成性的概念及由此发展出的关系性的概念所形成的概念之网。

但是，对此我们需要明确指出的是，由此逐次分类而形成的这个概念分类体系，它还不是这个概念之网的全部内容，它只是实现了由任意一个"生态系统"在其内部垂直向下所给出的概念分类体系。这就是说，由生态系统作为"概念母体"所生成的一个完整的概念框架，还必须包含着由"生态系统"的类型之间的关系所形成的一个概念分类体系。只有这样，才构成一个真正完整的概念分类体系。

因此，接下来我们需要做的最后一个环节的概念分类工作，就是要在"生态系统"的类型间建立起相关的概念分类体系。从根本上讲，这个概念分类体系中的每一个概念，同样都是一种关系性的概念。因此，它们在生态学上的意义就是，我们既可以把它们作为一种独立的生态学概念看待和使用，同时我们也可以把它们视为一种定律或规律的存在形式，因为，在科学认识中，我们所寻求的任何事物的存在或运行的规律，指的总是在某种关系下存在着的那些稳定不变的或周期性的波动或变化。所以，在这个意义上讲，这类关系概念，实质上就是某种定律或规律的另一种存在或表达形式。具体地说，这类概念是生态学家对不同的"生态系统"之间可能存在的关系，通过长期的系统的野外考察而得到的，它们反映在时空坐标系中的情况，就是在不同的交叉点之间可能存在的某种稳定的空间关系。随着对"生态系统"类型间的这类关系的深入研究，我们相信生态学家们或许将会发现更多的新规律的存在。

根据我们已有的认识，这类关系性的概念之所以会出现，其根源就在于生态系统中的生物构成部分的跨时空的流动。这种流动的原因，我们可以明确地认为有两个方面：一方面是地球自然生态系统长期进化的结果，由此我们把它们看成是非人类主导下的一种自然的原因，它们与我们人类无涉；另一方面则是确定无疑地根源于我们人类对自然生态系统的介入、干预。反映在时空坐标系上，就是一个交叉点上的生物实体向其他交叉点的空间移动或转移。前一个方面映射出来的是一种纯粹的或非人类的自然变化的节奏，而后一个方面映射出来的则是由人类主导和支配下的一种自然变化的节奏。这是两种完全不同性质的变化节奏以及变化的原因。

因此，由它们在生态学上反映出来的情况和意义也就是完全不同的。例如，在前一种情况下，生态系统中的生物种形成的跨时空的流动或转移，呈现出来的是它们在长期的自然进化中被稳定或固化下来的某种生存方式或模式。例如鸟类的跨时空的迁徙行为。当我们认识到野生生物的这种空间转移的特点或规律时，我们就会相应地形成诸如生态走廊（ecological corridor）这样的概念，同时，这种概念对于我们做出有针对性的生态修复、环境保护和环境管理，就提供了生态学原理方面的可信赖的和可操作的依据和行动的原则。在后一种情况下，即由人类的直接干预所导致的动植物种的跨时空转移有可能会带来出乎意料的生态学后果，造成直接或间接的生态入侵风险的发生。尤其是国际贸易和出境旅游等各种大规模的人类活动，越发频繁地促使动植物种在空间上的快速迁移，因此，在这种情况下，生态入侵的风险以及某些传染疾病的传播就有可能发生和随之增长。

这样，在我们完成了"生态系统"的类型间的关系性概念的分类体系工作后，我们就可以把它们归并在"生态系统"这一概念母体的概念框架之下。这一概念框架包含着由任意一个"生态系统"在其内部垂直向下得到的概念分类体系，以及由"生态系统"类型间的关系所给出的概念分类体系。由此，这就是由生态系统作为"概念母体"而形成的一个完整的概念分类体系。在这个概念分类体系中，既有构成性的实体性概念，也有关系性的概念。构成性的实体概念，我们把它们视为生态学中的一阶概念，关系性的概念就是生态学中的二阶概念。

（3）"生态系统"的多样性理论

基于"生态系统"作为"概念母体"所建构的生态学作为一门科学的理论图景，反映出来的是生态学在概念层面上的一种理论形态。换句话说，这个理论形态，从根本上讲，呈现出的是作为一个完整的生态学理论的内部构造，即概念与概念之间的关系和特定的连接方式。毫无疑问，正如我们在上述中说到的这种概念与概念之间的关系，实质上，它们同时也是定律或规律的一种存在形式。然而，也正是在这个意义上，我们把它们视为生态学中的各种类型的具体的定律或规律，简单地说，有多少种关系，在理论上就有可能存在着多少具体的定律或规律，但它们并不能上升到一般的或普遍意义上的定律或规律的理论层面。而我们所认为的那种一般的或普遍意义上的定律或规律，它们只存在于"生态系统"作为"概念母体"之上的层面中，因此，我们必须在这个高于"生态系统"的层面中去寻找那些规律，由于这些规律具有最高意义上的普遍性，由此我们也可以把它们称为生态学的一般理论，严格地讲，也只有在这个意义上，我们才可以把它们称为真正的科学理论。我们在这项研究中所期望得到的那个统一的生态学理论，并同时期望使之能够成为环境保护和环境决策的一个有益的生态学理论参考系，指的就是具有了这种根本属性的一种生态学的理论。

那么，我们所期望得到的那个统一的生态学理论，是怎样的一种理论图景呢？我们把最终能够实现这一理论目标的期望，建立在寻求"生态系统"在作为"概念母体"时建立起来的那个概念分类体系所呈现出来的最大的共性之上。然而，有趣又令人惊讶的是，由此呈现出来的这个最大的共性，恰恰是这个概念分类体系中的"异质性"特征。这个"异质性"成为我们建构那个普遍意义上的统一的生态学理论的基石。正是基于"异质性"特征，我们把寻求到的这个普遍意义上的统一的生态学理论，称为多样性理论。

所谓"异质性"，指的是当且仅当在"生态系统"的类型间的关系上呈现出来的一种普遍的"不可归并性"的特征。这一生态学特征完全不同于物理科学所处理的对象的特征。或者说，这一特征看上去的确有使人产生某种特别怪异的感觉，也许，人们甚至由此会直截了当地认为，这种"不可归并性"的特征，对于那些追求普遍性规律或普遍性原理的科学，或任何一门成熟的标准科学而言，都是一个完全无法接受的和不能容忍的事情，因而是需要我们把它们从科学的认知和概括中清除掉的东西。因为，正如在前述中曾经说到的，在物理科学中，所有的对象都可以在被视为无差异的或完全不考虑对象的内容及一切具体形态特征的情形下，统一地作为"质点"，方便地进行数学上的描述、推演和运算，甚至最终可以把它们全部都还原或归并在一个最基本的物质层面上进行概括和抽象，进而形成一个统一形态的科学理论。物理科学之所以能够做到这一点，而且在事实上已经取得了巨大的典范式的成功，可以说，正是在于物理科学所处理的对象之间具有了可归并的"同质性"的这一基本特征。然而，这种"同质性"的普遍意义上的科学特征，在生物科学的研究中，尤其是在生态学的研究中，却是我们完全无法想象的一种科学情形。在这里我们重申，这种现象，相对于物理科学而言，在任何意义上都不是生态学作为一门科学时所存在的一种固有的缺陷，相反，存在于"生态系统"类型间的这种不可归并的"异质性"特征，正是生态学作为一门科学时所要时刻面对和处理的一种普遍存在的情况。

假如说对象间的"同质性"使物理科学追求那种普遍性的规律以及使所谓还原主义的方法论成为一种必然，那么，在生态学中对象间的"异质性"使追求普遍性的规律成为一种不可能的事情，或者说，由此得出生态学中不存在普遍规律，则是对科学上的普遍规律的一种严重的误解。所谓规律，我们通常指的是，事物存在或运行时呈现出来的某种持久的、稳定的或周期性的变化特征，它们的极致的表达方式就是数学形式。对于这一点我们不会有任何异议。如果能够真正地理解了这一点，我们就可以有充分的理由做出相应的科学判断，在生态学中观察到的"生态系统"对象间存在的那种普遍的"异质性"特征，正是我们所说的事物存在或运行过程中呈现出来的那种持久的、稳定的或周期性的变化特征，而且是最基本的特征。因此，我们没有任何理由去怀疑甚至否认生态学中不存在普遍规律或普遍原理这一科学上的可能性。在这个意义上，我们可以说，在普遍规律或普遍原理的框架和谱系中，既包括那些建立在"同质性"基础上的理论形式，同时也应当包括那些建立在"异质性"基础上的理论形式。生态学给出的普遍规律或普遍原理就属于这后一种类型的理论形式。建立在"异质性"基础上的生态学理论形式，就是多样性理论。

"生态系统"类型间的"不可归并性"，指的是分布于地球表面上的每一个"生态系统"，相对于其他的生态系统而言，都是独一无二的，亦即它们都是一个具有独特性的实体的空间存在形式。地球表面就像包被在地球这个存在于太阳系的行星天体外面的一层薄薄的膜状结构或膜状层，垂直向上是大气层，垂直向下是岩石层。在这个膜状结构的里面，我们可以清楚地观察到，分布着各种各样的、空间尺度大小不等的"生态系统"。例如，海洋、岛屿、极地、陆地，以及陆地上的沙漠、山地、盆地、湿地、森林、草原、河流、湖泊，还有人类活动的各类衍生品，例如，城市、乡村、工业区、农业区，等等。所有这一切都是"生态系统"的不同的空间存在形式，而它们无论是自然的，还是人工的，就其本质特征而言，都具有明显的独特性或差异性，正是由于"生态系统"相互之间存在着的这种独特的差异性，使得它们不能被我们简单地归并或还原。

每一个空间尺度上的"生态系统"，或作为不同的组织层次的"生态系统"，都是需要生态学家们分门逐类地进行处理和需要澄清的事情。可以说，地球表面上分布有多少不同类型的"生态系统"，就会有多少相应的专门的研究。换句话说，其中的每一个部分、每一种关系，甚至每一个细节，都需要生态学家逐次逐个地进行研究，直至把它们清晰地呈现出来。从根本上讲，这就是生态学作为一门科学时所面对的问题和必须完成的任务。

"生态系统"类型间之所以存在这种普遍的"不可归并性"特征，我们认为它们是由两类性质完全不同的原因所导致的。一类是空间性的原因，另一类是时间性的原因。

空间性的原因指的是在一个给定时刻下的"生态系统"已存在着的某种特殊的和稳定的空间状态。这种空间上的存在状态，具体表现为"生态系统"内部的构成要素之间业已形成的某种特殊的和稳定的相互作用，或某种特异的联结方式。这些特殊的和稳定的相互作用或联结方式，就是导致"生态系统"类型间呈现出"不可归并性"特征的空间性的原因。空间性的原因是一组直接的、现实的和功能性的原因。因而，对这类原因的考察属于生态学研究的范围和任务。概括地说，在生态学上，"生态系统"类型间的"不可归并性"特征，直接而现实地根源于"生态系统"内部存在着的两类独特性。一类独特性首先是"生态系统"作为一个系统在构成上表现出来的独特性。我们知道，对于任何一个"生态系统"而言，它们在构成上表现出来的共性就是，都包含着生物和非生物的部分，否则就不是一个真正意义上的生态系统。但是，对于其中的任何一个生态系统，它所包含的生物与非生物的组成部分，却又显著地不同于其他的生态系统所包含的相应的组成部分，它们之间没有呈现出相同或相似的可以等值互换的关系。另一类独特性是生态系统的内部构成在空间关系上呈现出来的独特性。这类独特性又可以进一步区分为生物与非生物之间形成的特异性的空间关系，以及生物与生物之间形成的特异性的空间关系。生物与非生物之间的特异性的空间关系，是通过动植物种与特殊的地理环境所形成的某种稳定的适应性关系而呈现出来的；而生物与生物之间的特异性的空间关系，是通过共同生活在同一个地理环境中的不同的种群之间形成的特异的食物链或食物网而呈现出来的。这样，分布在地球表面上的每一个生态系统，从其构成到空间关系的形态都是独特的。

时间性的原因指的是在给定的一个时间序列中，"生态系统"已存在的某种特殊和稳定的空间状态，如何从之前的某种状态通过何种方式或路径演化出来的原因。这类原因，从根本上讲，就是促使"生态系统"生成的转化机制，因而，它们是造成"生态系统"的独特性或类型间的"不可归并性"的终极原因。而这种终极原因则是根源于地球自身的演化和生物进化。地球自身的演化，例如通过小天体的撞击、大陆板块的漂移、地震、火山爆发等地质变化，形成了有显著差异的各类地形和地貌。生物进化，则是指起源于地球上的生命形式，随着地球自身的演化与那些特殊的地形和地貌逐渐结成的各种稳定的空间关系。这种关系表现为双向的修饰或相互的改变，在改变过程中，演进出来的无数的动植物种与特定的地理环境之间形成了持久的适应关系。这种关系一旦形成，就使得生存于其中的动植物种，在空间上就具有了"地方性"的这一独特性。最终我们看到，"生态系统"在类型上呈现出来的"不可归并性"特征，正是建立在特殊的地形地貌造成的地理环境的"不可归并性"，以及动植物种与那些具有"不可归并性"特征的地理环境之间形成的持久的"地方性"的适应性关系基础之上的。甚至可以说，这种"地方性"的适应性关系，是动植物种与地理环境之间在空间上形成的一种高度连锁的或锁钥般的适应性关系。对于其中的动植物种而言，这是一种天然的空间隔离，如果没有发生剧烈的地质或地理变化，或人类活动的强力干预，这种空间隔离的状态就不会被打破。

对于这些终极原因的研究不属于生态学的任务。但是，我们应当知道，它们是我们能够全面系统地理解和认识这种"不可归并性"特征及其生成的科学前提，或者说，它们为我们能够达成这种理解和认识，提供了最直接和最基础的科学支持，进而也是支撑我们在生态学的研究中寻找普遍性的科学理论的基本原理。在这里，它们构成了我们所说的生态学的多样性理论得以成立的科学上的背景理论，生态学的多样性理论将在这些背景理论的基础上得到合理的和充分的解释和说明，因为，它们之间存在着科学上的因果关系。

通过上述分析，我们看到，基于或围绕着作为"概念母体"的"生态系统"而建构的那个普遍意义上的统一的生态学理论的基本形态已经向我们显现出来了。通过对生态系统的整体透视而呈现出的最大共性"异质性"这一特征，使得生态系统之间具有了"不可归并性"特征，而这种"不可归并性"又具体地反映在生态系统内部的构成和关系方面存在的

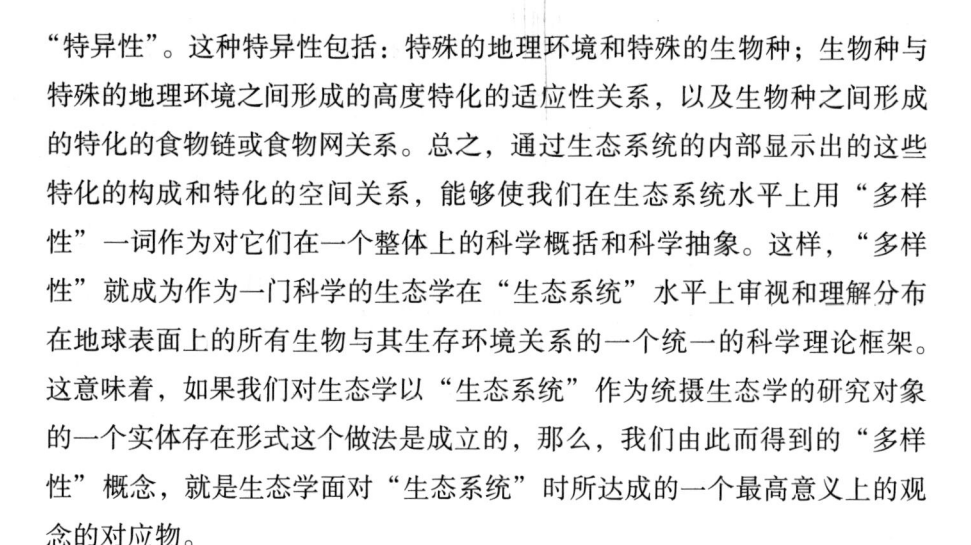

"特异性"。这种特异性包括：特殊的地理环境和特殊的生物种；生物种与特殊的地理环境之间形成的高度特化的适应性关系，以及生物种之间形成的特化的食物链或食物网关系。总之，通过生态系统的内部显示出的这些特化的构成和特化的空间关系，能够使我们在生态系统水平上用"多样性"一词作为对它们在一个整体上的科学概括和科学抽象。这样，"多样性"就成为作为一门科学的生态学在"生态系统"水平上审视和理解分布在地球表面上的所有生物与其生存环境关系的一个统一的科学理论框架。这意味着，如果我们对生态学以"生态系统"作为统摄生态学的研究对象的一个实体存在形式这个做法是成立的，那么，我们由此而得到的"多样性"概念，就是生态学面对"生态系统"时所达成的一个最高意义上的观念的对应物。

因此，从科学认识的角度看，"多样性"作为生态学认识的一种最高理论形式，经历了从认识对象"生态系统"的确立，到以其作为"概念母体"而形成的整个概念分类体系，再由这个概念分类体系进一步科学抽象为"多样性"理论的过程。尽管在这个循序抽象的认识过程中，例如，尤其是关于"生态系统"作为"概念母体"所形成的概念分类体系，其中还有很多具体的细节需要完善，但是，我们有充足的科学理由相信，我们对这个科学抽象过程中的每个大的环节本身的定性是成立的。这个科学抽象的过程一旦完成，我们就可以由"多样性"这个理论形式作为理论的原点，反身进入观念地审视生态学的研究对象"生态系统"的过程中了。

接下来，我们需要做的便是一个纯粹的理论上的工作了，或者说是一个由理论出发走向生态学所观照的经验世界的过程。这个过程，从根本上讲，就是一个理论是如何或以何种路径与它所观照的经验世界实现契合或达成一致性的过程。我们在这里得到的关于生态系统的多样性理论，同样需要经历这个与其经验世界是否契合或能否达成一致性的过程的严格检验，因此，这个检验过程就是一个决定着一个理论构想或科学假说能否真正成立或被基本接受的过程。我们在此遵循了科学共同体达成共识的检验一个科学假说的一般意义的科学评价方法。根据这个普遍接受的科学评价方法，一个科学假说将从两个方面接受它的考察，一个方面是解释功能的考察，另一个方面是预见功能的考察。总的来说，就是关于一个科学假说的理论功能方面的考察，而一个理论这两个方面的功能，能否实现或实现的程度，也就决定了该理论的可接受的或可信赖的程度。当然，对该科学假说本身的简单性要求，也是测量其可接受性的一个重要的辅助条件。我们给出的基于"生态系统"的多样性理论构想，就其前述所经历的"生态系统—概念母体—多样性"的科学抽象的过程和程度，是满足这一重要的理论评价的辅助条件的。至于我们给出的这个"多样性"理论能否与经验世界达成契合或一致性，将是交付未来实践的一个问题。

因此，在这里我们将就"多样性"理论本身的基本科学图景给出一个最后的说明，由此作为这种科学检验的一个理论框架。这个框架式的说明包括以下三个方面。

第一，"多样性"理论始终观照和强调的是，"生态系统"是生态学所观照的基本主题。它是生态学探索生物与其生存环境之间，以及生物与生物之间关系的一个唯一成立的"实体存在形式"，亦即"生态系统"是生态学的实际的研究对象的对应物，并且作为域，它刻画了生态学总是以一个能够完整包含实际研究对象的这样一个明确的时空系统的方式，来表示自己这门科学的研究特质与科学的合理性。简单地说，我们由此期望达到的一个科学目标是，当研究者们谈论到生态学时能够比较清楚地认识到，研究"生态系统"就是对生态学所研究的生物与环境之间关系这一科学任务的一个恰当的科学表示。正是在这个意义上，我们并不赞同生态学家只是把"生态系统"视为生态学研究的一个基本单位的这种理解方式和科学定位，因为，这种理解并不能使其与生态学的研究对象这一科学定位之间建立起实质上的等价关系，它存在着定位上的模糊性。这样，我们所说的这个"多样性"理论，就是生态学关于它的研究对象的一个理论，而不是作为一个基本单位的理论。这两种说法，在科学上存在着实质性的显著差异。

第二，"多样性"理论中所说的这个"多样性"，它构成了我们理解生态学的研究对象的一个基本的理论框架。也就是说，我们总是以"多样性"作为生态学看待生物与其生存环境，以及生物与生物之间关系的理论参考系。在这个理论参考系下，我们所说的这个"多样性"，包含了四个不同意义上的生态现象：类型意义上的多样性，构成意义上的多样性，过程意义上的多样性，以及关系意义上的多样性。

类型意义上的多样性，指涉的始终是"生态系统"水平上的类型的多样性。即地球表面上分布的所有生态系统都是独特的，相互之间不可归并，这种意义上的多样性是由一系列的组织层次不同的各自独特的生态系统所构成。

构成意义上的多样性，指涉的始终是"生态系统"在内部组成上的成分的多样性。这种多样性包括生物种类的多样性，例如，基因水平的多样性、种群水平的多样性和群落水平的多样性，以及各具特色的地理环境（栖息地）的类型的多样性。

过程意义上的多样性，指涉的始终是"生态系统"自身演化的多样性。那些分布在地球表面上的不同的生态系统，随着自然因素和人类因素的变化和影响程度的不同，也将会表现出不同的演化模式。例如，剧烈的地质变化或人类活动的大规模干预，会迅速导致一个稳态的生态系统的演化节奏被打破，原有的生态系统瓦解，从而进入一个新的生态系统的发育过程中。

关系意义上的多样性，指涉的是"生态系统"内部的生物与地理环境之间相互作用方式的多样性，以及种群与种群之间相互作用方式的多样性。这些特殊的相互作用方式，使得生物与其生存环境之间，生物与生物之间形成了独特的空间结构形态，生态学家们很难从中找到一种能够跨越时空条件的具有普适性的空间结构模式。

上述列出的多样性理论框架下的四种多样性的分类，也许并未涵盖了所有多样性的可能性，但是，从整体上讲，这是我们从多样性的角度所给出的有关生态学看待地球表面上的生物与环境之间的关系所建立起来的一个分类体系，这个多样性的分类体系区别于现有的对多样性的通常理解。

第三，"多样性"理论呈现出了生态学区别于物理科学的一种独特的理论表达方式。该理论已经内在而独特地揭示了生态学看待世界的基本方式，即由"多样性"统摄起来的逐级各具特异性的组织层次的分类体系，使得生态学在解释和预见地球表面的各种类型、构成、过程和关系的时候，都明确地反映出了它将以完全不同于物理科学的方式实现其科学目标。这种实质性上的不同，就表现在作为研究对象的生态系统类型间的"不可归并性"或生态系统本身的独特性，从根本上造成了生态学所给出的概念、模型、规律等理论形式与独特性的对象之间，具有了一种严格的对应关系。我们在这里再次强调，这种情形就是生态学作为一门科学的一种独特的理论表达方式，除非一种情况发生，亦即我们所说的生态系统类型之间存在的那种"不可归并性"的判断是不成立的，否则，这就是生态学能够呈现出来的一种真实状况。在这个意义上，生态学中的确存在着我们期望寻找的那些规律，只不过它们是以生态系统类型间的边界限制作为自己存在的条件。

事实上，在任何一门科学中，所得到的那些规律都是有自己得以成立的边界条件或参考系作为前提的。如果离开了这种限制性条件，哪怕是在严密的物理科学中，物理学家们也不会找到有任何规律存在的可能性。而许多生态学家和生态学哲学家，在这个问题的判断上，之所以会认定生态学中没有规律或没有普遍规律的存在，是因为他们并没有真正意识到，生态学与物理科学在发现规律的这个过程中，实际上都遵循着一个共同的基本规则，这就是无论规律的普遍性大小，它们都是在那个特定的时空边界条件或参考系下得以显现出来的。它们的显著区别在于，生态学的时空边界条件是被严格地限制在地球表面上的各级组织层次的"生态系统"范围内的，以至于看上去它的时空尺度显得是如此之小，而物理科学的时空边界条件却又显得是如此之大，远超地球的时空范围，甚至地球本身以及其他天体，由于对象间的"同质性"特点，都可以被极大地简化成为物理空间上的一个"质点"，或是数学上的一个"点"，进而把它们归并在一个更大的时空参考系中。可以说，只要我们能够真正地认清和认同生态学与物理科学在它们的时空边界条件上存在的共性和差异性，那么，我们就会接受在生态学中同样存在着规律这个科学事实。接下来，生态学需要做的事情，就是如何寻找到这些分属于不同的时空边界条件下的那些规律。因此，生态学不再是与规律无涉，只是搜集和分类经验材料，或只是提供案例或添加新案例的一门科学。事实上，生态学已经摆脱了历史上的那种博物学的研究传统，这种变化正在促使其朝着成为一门真正的科学的方向发展。

最后，在我们就"多样性"理论的基本图景给出的三个方面的框架性的说明之后，我们还希望对这个多样性理论本身的合理性做一个简要的陈述。

一是多样性理论本身的建构是否成立的问题。理解这个问题的关键在于，它是否能够很好地与它所观照的研究对象之间实现真正的契合，满足二者之间的一致性的要求。这种一致性的要求，一方面表现在这个多样性理论是否完成了对它的研究对象的最高意义上的科学抽象，这个科学抽象是否得到了经验事实的支持；另一方面它是否能够在理论功能的实现方面得到经验事实的支持。对于第一个方面，我认为我们已实现了一致性的要求。因为，多样性理论的建构正是建立在生态学已得到的经验事实基础上的，并且在科学抽象的过程中满足了逻辑上的一致性要求。而对于第二个方面的一致性的要求，实际上属于理论建构完成之后的一个后续的经验证明的问题，也就是说它不再属于理论本身能够独自解决的问题，而是一个需要完全交付未来的经验问题。因此，对该方面的一致性问题，也是我们将会在之后持续关注和深入研究的问题，我们期望在这个方面能够得到进一步的研究。

二是多样性理论是否得到了科学上的背景理论支持的问题。多样性理论本身实质上是在生态学作为一门科学的时空边界条件下完成的一个理论建构，因此，这个理论建构的合理性，从根本上需要满足前面刚刚谈到的那个多样性理论本身的建构是否成立的问题。这是一个最紧要的合理性证明问题。但是，除此之外，从一个科学理论提出的完整过程来看，它通常还需要得到与之直接相关的科学传统的支持，这种科学传统具体表现为一个或若干科学理论所构成的背景理论。在这里，能够对我们给出的多样性理论提供科学上的背景理论支持的是来自地质学和进化生物学的基本原理。可以说，生态学与地质学和进化生物学构成了一个内在而严密的科学上的连续体。地质学为我们提供了理解地球表面上的特殊的地形地貌形成的地球演化的机制和原理。进化生物学在此基础上为我们进一步提供了理解地球生命起源的机制，以及生物种与各类特殊的地形地貌之间形成的高度特化的连锁关系的适应性原理。而多样性理论则在地球的地质演化和生物演化的系列的背景理论的支持下，为我们提供的是一个更为直接和具体的，或许还是更为直观和现实的生物与生物，以及所有生物与其生存环境之间形成的一种极为复杂的非线性的空间关系形态的理论图景。

第八章 基于多样性理论的生态学研究

根据上述对生态学作为一门科学的理论图景的讨论，我们最终给出了一个基于"生态系统"的多样性理论的建构。我们把这个理论视为生态学看待世界的一个基本的工作假说，或者从词源学的角度说，它是我们在充分地认识和理解了我们的"生命之家"（"生命之家"一词是我们对希腊词根 oikos 意指"居所"的一个直接的延伸）意义之后的一个根本的理论观照形式。"生态系统"就是我们的"生命之家"的现实的活生生的存在形式，因此，对"生态系统"的观照就是对我们的"生命之家"的观照。

多样性理论与两类多样性的研究与保护

如果把多样性理论再做进一步的简化，那么，我们可以根据"生命之家"把它所观照的多样性简化为"实体性"的两类多样性：生物多样性和地理多样性。这样，根据这个简化，可以让我们对"生命之家"中的多样性的透视更加简洁和清晰，对它的意义的理解更加深刻。其中，生物多样性是"家"中之"生物多样性"；而"地理多样性"则是多样性的生物赖以生存和发展的现实之"家"。二者之间结成了紧密的连锁关系，尤其是多样性的生物对现实的"地理多样性"之家的高度依赖。因此，这种简化也许更有利于环境保护或生态系统保护的整体设计和政策制定，同时也更有利于生态学思想原理的普及和社会传播。

生物多样性自人类诞生以来，就已成为人们在其自身的生存实践过程中被广泛观察和注意到的一个生态现象，因为这个问题直接关系到了他们的现实的生存和发展。当然，直到生态学作为一门科学的出现之后，这个多样性问题才从人们对它的自发的注意，真正转变成为一种自觉的关注。可以说，直到目前，多样性问题在生态学研究中已成为生态学家们广泛关注的一个核心问题。[①] 对这个问题的关注，除了纯粹的科学意义上的研究需求之外，还特别地与人类社会面临的现实环境的严重退化有关。我们知道，自19世纪中期前后人类实现了第一次工业革命以来，人类社会便处在了一个持续强劲的波及全球的工业化文明的发展进程之中。尤其是到了20世纪60年代，随着现代环境运动的出现，这一问题更是得到了前所未有的重视。重视的一个重要原因，就直接来源于生态学家的研究。生态学家们通过长期大量的研究告诉我们，目前世界上的动物群和植物群，正在以比那些已经消失在了化石记录中的大规模的灭绝事件更快的速度减少和消失。[②] 生物多样性的迅速消失已被研究者称为生物进化史上的第六次物种大灭绝。[③] 由此可见，包括人类在内的所有生物的"生命之家"遭遇了前所未有的威胁，这一切正是由于人类的活动而使得这个"生命之家"陷入了生态危机的困境之中。

从多样性理论看，我们将对"生命之家"的科学关注主要集中在"生物多样性"和"地理多样性"两个方面。不过，值得注意的是，生态学家们在很长的一个时期里，他们更多关注的是生物多样性问题，而对地理多样性的关注则显得很少，也许在他们看来，这是一个需要地质学家和地理学家们去关注和研究的问题，而不是生态学家的事情。值得欣喜的是，我们注意到，近些年来"地理多样性"的问题已引起了地质学家和地理学家们的关注和研究。[④] 事实上，从生态学关注"生态系统"的角度讲，这个

---

① Magurran, A. E. (1988). Why Diversity? In *Ecological Diversity and Its Measurement* (pp. 1–5). Princeton: Princeton University Press.

② Ricciardi, A. & Rasmussen, J. B. (1999). Extinction Rates of North American Freshwater Fauna. *Cons-ervation biology*, 13 (5), 1220–1222. Reid, W. V. (1997). Strategies for Conserving Biodiversity. *Environment: Science and Policy for Sustainable Development*, 39 (7), 16–43. McCann, K. S. (2000). The Diversity-stability Debate. *Nature*, 405 (6783), 228–233.

③ Leakey, R. & Lewin, R. (1995). *The Sixth Extinction: Patterns of Life and the Future of Human-kind*. New York: Doubleday.

④ Gray, M. (2004). *Geodiversity: Valuing and Conserving Abiotic Nature*. Chichester: John Wiley & Sons. Kozlowski S. (2004). Geodiversity. The Concept and Scope of Geodiversity. *Przeglad Geologiczny*, 52 (8/2), 833–837.

"地理多样性"问题,毫无疑问属于生态学的研究范围。随着环境保护的意识和力度的不断加强,生态学家们在最近一些年的研究中也开始注意到这个问题,尽管依然强调"生物多样性"研究和保护的重要性,但是,他们的研究不再单纯地强调这一点,而是有意识地把"生物多样性"置于"生态系统"的概念框架下来审视。从生态系统水平上关注环境保护,正在得到科学共同体和国际社会的注意,这种注意表现在要在整个生态系统或跨区域景观中维持生物的多样性。[1]

马哈曼·阿里(Mahamane Ali)在他编辑的《生态系统多样性》一书中,也明确指出了在生态学的研究中长期存在的这个问题,提醒人们注意生物的生存对生态系统的依赖关系。他指出:"如果我们一致同意,每个生物体的生存都依赖于地球自然和生态系统提供的生态服务,那么,我们也必须同样一致同意,这些生态系统并不总是能够获得所需要的有益关注。因此,它们遭受到了许多对待方式。的确,生态系统在未知的可容许的水平上遭受到了许多过度的利用。这通常会造成平衡的破坏,进而不可避免地导致它们的退化。"[2]他希望通过这本有关世界各大洲的生态系统案例研究的书,来弥补人们对生态系统的多样性和功能的知识缺乏,使人们能够更好地理解生态系统的复杂性,以推动生态系统的保护。

在这个问题上,我们的看法是,虽然生态学家们在他们实际的研究中常常会把"多样性"等同于"生物多样性",这似乎表明在他们的观念中,对这两个实质上不同的概念并没有做严格的区分,但是,有一点是可以得到确认的,这就是,只要生态学家们在谈到"生物多样性"的研究和保护问题时,能够把它同"生态系统"的研究和保护问题联系在一起,亦即保护"生物多样性"就是要保护"生态系统",那么,就会在实际上起到把它们二者提高到同样重要的程度。因为,"生态系统"作为我们审视和研究地球表面的所有生物与其生存环境的"概念母体",就包含着"生物多样性"和"地理多样性"这两部分实体性的构成部分。

---

[1] Askins, R. A., et al. (eds.). (2008). *Saving Biological Diversity: Balancing Protection of Endangered Species and Ecosystems*. New York: Springer. pp. 87-151.

[2] Ali, M. (ed.). (2012). *Diversity of Ecosystems*. Rijeka: InTech. Preface.

关于生态学理论的外部一致性问题

此外，对于我们提出的基于"生态系统"的多样性理论，它在生态学的研究中将可能表现出怎样的理论意义，尤其是它在作为理论与生态学研究对象之间的一致性关系的问题上，能否为生态学作为一门科学提供合理性的支撑，我们在这里给出一个进一步的阐述。

首先，对于生态学而言，理论的外部一致性问题是其不能回避的一个重要问题，但是，也正是通过生态学，让我们看到了一个统一和完善的科学评价体系应当具有的多态性的品质。如前所述，我们已指出已有的科学评价体系是一个狭窄的和过于苛刻的科学评价标准，它并不适合于生态学。近几十年来许多生态学家及哲学家批评生态学的非科学性是建立在严格决定论或严格因果关系的基础之上的，亦即诉之于精确的可预见性及其实验的可重复性。这种对待生态学的方式，初看起来是合理的，但实质上却是似是而非的。因为，这种做法即使是在非生命科学领域中也不具有彻底的普适性。例如，在天文学中，预见和发现主要依赖的是天文望远镜的观测和测量，而不是通过实验来检验的；又如在考古学和地质学中，也主要是依赖于观测和测量进行的。基于科学观测的检验方法，是科学理论评价中的一个必不可少的方面。由此，可以说，诉之于精确的可预见性及其实验检验的可重复性的这种狭隘的科学评价方法，不仅把包括生态学在内的许多生命科学学科排除在了科学大门之外，同时把物理科学领域中的一些学科也排除在了科学大门之外。这表明直到目前的科学理论评价体系，在逻辑上和经验检验上都存在着显著的破缺和不完善。

如果说我们给出的基于"生态系统"的多样性理论是成立的，那么，这就意味着我们首先要考虑的问题是，这个理论是否对其所观照的对象做出了准确的科学抽象，而不是这个抽象出来的理论形式是否首先满足了精确的预见及其实验检验的可重复性的要求，换言之，只要我们对此给出的这个科学抽象是准确的，那么，它是否满足了那些科学评价的要求，对于生态学来讲，这并不是一个必须满足的条件。这两者之间没有必然的联系。因此，通过基于"生态系统"的多样性理论,我们认为一个能够与之相对应的科学评价是,一个统一的科学理论评价体系应当是具有多态性特征的。我们这里所说的科学理论评价的多态性特征,指的是科学理论评价体系中的那些评价指标,应当进一步明确地区分为不同的参考系,亦即一个完善的科学理论的评价体系应当能够反映出不同类型的学科特质。而科学理论评价的这种多态性特征,就取决于学科研究对象的多态性特征,或对象之间的不可归并性。

生态学作为一门科学的研究对象就具有这种典型的不可归并性的特征。从普遍的和抽象的意义上看,当我们把生态学的研究对象规定为"生态系统"的时候,这似乎是一个单一的实体存在形式,但实际情况并非如此,因为"生态系统"本身就是以多样性的形式而存在的。而每一个"生态系统"之所以是独特的,就在于构成它的内容是独特的,因为,它们是以"地理多样性"和"生物多样性"的形式存在的。正是在这个意义上,我们可以说,在地球表面生态学家们很难从中找到两个完全相同的"生态系统"。也正是由于"生态系统"之间的这种不可归并性,生态学家们不得不因此给出相对应的理论建构。初看上去,这似乎与一个统一的生态学理论相冲突,但对于生态学理论来讲,它的最大的理论特征就是以多样性为本质特征,因此,出现这种情况对于生态学是理论上的一个必然结果。这样,当我们通过这个基于"生态系统"的多样性理论去审视现实的生态世界的时候,它告诉我们的实质上就是,我们给出的科学解释和科学预见总是与基于某个特异的"生态系统"而形成的理论形式相对接。这是生态学理论的外部一致性的特殊的连接方式。

其次,在生态学理论的外部一致性问题上,我们还希望在这里对生态学的理论预见问题给出一些讨论,这并不是说它的科学解释问题不重要,而是在这个问题上我们目前还没有新的看法可以添加进来。当然,在生态学的理论预见问题上,我们给出的看法毫无疑问是新的,因为我们至今未在生态学的和生态学哲学的文献中看到过类似的说法,但这不表明我们在这个问题上的观点一定是成立的,也许是冒险的,甚至可能是完全错误的,但正如哲学家波普尔所说的那样,科学归根结底就是一个在不断试错的过程中进步的。长期以来,研究者们普遍认为一门科学理论的价值在于它在帮助科学家或者社会在面对未来世界的变化时，能否给出准确的可以测量的科学预见，而不仅仅是满足它对已知的经验世界做出多少合理的解释。一个科学理论所蕴含的价值的大小，就在于它在科学预见这一方面能够显示出怎样的现实可能性。尤其是，当现代环境运动把生态学迅速地推向当代历史的最前沿的时候，就更加凸显了科学预见这个问题对于生态学的重要性，因为，我们的社会对生态学在解决日益严重和紧迫的环境问题上给予了前所未有的期望。从科学的统一性角度看，我们自然没有任何理由回避或拒绝科学预见对作为一门科学的生态学的适用性。

现实是，这一问题对生态学构成了一个严重的理论障碍。正如有许多生态学家和哲学家认为的那样，生态学直到目前之所以还不能被看成是一门标准的科学或"硬"科学的一个重要原因，就在于生态学的理论还不能为我们的环境决策和环境保护提供精确的或可检验的科学预见方面的强力支持。所以，它在应对当前的环境问题的社会实践中的实际功用必然会受到严重的限制。我们在这里的问题是，在充分尊重科学哲学中的这个被广泛认同的科学评价原则的前提下，我们将如何看待和解决生态学在科学预见方面被认为是严重不足的这一问题呢？

在我们审慎地思考这个关系到生态学作为一门科学的理论功能表达问题的过程中，我们意外地发现，生态学在它的科学预见问题上虽然存在问题，但也并不像研究者们认为的那样是完全软弱的。换句话说，生态学给出的科学预见在一些情况下可能已经完全超出了我们在科学理论评价上对一个理论应当具有的科学预见的一般理解。生态学的确可以像其他学科领域的科学理论那样做出可检验的预见，但这种预见与我们通常所说的科学预见却是不同的。这种不同至少表现在，一些生态学的预见实质上是一种非常另类的经验证明问题，亦即生态学理论给出的科学预见，由于某种特别的原因，使其成为一种不能甚或是不允许在现实中被直接地诉之于经验检验的预见。由此我们得到的一个重要的结论就是：生态学理论的一些预见基本上就是一种生态学禁令。如果这个结论成立，那么，在这个问题上对生态学所展开的质疑和批评，就需要进一步考虑到生态学的预见有可能存在着不同的形式及相应的检验问题，否则，对它们一概而论，有可能对生态学造成不必要的错误理解，甚至是伤害，同时，也会使这样的质疑和批评不再具有科学上的意义。

这不是简单地说一般意义上的科学理论评价在生态学的理论预见问题上已失去了应有的约束力，而是说生态学的理论预见对要求一个理论必须给出至少一个检验蕴涵的科学理论的评价问题上，构成了一个奇特的反常现象。确切地说，我们给出的这个判断并没有这样一个主观的意图，希望使生态学去有意逃避这一理论评价的基本要求，相反，是因为我们发现在生态学按照那个普遍的科学理论评价的要求必须给出至少一个检验蕴涵的时候，这一检验蕴涵却在对不可避免地要交付实际的检验程序的同时，隐含地发出了一个不可检验的生态学禁令。生态学给出的是一个在原则上可检验的，但在现实上却又是一个不可检验的科学预见。生态学的检验蕴涵因此便成了一个具有如此相互冲突的双重属性特征的检验蕴涵。

生态学的科学预见之所以会出现这样一类的后果，这是与生态学所预见的对象具有的特殊性质密切相关的。一般而言，正如我们在绝大多数的科学领域中看到的那样，一个理论的预见在被诉之于实际检验的过程中时，这个检验陈述无论是被证伪还是被证实，其后果都不会给它所预见的那个特定的对象本身带来什么直接现实的影响，或者说，它不会直接造成对象本身出现任何实质性的变化，亦即这个检验的过程，是通过一个自我封闭的控制实验的特殊设置环节把它与实际的对象隔离开来而进行的。然而，对于生态学而言，尤其是在我们今天广泛开展的大规模的环境保护的社会行动过程中，我们要求的是，生态学能够在这个过程中为这些现实的社会行动提供直接的科学预见的支持，而这种支持就在于能够尽可能充分地预见到我们将要开展的那些社会行动造成的潜在的环境风险及其严重程度。当我们考虑到那些社会行动实际涉及的环境尺度是如此巨大时，生态学给出的科学预见就不可能在这样的现实中付诸实施，因为，一旦付诸实施，这将不可避免地给预见的对象本身带来直接和现实的环境损害，而我们的社会，无论如何也不可能接受这样一种直接的科学预见的检验发生。

这样的情形并不是一种罕见的现象，相反，而是大量地和普遍地存在于我们的实际的社会经济发展的过程中。我们把这种情况看成是生态学理论在其做出科学预见时遭遇到的一类预见的形式，尽管它们不能直接付诸检验，但原则上又是的确可以检验的。这种情况与一个科学理论必须满足外部一致性的评价要求并不矛盾。如果我们所说的这一类预见的情况是存在的，那么我们就有必要在理论的外部一致性的科学评价上做出相应的调整和修正。这种修正就是要考虑到，在生态学的理论预见方面，事实上存在着一类带有价值判断性质的因而是不可实际进行检验的预见，因为一旦发生便会造成生态伤害。

对此，我们可以考虑一个给定的生态系统。在这个生态系统中分布着各种动物和植物，它们之间以及它们与环境之间形成了一种相对稳定的适应性关系。如果我们计划要在其中进行某项较大规模的开发利用，同时也不希望由于这种开发带来显著的生态损害，那么，基于"生态系统"的多样性理论，从它的最基础性的角度看，我们可以做出的一个相应预见是，这种开发必须满足其中的动植物的栖息地（也包括动物的生态走廊）的完整性不能被破坏，否则，生存于其中的生物必将遭遇到严重的生态风险。只要我们在这个预见中给出相关要素的精确观察和测量，那么，这样的预见是完全可以成立的。但是，对于这个预见，人们是不可能让其在现实中发生的。由此，这个具体的预见就具有了生态学禁令的属性。这种情况类似于物理学中的某些情况，正如爱因斯坦和英菲尔德所说："惯性定律不能直接从实验中推导出来，只能通过与观察保持一致的思辨思维中推导出来。理想化的实验永远不可能被实际执行，尽管它能使人们对真实的实验有深刻的理解。"[①] 就像我们不会怀疑惯性定律的真实性一样，我们也不应对生态学的这类预见蕴含的现实禁令的性质产生怀疑。当然，为避免由此带来的武断性和随意性这种情况的发生，我们需要通过回溯历史事件的经验方式来证明这类预见是一个价值禁令的合理性。简单地说，就是根据以往的历史经验或教训以表明某类作为价值禁令的生态学预见的可信性和可行性。例如，过度放牧将会导致草原植被退化甚至沙漠化的生态后果，因为已有大量的经验事实证明，在一个给定的时间和区域内的草原生物量是

---

① Einstein, A. & Infeld, L. (1938). *Evolution of Physics*. Cambridge: Cambridge University Press. pp. 8–9.

有限的，其能够承载的放牧数量也是有限的。因此，当放牧数量超过了生物量的阈值后，必然会造成草原植被的退化甚至沙漠化。

最后，在结束这一部分的讨论时，我们期望在这里明确地表达我们对生态学作为一门科学的基本判断和看法。生态学作为一门独立的科学出现以来，迄今才有150余年的历史。如果考虑到它是从历史上的那个漫长的只是注重于动植物和矿物的搜集、描述和分类的博物学传统中走出的背景，它的理论建设工作相对于物理科学而言，还有很大距离的情况，那么，生态学毫无疑问还是一门极其年轻的科学。甚至直到20世纪的上半叶，很多科学家还把生态学视为博物学的一部分。当生态学还处在这种科学窘境中的时候，20世纪60年代兴起的现代环境运动，出乎意料地把它推向了人类现代历史发展进程中的舞台中心。这一突然的变化使得生态学成为各个领域令人瞩目的一门科学，人们期望它能够扮演拯救环境危机的救世主的角色。可以说，国际社会对它的巨大渴望与其自身的科学状况形成了显著的反差。当然，从积极的一面看，这种社会需求将会极大地促进和加快生态学作为一门科学的实质性的发展和进步。

生态学目前在科学上遭遇到的问题是很清楚的，最大的问题是包括生态学家在内的许多研究者认为，生态学相对于严密而成熟的物理科学，还不是一门标准的科学。导致这种状况的原因大致有内外两个方面的问题。外部的原因是人们把生态学置于以物理科学为标准的科学的评价体系下来评价生态学，这是导致人们做出生态学还只是一门"软"科学甚至由此陷于"危机"的根本原因。内部的原因则是生态学自身的确存在着诸多争议甚至混乱的问题。具体表现在生态学作为一门科学的研究对象及学科性质的不确定。奥德姆认为生态学是一门新的综合性科学，还有一些生态学家则在更广泛的意义上对生态学的性质提出了不同的看法，例如，认为生态学是一门颠覆性的科学，[1] 生态学是一门另类的科学，[2] 还有人认为生态学

---

[1] Sears, P. B. (1964). Ecology: A Subversive Subject. *BioScience*, 14 (7), 11-13. Shepard, P. & McKinley, D. (eds.). (1969). *Subversive Science: Essays toward an Ecology of Man*. Boston: Houghton Mifflin. Ulanowicz, R. E. (2000). Ecology, the Subversive Science?. *Episteme*, 11, 137-152.

[2] Cramer, J., & Van Den Daele, W. (1985). Is Ecology an 'Alternative' Natural Science?. *Synthese*, 65 (3), 347-375.

是一门后现代科学,[①]除此之外,生态学还存在着更多的理论层面的问题。例如,许多基本概念语义含混、概念分类内容交叉、概念体系建构不完整和缺乏统一的理论等,这导致由此建立起来的生态学的理论形式,如模型、规律和理论的功能表达受到了很大的限制。除了外部问题之外,我们认为生态学家必须对自己工作其中的这门科学承担起修正和发展的科学责任。否则,以目前的状况,生态学很难实质性地承担起解决环境问题的重任。

我们在这里所做的工作,就属于这种努力的一个部分。科学认识本质上是一个发现问题和解决问题的过程。这意味着,我们只有真正发现了问题并解决了问题,才能够有效地和实质性地推动科学认识的进步。对于生态学这门科学而言,既然我们已经发现了它的真正问题所在,那么,我们接下来的工作就是要尽我们最大的力量去解决它。我们在这里提供了一种框架式的生态学作为一门科学的具有工作假说性质的理论图景。在这个理论框架中,我们试探性地完成了三个方面的研究工作:一是确立了生态学作为一门科学的研究对象是"生态系统",它以"概念母体"的科学地位把所有生物与非生物涵盖其中;二是基于生态系统作为"概念母体"初步完成了理论层面的概念分类体系的建设,这个分类体系实现了概念、模型和规律在其中的合理定位;三是通过科学抽象最终给出了以"多样性"为理论视角的生态学理论的建构,它成为生态学从涵盖"生物多样性"和"地理多样性"的这一多样性的理论角度审视和研究生物与环境之间关系的一个工作模型。

基于生态学作为一门科学在当前的研究现状,我们希望我们给出的这个生态学理论的试探性的建构工作,能够为那些也同样关注生态学的理论建设的研究者们,提供一个有价值的理论参照和可以借鉴的理论版本,至少为研究者由此产生进一步的创造灵感提供一个可选择的新的思路。同时,我们也希望这个工作能够为环境保护方面的政策决策和环境保护管理设计,提供一个行之有效的科学基础。

[①] Golley, F. B. (2005). Is Ecology a Postmodern Science?. In George Allan & Merle F. Allshouse. (eds.). *Nature, Truth, and Value: Exploring the Thinking of Frederick Ferré* (pp. 143 – 158). Lanham: Lexington Books.

第三部分
生态学的实践形式

第九章　生态学价值实现的社会路径

在这一部分，我们将讨论生态学的实践形式问题。这个问题实质上属于生态学的社会面向问题。所谓生态学的社会面向，指的是作为一门科学的生态学的基本概念、原理和理论，尤其是它在最普遍意义上的看世界的方式，如何转化成为我们社会的各个领域以及公众能够共享的一种智力资源，以此影响、引导和规范我们在自然中的行动和社会生活。在这个意义上讲，生态学的社会面向问题涵盖了我们社会中的所有方面，包括社会的物质生产活动、社会组织形式、制度设计和安排，观念形态和生活方式等。换句话说，人类在与地球自然环境的日益紧密和增强的交往过程中的一切观念形式和行动方案及实施，都将在生态学的社会面向中进行系统的审视，而这种审视的最终目的，就是要把它们都纳入以生态学为导向的概念框架下，以判断它们在生态学上的观念的合理性，以及行动上的限度。这是一个艰巨而长期的任务。

在这里，我们仅就其中我们目前所关注的一些基础性的问题展开必要的讨论。这些问题包括：生态学价值实现的社会路径问题以及生态学价值实现的观念路径问题。

我们在这一章首先讨论生态学价值实现的社会路径问题。该问题主要是在一般意义上考察一种科学思想和理论，以及它的独特的看待世界的方式，将会通过何种社会路径才能够成功地转化成为一个社会共有的智力资源，从而最终使之内化成为主流的社会意识形态结构中的一个不可分割的部分。在这个意义上，该问题也可以称为生态学价值实现的社会机制问题。这个考察不仅适用于生态学这门科学，而且也同样适用于所有其他的科学领域。因此，我们希望通过这个讨论，能够从整体上给出适用于科学与社会之间的关系,尤其是科学作为一种动力性的因素,影响社会的存在状态与发展方向的一个社会学意义上的基础性的分析框架。

科学作为一种社会建制

科学作为一种探索真理的认识活动,在今天被普遍地看成是人类的一种最基本的活动,并且对人类生活的各个方面,包括从物质生产活动领域一直到精神领域,都产生了历史上从未有过的重大影响。但是,科学在今天的这一崇高的社会地位和形象,并不是从它自古希腊出现以来那一刻就获得了,相反,在其经历了两千多年的漫长演进之后,直到独立形式的近代科学的出现,特别是19世纪工业革命之后,它才在人类的社会生活中赢得了一席之地。因为,在此之前很长的时期里,所谓的科学,还仅仅是游离于社会生活核心结构的一种自然探索活动。正是由于这一根本性的变化,科学开始作为一种基本的人类活动被纳入并内置于社会的核心结构,由此成为一种重要的社会建制参与到社会发展及其变革的进程中。

从科学与社会的互动关系角度看,当科学开始作为一种社会建制并且被内置于社会的核心结构中的时候,这不可避免地导致了对人类本身具有深远历史影响的两方面的重要变化。

一方面,这一变化,对于科学而言,彻底改变了其自身发展的历史命运和进程。所谓历史命运的改变,我们这里特指的是,科学从历史上的那种基本上是由一些业余爱好者所从事的自由探索的活动,转变成一种以社会建制的形式而存在的,并且从根本上从属于社会目的和安排的知识生产活动,这标志着科学作为一种极其重要的基础性的人类活动的社会合法性得到了确认。这一历史性变化意味着,科学作为知识生产的可靠性、有效性和权威性,亦即科学显示出的能够满足社会特定方面的需求的工具价值及其潜能,得到了社会充分的肯定。

事实上,社会对科学作为一种社会建制的合法性的确认,也是对科学的内在价值的一种确认。因为,假如没有发展到现代形式的科学在纯粹的认识领域中业已达成的统一,它就不可能显示出其外化于社会之时的那种值得人们全力追逐的工具价值的效应。随着科学作为社会建制的工具价值的显著增长,以及适用范围的不断扩大,科学已成为我们社会结构中的一个关键建制。至于科学的发展进程,也正是由于科学作为一种社会建制的确立,这使得科学的探索活动所得到支持的形式从近代之前的"个人恩主制"发展为现代的"社会恩主制",由此,科学获得了历史上从未有过的研究资金的大量投入。而后,在雄厚资金支持下的科学,它的发展呈现出加速度的进步,同时,作为职业科学家的培养规模也在迅速扩大,新生的科学家源源不断地加入科学研究的共同体中,这为科学研究提供了日益增长的人力资源的保证。

另一方面,对于社会而言,正是由于科学作为一种关键的社会建制被纳入社会的核心结构中,致使社会本身的存在状态、进步方式和发展进程等方面,都随之相应地从根本上被彻底改变了。科学作为人类社会的核心结构中的一个组成部分的全部意义,就在于社会无论是有意还是无意的,总之它为自己找到并确立了能够引发自身发生结构性变化的一个强有力的驱动装置或发动者,由此,社会便不可逆地进入了以科学为导向的一个全新的发展进程中。换句话说,我们人类真正进入了社会学意义上的一个科学时代。

如果我们可以方便地以19世纪的工业革命作为这种根本变化的分界线,那么,我们就可以非常清楚地看到,工业革命之前的人类社会,我们的确可以把它看成是一个传统的社会。我们做出这种判断的根据就在于,推动社会发展变化的动力性因素,直接地来自人类在生存实践活动中缓慢积累起来的纯粹的非系统性的经验知识、技术和工具,而且这些经验知识、技术和工具在一个极其漫长的时间里,一直保持着一种相对稳定的状态,因为它们很少发生实质性的变化,因而,社会在这种以纯粹的经验知识为导向的发展样式中,与之相应地呈现为一种极低的发育状态。相反,工业革命之后的人类社会,正如我们已看到的那样,当然也包括我们现在正在经历着的各种变化,相对于始自石器时代一直到工业革命之前的人类社会而言,它所创造出的系统化的科学知识,以及由此发展出的愈益高效的、精密化的和多样化的庞大而有序的技术系统,都是之前的传统社会所无法比拟的。正是根源于科学时代的科学与技术的这种令人惊叹的进步,并由此作为发展动力,我们的社会才表现出了一种高速的系统发育的强劲趋势。

在这个过程中,科学的发展和进步的状况,从整体上影响甚至决定着一个社会的发展和进步的状况,而科学在不同领域中创造出的重大成就及其相应的技术,便成为测量社会在该方面能否出现实质性变化的具体标志,一旦社会对此做出了积极的响应和变化,我们就可以说,社会进入了与之相应的某种存在形式的科学时代。在这个意义上讲,社会呈现出的不同形式的科学时代的发展特征,其背后总是有不同科学领域中的重大成就和变化作为可靠的支撑。

人类社会进入20世纪以来,尤其是随着第二次世界大战的结束,由于科学在多个领域中表现出的巨大进步,致使其在共时性的空间上呈现为一种交相辉映的多面相的科学时代的发展特征和存在状态。其中,美国环境历史学家沃斯特所说的我们这个时代可以称为"生态学时代",就是我们人类社会在当代呈现出的这种多面相的科学时代的一种形式,而"生态学时代"的出现,则对应着随着现代环境运动的兴起而被推向世界历史舞台中心的生态学科学,尽管生态学作为一门科学还远远不像其他那些导致社会进入某种形式的科学时代的科学那样,是以一种标准的成熟科学的方式促成了这种变化,但这并不妨碍一个"生态学时代"的出现。

在这样一个以"生态学时代"为代表的社会中,作为主角的生态学科学将会以怎样的方式使其思想和原理,尤其是它的极其重要的看待世界的方式转化成为我们社会普遍共享的智力资源,成为主流意识形态结构中的一部分,进而真正承担起引领社会未来发展的历史重任呢?为此,我们在这里给出一个简明的社会学的分析框架,以说明生态学价值社会实现的基本路径:

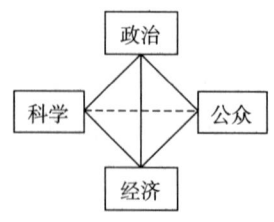

科学价值社会实现模型

首先我们对这个模型本身做一个说明。这个模型旨在一般意义上说明科学与社会的互动关系，尤其是科学影响、引导和建构社会的主要路径。这个社会学的分析模型由科学、经济、政治和公众四个初始概念或特征变量所构成。其中，我们在上面说过的科学已被内置在社会的核心结构中，这一说法是在社会建制的意义上说的，因此，严格意义上讲，在这个模型中，只有科学、经济与政治三者属于社会建制。这就是说，社会建制意义上的社会的核心结构是由科学、经济与政治所构成的。这三个社会建制分别代表着不同性质的执行和满足社会不同需要的功能单位，而公众却不是这样的社会功能单位。但是，我们之所以还要坚持把公众作为一个重要的组成部分内置在这个核心结构中，一个最重要的理由是，公众虽然不是以社会建制的形式存在的，但是他们却是包括科学、经济和政治在内的所有社会建制最终的目标对象，即社会建制的功能表达最终都要在公众那里呈现出来。因此，公众作为这个核心结构中的一个重要构成因素，无论如何都是必需的。

我们把这四个初始概念作为一组构成我们理解科学与社会互动关系的一阶问题，而这四个初始概念之间的关系作为一组构成我们理解科学与社会互动关系的二阶问题。上述两组问题综合起来，则构成了我们系统地明确和把握科学与社会关系的基本图景。我们无意对这个社会的核心结构模型中所涉及的所有的一阶问题和二阶问题进行讨论，因为即使是给出一个简明的讨论，这也是一个极其庞大和复杂的任务。因此，在这里我们仅从科学建制这个角度展开讨论其蕴含的价值社会实现的路径问题。很清楚，在这个社会的核心结构模型中，科学价值的社会实现的路径涉及与之相联系的三种关系，或者说有三种路径，即：科学—经济，科学—政治，以及科学—公众。

科学—经济的路径

如前所述，科学的建制化是社会对其所蕴含的巨大价值及其潜能的发现和确认，最终使之演进成为一个影响和推动社会发生结构性变化和发展的关键建制。这一变化意味着社会把知识生产的职能历史性地托付给了科学,而且需要特别强调的是,这种托付是一种社会建制意义上的具有排他性的托付,以往的所谓知识来自人们的直接的生产和生活中的实践经验的积累,而所谓的理论形式也是基于简单粗糙的经验现象通过思辨、想象或直觉的方式而形成的,这样的知识生产方式已不再能够适应和满足社会日益增长的需要。因此,对于我们的社会而言,尽管科学以社会建制的面貌出现是一个极其晚近的事情,但是,社会正是通过这一历史性的托付完成了其自身演进中的一次重要的蜕变,从此,传统的知识生产方式彻底让位于科学的知识生产方式,实现了在知识需求方面的专门领域的真正统一。

这种根本性的变化造成的知识生产的结果是,整个科学领域由此被分为基础科学和应用科学两大部门。基础科学承担着纯粹认识意义上的知识的生产,而应用科学则直接面向社会,把基础科学的发现和理论转化成为物化形式的技术和工具,以满足社会的特定需要。但是,早有人认为试图区分纯科学和应用科学的努力现在已经失去了任何意义,因为科学和工业之间的界限正在逐渐消失,就连那些最具探索性的研究工作的结果,也常常会带来显著的实用性的成果。[①] 事实上,无论把科学区分为纯科学与应用科学是否还有意义,这都充分表明了科学对于社会的极端重要性在急剧地提升,与社会的互动在日益加强。简单地说,科学作为社会建制在社会生活中显示出的功用或价值,明确而集中地表现为两个方面,这就是它的工具价值和精神价值。尤其是工具价值,这是科学能够被建制化的根本原因。科学与社会之间之所以能够建立起如此紧密的内在关系,正是首先通过科学与社会中的经济这一社会建制之间的联姻而达成的。如果从进化生物学的角度看,科学与经济的这种联姻,毫无疑问是一种人类自身进化历史的必然。

因为,我们人类社会,就像地球上所有其他的社群性动物一样,从根本上讲都是作为一个活的社会有机体而存在的,正如著名的澳大利亚道德哲学家彼得·辛格(Peter Singer)所说的那样:"人是社会动物。我们成

---

① Nature (1930). Science and Leadership. *Nature*, 126 (3175): 337 – 339.

为人之前就是社会性的。"① 只不过人类是一个已演进成为超大规模的社会有机体的存在形式。在这个意义上讲，无论我们是否承认人是社会性动物，这都是一个不会发生任何改变的事实，那么，人的生存与发展就成为其作为社会性存在的根本任务，甚或说，是我们人类活动的唯一目的。因为，离开了生存这一目的，人类社会也就不复存在了，人的其他活动也就因为失去了根基而变得毫无意义。

因此，只要人作为一个物种还存在，持续生存就是其永远不会发生任何改变的高于一切的唯一重要的社会目的。正如我们看到的那样，直到今天，人类在自身的进化中发展出的所有社会建制，无论是古老的还是如科学这种晚近才出现的，它们都是根源于生存目的而逐渐分化出来的结果。毫无疑问，在这个分化的过程中，首先出现的必然是人的社会经济活动，或者说，人的生存就直接地表现为人的社会经济活动，而其他的社会建制都是在这个基础上相继演化出来的。从人类进化的或人与自然的关系角度讲，人作为一种社会性存在的生存，就直接地等同于他的社会经济活动。因为，即使没有分化出其他的社会建制，只要有能够维持和满足基本生存的这个基础性的社会经济活动的存在，哪怕它是最原始低下的，那么，人作为一个物种也就能够像所有其他的生物那样生存下来。正如人类早期的以及目前世界上依然存在的那些部落文明那样，虽然他们的社会内部分化或组织化的程度极低，但是由于有最基本的物质生产活动的存在，这就足以维持他们的生存。可以说，经济作为社会建制与人类作为一个物种的社会性存在具有同样久远的历史。

这样，经济作为社会建制，由于它在人的社会及其发展中所承载的这种任务，所以，我们可以把它看成是构成人类社会的一系列社会建制中的一个首要的社会建制，同时，也是一个占据着基础性的与核心地位的社会建制。正是这种不可替代的重要位置，我们可以看到，无论在任何形态或制度下的社会，都无一例外地把发展经济视为最重要的事情，它构成了社会中的所有其他社会建制的功能表达的中心，它也影响和制约着其他社会

---

① Singer, P. (2011). *The Expanding Circle: Ethics, Evolution, and Moral Progress.* Princeton and Oxford: Princeton University Press. p. 3.

建制在社会中的相应功能能否顺利实现，因此，经济作为社会建制的功能表达的正常与否，是我们衡量社会的发展及其繁荣程度的一个最基本的维度。也正是在这个意义上，我们说以经济为核心，以及对其有直接和重大影响的其他要素之间形成的社会结构，便是我们社会的核心结构。

而经济的功能表达能否满足一个社会的生存与发展的不断增长的需求，除了其他社会建制为其提供的支持和保障之外，从根本上讲，还在于科学这一社会建制的功能表达的力度，经济需要从科学建制这里获得持续的发展动力。这是经济对科学的一种动力性的依赖关系。这种依赖关系，我们可以通过19世纪以来的历次工业革命的结果看到，这就是每一次的工业革命都导致了我们社会的物质生产活动发生了巨大的变革，这种变革不只是导致了物质生产本身的产业结构出现了变化，而且也更深刻地由此使整个社会发生结构性的变化和人类生活方式的改变。

当我们进入当代的"生态学时代"进程中的时候，基于经济与科学之间的这种动力性的依赖关系，我们自然需要充分地使生态学的思想和原理能够实质性地转化成为一系列的可操作的方法和技术，从而使之进入社会的物质生产活动领域中。事实上，生态学通过经济的路径造福于我们人类社会的这种科学构想，并不是今天才有的一种思想，而是早在差不多一百年前就由著名生态学家斯蒂芬·A. 福布斯（Stephen A. Forbes）提出了。福布斯是公认的美国生态学的创建者。[1] 他相信生态学是一门构成了人类福祉基础的纯科学，呼吁把生态学的方法和技术应用于人类的福祉，从而使生态学人性化。[2] 然而，遗憾的是，福布斯的生态学人性化的思想及呼吁被历史所湮没。今天，我们谈论生态学通过经济的路径致力于人类福祉的思想，虽然不是从福布斯那里直接继承来的生态学思想遗产，而且也早已超出了福布斯当时所构想的生态学人性化的应用范围，但是，我们仍然愿意把这种主张看成是生态学致力于人类福祉的思想逻辑的一个连续性的表达。我们在此主张的科学—经济的路径，是通过生态学使整个的人类社

---

[1] Schneider, D. W. (2000). Local knowledge, Environmental Politics, and the Founding of Ecology in the United States: Stephen Forbes and "the Lake as a Microcosm" (1887). *Isis*, 91 (4), 681–705.

[2] Forbes, S. A. (1922). The Humanizing of Ecology. *Ecology*, 3 (2), 89–92.

会的物质生产活动实现生态化,这种生态化实质上就是把经济的运行系统性地纳入以生态学为导向的轨道上,而非一种局部的应用和改良,由此创设出一种生态友好的经济发展模式。

这种生态友好的经济发展模式,在我们的设想中,将主要从两个方面体现出来:一方面是通过基础生态学的研究呈现出来,另一方面则是通过应用生态学的研究呈现出来。

基础生态学像所有其他基础科学一样,是一种认识意义上的纯科学的研究,它旨在普遍意义上揭示地球生态系统的科学理论图景,明确其中的生物与环境以及生物与生物之间的规律性的关系或互动模式,了解生物的空间分布等。这些研究的社会面向的意义在于,从整体上为人类在特定的地表空间中的经济活动的合理性及其限度提供基础的概念框架,而人类活动的后果是否会带来潜在的生态风险,就取决于生态学提供给我们的相关知识的完备性和认识的深度。在这个意义上,我们在自然环境中将要进行的各种开发和利用,都应当有制度性的安排,使生态学家和环境科学家能够参与其中,为其提供合理性的评估和论证,由此尽可能地减少或消除可能的生态风险。而应用生态学则是在基础生态学研究的基础上,把生态学的规律和原理转化成为一系列的可操作的方法和技术,以此贯穿到整个活动过程之中。例如,根据人类活动的规模和影响的范围,提供不同时空尺度的生态环境的监测和评估,为社会经济活动的后果提供科学预测;为社会经济活动以及人类生活的物质消费提供更加生态友好的生产技术、生产工艺和产品等。这是作为一门科学的生态学为我们的社会经济活动的合理性和可持续性能够做出的贡献。

但是,同时我们也清楚地看到,尽管在经济与科学之间存在着这种动力性的依赖关系,然而,由于科学作为社会建制的职能只是在于系统化的知识的生产,而这些知识是否能够被社会所接受,成为社会的共识,却是作为社会建制的科学本身所无法决定的。这正是由科学这种社会建制的性质所导致的一个结果。这就是说,科学共同体成员之间达成的共识,并不会必然地转变成为社会的共识。这种现象在科学与社会的互动关系的历史中是一个常见的事情。现实中的一个具有代表性的例子就是,基于分子生物学的现代生物工程开发出的那些实质上更为生态友好的，同时也更有益于人类生活质量的遗传改良作物，在世界的许多地方都遭遇到了难以想象的抵制和攻击。再如，为了消除化学杀虫剂在环境中的释放所造成的严重的生态灾难，卡森在她的《寂静的春天》一书中提出的应当以"生物控制"的方法取代"化学控制"的方法，至今也未能在经济活动中得到真正彻底的应用，实际上，"生物控制"的生态学方法的提出和实践已有上百年的历史了。① 由此，我们可以看出，在好的方法和技术取代不好的方法和技术的过程中，总是存在着各种阻碍的因素。

从生态学的角度看，经济或整个社会的物质生产活动的生态化的这种期望能否实现，我们只能说这是生态学自身无法解决的一个问题；而从经济的角度看，基于资本的逻辑，经济也并不会必然地接受生态学给出的那些对生态更为友好的概念框架及方法和技术。这也就意味着，如果仅从科学—经济的路径看，生态学价值的社会实现，只能建立在经济本身的自我约束的基础上。这是我们在这一路径上需要清醒认识到的社会实现的一种限度。要实质性地消解在科学—经济的路径方面存在着的科学功能无法顺利表达的问题，我们就需要把我们的视野范围，或者说在我们致力于经济路径的生态学科学价值的社会实现的时候，也要同时扩展到社会核心结构中的其他路径方面，这些路径就是科学—政治以及科学—公众的路径。

科学—政治的路径

政治作为一种社会建制，在解决当前紧迫的环境问题上扮演着一个极

---

① 卡森指出，"在美国，常规的生物控制方法的真正开端始于1888年，当时，阿尔伯特·科伊贝尔（Albart Koebele）作为不断扩大的昆虫学家探险队的第一人，前往澳大利亚寻找吹绵蚧（cottony cushion scale）的天敌，这种害虫对加州的柑橘产生构成了严重威胁。"见 Carson, R. (2002 [1962]). *Silent Spring*. Introduction by Linda Lear, Afterword by Edward O. Wilson. Boston: Houghton Mifflin Harcourt, p. 291. 阿尔伯特·科伊贝尔是开创人类与有害昆虫进行斗争的这一运动和方法的一位最有成效的先驱。见 Howard, L. O. (1925). *Albert Koebele Journal of Economic Entomology*, 18 (3), 556–562. 阿尔伯特·科伊贝尔作为夏威夷政府昆虫学家开创了对杂草进行生物控制的科学研究，他曾于1902年将20多种昆虫从墨西哥引入夏威夷来治理马缨丹（Lantana）。见 Krauss. N. L. H. (1962). Biological Control Investigations on Lantana. *Proceedings, Hawaiian Entomologicul Society*, 18 (1), 134–136.

为重要的角色。政治之所以在这个问题上是重要的,就在于它在我们的社会生活中所起到的作用是决定性的,而这种决定性作用又在于政治作为社会建制在社会结构中拥有着特殊的功能性地位。如前所述,在进化生物学意义上,我们人类社会就是一个活的社会有机体。人类为实现生存与发展的这一根本目的,在与生存环境之间的漫长的相互作用过程中,已使自身演进成为一个超大规模的和结构复杂的社会复合体。从人与自然的关系角度讲,任何一个这样的社会都是适应了特定的生存环境的产物,而且在这个适应的过程当中,都持续地进行着社会内部在功能上的组织分化。事实上,从社会构成的角度看,即使是一个再原始和简单的社会有机体,其内部也都会存在这种功能上的分化,区别仅在于程度不同。这些分化出的功能单位,分别承载着一个社会在其生存和发展过程中的不同方面的特殊需要。这样,发展到今天的任何一个社会有机体,无论是原始的还是发达的,简单的还是复杂的,我们都可以把它们清楚地表述为一个由一系列的功能性的建制所组成的社会系统。

对于社会分化出的这一系列的功能性的建制单位,根据它们在生存与发展过程中承载的具体的社会职能的不同,我们又可以把它们区分为两类性质完全不同的社会建制。一类是权力型的社会建制,包括政治和法律;另一类则是非权力型的社会建制,包括经济、军事、科学、教育、大众传媒和宗教等。在这里宗教作为社会建制,在一些地方历史上的一个相当长的时间里曾是以权力型的角色存在的,即使在今天世界上的一些地方仍然扮演着这样的角色,但在世界上的大部分地区它是以非权力型的建制角色而存在的。从社会控制的角度讲,正是由于这两类社会建制在这方面存在着本质上的巨大差异,因此,它们在社会生活中能够产生的作用,也就是完全不同的。正是在这个意义上,它们所能解决的社会问题以及功能表达的程度,也就相应地存在着差异。

不言而喻,权力型的社会建制在社会生活中的地位是决定性的。它们作为社会建制的功能表达所涉及的范围是全面的系统的,无差别化地覆盖和统摄了社会中的所有其他的社会建制,而且决定或控制着所有其他社会建制的功能表达及其程度。而非权力型的社会建制,它们所能产生的实际效应以及所能达到的范围,对于一个社会而言,则是专门化的和有明确界限的,亦即它们是在权力型的社会建制的规范和调节下与社会在某一个方面的具体需要相联系,而不能越界。当然,我们不能因为存在这种性质上的差异,就轻视了这些非权力型的社会建制在社会生活中的价值,尽管它们受制于权力型的社会建制的调节或控制,但是,它们作为社会建制所执行的特殊的社会职能,却是权力型的社会建制所无法替代的。离开了这些非权力型的社会建制及其功能表达,这个社会毫无疑问就会陷入无法正常运行甚至崩解的境地之中。

由上所述,在环境问题上,在我们通过生态学科学诉诸经济的解决路径的时候,我们为什么也要诉诸政治这一社会建制的原因了。因为,政治是作为一种权力型的社会建制而存在的。它在一个社会中担负着权力的配置和权力的运行的职责,以及社会秩序的稳定。我们也可以由此说,政治作为社会建制,就如同高等动物的中枢神经系统一样,它是一个社会的控制系统。没有政治这个社会建制,离开了它的社会控制,对于任何一个社会来讲,都是无法想象的一个严重的事情。社会的安全和有序的运行,就取决于政治这个控制系统。因此,相对于那些非权力型的社会建制,政治作为权力型的社会建制在解决包括环境问题在内的所有社会问题上,就处在一个毋庸置疑的支配地位。而那些非权力型的社会建制,由于这种合法性地位界限的限度或在社会结构中的位置,就使得它们所能发挥的实际作用被限制在了一个有限的时空范围之内。

正是基于这样的一个社会运行的核心结构模式,所有那些非权力型的社会建制,由于自身的合法性问题,它们最终都必须走向政治这一权力型的社会建制那里,只有在政治的统摄和授权之下才能够进行正常的表达。政治作为一个关键的社会建制,在解决社会问题的过程中,全面系统地承载着组织和协调各种社会建制及其关系的控制职能。坦率地说,正是在政治建制作为控制系统的最强意义上,所有其他的社会建制的运行、目的及功能表达,最终都不可避免地打上了政治的烙印,因此,摆脱政治蓝图的社会行动和社会生活,在现实中只能被视为一种政治上的乌托邦。

因此,在科学通向政治的路径上,我们期望达到的目的是,通过作为权力型的政治这一社会建制的统摄和调节作用，使科学价值的社会实现成为现实。这个社会实现的过程和成功的标志就是，在科学共同体成员之间所达成的科学共识，包括它的科学思想、方法、原理、理论以及看待世界的方式，能够实质性地转化为政治上的共识，进而成为一种占主导地位的社会观念和社会意志。一旦达成这样的效果，那么，它就可以通过自己在一个社会核心结构中拥有的控制和支配的地位，对所有其他的社会建制，尤其是对直接利益相关的经济这一社会建制产生至关重要的影响。

然而，我们也应当清醒地认识到，这个转换过程在现实中永远都不会像我们所想象的那样可以顺利地达成，相反，倒是充斥着各种现实利益和观念的冲突。科学在这个过程中的命运，历史地看，就像晴雨表一样真实地记录和反映着政治对于科学的态度。在这个意义上，科学与政治的关系，反倒不像科学与经济的关系那样显得更加单纯。归根到底，这根源于二者之间的目的和期望是完全不同的，但是，它们之间的不同与科学与政治之间的不同有着性质上的差异，而这种性质上的差异就鲜明地表现在，二者之间是一种权力型与非权力型的社会建制之间的不同。因此，当科学与政治二者之间发生对立和冲突的时候，受到制约的在其现实性上必然是科学这一方。

具体地说，从科学具有的工具价值和精神价值的角度看，在科学与社会的互动关系的历史中，我们可以清楚地看到，在一般情况下，科学与政治之间产生的对立和冲突的情况，更多的是出现在科学的精神价值或观念的层面中，而不是在科学的工具价值方面。当然，不可否认的一个事实是，随着科学对社会生活的介入日益广泛和深入，以及在这个过程中科学对社会显示出的不断增长的价值，人们今天可以乐观地说，政治在整体上是相信科学和拥抱科学的。对于这一点，我们或许只需要从科学获得不断增长的研究基金的支持，以及大力培养科学家的制度化的努力中，就能够看到政治对科学研究的重视程度，因为在科学那里，政治已清楚地看到了它蕴含着的能够帮助其实现各种社会需要和目的的巨大潜能和力量。因此，在这个意义上，我们可以做出这样的判断，科学与政治之间已建立起了一个良性的互动关系。否则，我们就无法解释科学在今天的社会结构中占据着如此重要的位置这一事实。

的确如此,但是在我们接受科学与政治之间已建立起了良性互动关系的同时,科学在通向政治的路径上依然存在着种种不同的障碍,这也同样是一个事实。这些障碍就来自科学的观念对所在社会造成的不可避免的冲击。这种情况无论是在历史上,还是在现代都存在着,只是它们表现出来的程度和形式有所不同。正如哲学家劳丹指出的那样,导致一个科学理论产生外部概念问题的一个重要原因,就是来自它与所在社会广泛接受的某种非科学的信仰体系之间的不相容或冲突,这些信仰体系包括哲学、神学、社会意识形态和道德意识形态。[1] 劳丹所说的这种情况实际上反映了科学史家、科学哲学家和科学社会学家们的一个长期以来的共识。

在社会生活中存在的这种冲突是一个必然的结果。事实上,这种情况与科学共同体中存在的情况有某些相同或相似之处。在科学共同体中,当一项新颖的更为高效和精确的科学研究的技术或工具的发明出现时,通常不会遭到同行的抵制,相反,会很快地得到广泛的接受和应用;但是,当一个新颖的科学理论提出时,如果它同已有的那些已成为科学传统的一部分,或是构成了其重要基石的最基本的科学假设和理论产生冲突时,那么,遭到同行的质疑甚至是抵制,就是难以避免的事情。因为,这种不一致毕竟是对那些曾经对一个科学领域的研究和发展做出了重要贡献的科学共识构成了挑战。类似地,在社会生活中,当一项新的技术或工具发明出来,特别是那些能够导致一个产业甚至是整个物质生产领域,乃至迁延到整个社会都可能由此发生重大的结构性变化的技术出现时,例如当代的互联网和人工智能,社会对于这样的科学的技术是欢迎的,而且是大力推进的;然而,当科学传达出的思想、方法和观念触动了那些非科学的观念体系的时候,例如,科学与宗教信仰,科学与传统文化,以及更为具体的现代医学科学与传统医学之间发生的观念冲突,那么,即使是在当代,政治也会对此做出强烈的反应,至少也是趋于明显的摇摆性和保守性,之所以会出现这样的情况,这正是政治出于自身以及社会既有秩序平衡的需要而

---

[1] Laudan, L. (1977). *Progress and Its Problems: Towards A Theory of Scientific Growth*. Berkeley (CA): University of California Press. pp. 61–63.

导致的一个结果。

因此，政治对于科学的这种基于不同的需要而区别对待的态度，是我们在审视科学—政治的路径时的一个关键问题，同时这也是一个我们无法回避的问题。因为，如果不能在观念层面上清除掉科学通向政治道路上的种种障碍，那么，对于社会而言，它自身的发展必然表现为某种失衡的状态，一方面，由于科学的工具价值的功能表达使得社会变得愈益强大，而另一方面，则由于科学的精神价值的功能表达受到抑制，从而使得社会看上去更像是一个实质上的精神侏儒。换言之，当科学在与社会的关系上沦为或被视为一个纯粹的仅具有工具价值的角色时，无论如何这对一个社会的生存与发展而言，都不是一个什么值得我们去赞美的事情。这是在科学与政治的互动关系问题上我们必须解决的一个问题。

毫无疑问，从比较的观点看，这是一个比科学—经济路径上存在的问题更为复杂和棘手的问题，但是提出这样的问题，对于我们社会的未来发展，总是一件十分重要的事情。由于这个问题的产生就根源于科学与政治之间的关系恒处在一个不平衡的状态中，因此，对于这个问题的解决，我们似乎永远无法找到在一个相对短的时间里能够有效的某种方法，这样的方法也许根本就不存在。因为，从历史的观点看，自从近代科学获得了它的独立的发展形式以来，我们能够清楚地发现，或者说我们由此可以给出的一个基本结论是，科学与政治二者之间在观念层面一直就处在一个复杂的博弈的过程之中。初看上去，这种博弈仅仅发生在一个科学的观念体系与一个政治的观念体系之间，但实际上情况远不是我们在表面上看到的那样，是两个单一的观念体系之间的博弈，实质上这是一个单一的科学观念体系与一个以政治为中心的涵盖了所有其他的非科学的观念形式的观念体系相对应。当我们认识到二者之间是这样一种错综复杂的关系时，我们就知道这个问题解决的困难程度了。同样是基于历史的观点，我们只能把这个问题的最终解决交付时间，以此逐渐地减少两种观念体系之间的分歧。

这种基于时间的方法并不是一种妥协。也许这是直到目前我们能够选择的唯一有效的一种方法。我们这里之所以给出这个问题解决的方法，是建立在以下基本假设基础上的，这就是：

假设1：一个科学的观念体系在其现实性上当且仅当需要满足一定的经验证据作为合理性的支撑，而要修正或改变这个科学的观念体系同样需要满足相应的经验证据作为合理性的条件，因此，一个科学的观念体系在任何情况下都不可能因为非科学的因素而发生改变。

假设2：一个政治的观念体系在其现实性上当且仅当由一组满足社会合法性要求的观念形式所构成，因此，政治作为控制系统的决策和行动是建立在各种合法性的利益和需要得到满足或平衡的基础上的。

假设3：当且仅当科学作为社会建制的合法性得到确立及作为观念形式的科学进入政治已有的观念体系后，科学便对其中的非科学的观念形式构成了一个制约和平衡的因素，这将导致在与科学的博弈过程中，这个政治观念体系最终会不可避免地发生趋向于科学的变化。

从上述基本假设中，我们可以看到，在科学与政治的互动关系中，科学的不变性（假设1）与政治的平衡性（假设2），最终出现变化的必然是政治这一方面（假设3）。这是因为科学作为社会建制的合法性地位已经得到了一劳永逸的确立，而且，就政治本身而言，它已从科学那里真实地感受到了一个没有或不能得到科学强力支撑的政治，无论如何都是一件不可想象的事情。在科学与政治结成的这种关系中，问题的关键在于，既然科学作为知识生产的社会合法性地位已得到了确立，那么，作为一种完整性，构成科学核心部分的观念形式，例如它的思想、方法、理论和评价原则，就不应再有任何理由被排除在科学合法性的边界之外。这样一来，发生的一个具有深远意义的变化就是，当科学的观念体系作为一个重要的构成部分融入了政治的观念体系之中后，这就从根本上改变了它原有的构成成分和结构方式，它由科学建制化之前的纯粹的非科学的观念形式所构成的观念体系，转变成为科学建制化之后的由非科学的和科学的观念形式所构成的观念体系。由此，科学的观念体系与政治的观念体系之间的博弈，就从科学建制化前的纯粹的外生型的，转变成为科学建制化后的内生型的。

这种变化为政治最终改变自己的态度奠定了现实的可能性。如果我们充分考虑到尽管科学已内置在政治的观念体系中，但是它与其他的非科学的观念形式之间的博弈，并不会因此而减弱，更不会因此而消失，那么，对于政治决策者而言，他们所要做的事情，就是在各种不同的观念形式之间找到一个可以平衡的支点。至于这个平衡的支点是更靠近科学，增大科学在其中的权重，还是相反，这就取决于那些决策者具有怎样的政治智慧了。但不管怎样，做出这样的抉择总是需要时间的，历史表明，有时需要一个相当长的以世纪为单位的时间为代价。事实上，当我们把时间的尺度放大来看这个问题时，人类的文明历程总是能够为我们提供某种乐观的理由，这就是政治做出决策时所找到的那个平衡的支点，在一点点地向着科学权重的一方移动。

这样，由上述分析，我们对因现代环境运动而一跃进入当代历史中心的生态学如何去影响、引导和建构我们的社会生活及未来的发展远景，就有了一个清晰的概念框架。总的来讲，在科学通向政治的路径上，我们期望的一种理想图景是，通过政治能够有序地实现社会的生态化的发展。这种生态化的理想不只是要在技术层面达成一种系统化的生态经济的发展模式，而且更期望的是这种生态化的理想能够使生态学的看世界的方式转变成为政治上的一种看待世界的方式。可以说只有在这个意义上，当我们的政治观念体系实现了生态化的转变，或者至少说，当生态学的思维方式真正构成了政治观念体系中的一个核心部分时，我们才最终确立了从根本上解决环境问题的基石。因为，只有通过政治这样一个核心社会建制，才能够调动和组织起整个社会的资源和力量实现社会的生态化的发展。而且，可以预见，政治的观念体系一旦通向了生态化的发展道路，那么，它将带来两个基本方面的积极变化，这就是在生态学原则的整体规范和引导下，创建并实践一种适于人与自然之间的生态友好的互动发展模式，与此同时，在人类社会内部促进和实现人的生产方式、生活方式、消费方式、交往方式、组织方式和思维方式等各方面的生态化转型。

科学—公众的路径

除了上述的两种科学价值的社会实现的路径之外，在社会的核心结构中的第三种路径就是科学—公众的路径。尤其是当科学价值的社会实现在前两种路径遭遇障碍甚至是抵制时，那么，此时科学唯一可以诉诸的就是公众的力量。公众指的是一般意义上的社会中的所有成员，在这个意义上，公众毫无疑问构成了一个社会的主体。从社会建制的角度看，由于劳动分工所有社会成员则被组织在不同的社会建制中，由此，我们又可以把公众看成是由科学共同体成员之外的所有其他社会成员所组成的一个庞大的群体。我们在这里所说的公众主要指的就是科学共同体之外的所有社会成员，在科学—公众的路径上，他们构成了科学诉求的目标对象。

为什么要通过诉之于公众这一看上去没有任何决策权的群体来实现科学的诉求呢？在上述的两种路径的分析中，我们已经从中清楚地了解到，从社会建制的性质角度讲，由于科学与经济都属于非权力型的社会建制，二者之间不存在什么制约关系，相反，二者的存在状况和运行从根本上都共同地受制于政治这一控制系统及其表达出的意愿和意志。因此，在这个意义上，我们只能说科学如果仅凭自身的力量，哪怕科学提供的判断如何具有认识上的合理性的可靠支撑，只要经济本身不对科学做出反应，或者不予理睬，那么，科学对经济也就不可能产生影响，更不可能造成任何压力。

事实上，能够对经济真正造成影响和压力的，要么是作为控制系统的政治建制，要么是作为社会的核心结构中的公众。不言而喻，政治产生的压力是最强的，因为它具有最高意义上的外部强制性，经济对此不得不遵从，这种情况在现实的社会生活中并非罕见，相反，可以看成是一种常态，有时政治对经济运行中存在的问题的不作为，或行动迟缓，甚至与经济结成了一个紧密的利益共同体。那么，在这种情况下，科学只能最后通过公众的路径发挥其作用。公众造成的社会压力，虽然不如政治压力的力度，但是同样是不可忽视的一种力量。

科学通过诉之于公众的路径实现其诉求，这种诉求在绝大多数情况下都是通过教育和大众传播等具体的方式期望达到科学启蒙的目的。尤其是当科学作为专门的知识生产的社会建制的合法性地位得到社会的授权之后，面向社会公众的科学教育便成为一项制度性的社会安排，这就从根本上为科学启蒙打开了一个全方位通向社会的道路。对于我们的社会来讲，这是一种极为重要的变化，甚至可以说，这是一种颠覆性的社会变化。这是在科学教育中我们首先需要和应当使那些正在或将要接受系统的科学教育的人，能够真正充分认识到的一个方面。我们把是否能够认识到这一方面的变化及其所蕴含的意义，看成是科学启蒙中的一个逻辑起点。因为，这个逻辑起点直接决定着我们对科学与社会的关系，特别是科学与经济以及科学与政治之间关系的准确理解。事实上，在今天科学与社会之间，其中突出表现出来的作为观念体系的科学与作为观念体系的政治之间产生的冲突，就根源于对科学作为专门的知识生产的社会建制的合法性地位在认识上存在的偏差和模糊。

我们需要通过科学教育向社会公众阐明，科学的这一社会合法性地位的最终获得是与这样一个事实联系在一起的，这就是知识是通过一个"自主性"的认识程序及其相应的评价原则而得到的。正是这种"自主性"保证了知识的可靠性，也正是由此产生出来的系统化的知识，在它们的社会面向中显示出了超越前科学时代的所谓知识的那种无法比拟的可靠性和有效性的巨大价值。这意味着，社会对科学知识的信赖的关键，就在于对它的知识生产的"自主性"要给予充分的尊重、支持和保护。否则，这就与社会把科学作为一种社会建制内置在社会的核心结构中的这一初衷本身严重相背离了，这种背离不只是对科学构成了一种伤害，同时，也是对所在社会构成了一个更为长久的严重伤害。因为，它模糊和混淆了基于"自主性"的程序获得的知识与基于非认识的观念的所谓知识之间的根本区别。

这是测量一个社会特别是政治对待科学持有何种认识和态度的一个清晰的界限。这个界限就是，在知识生产的这个过程中，社会可以通过它制定的科学规划和科学政策去影响、引导，甚至决定科学探索的问题、领域乃至发展的速度，以满足自身发展的需要，但是，不能进而把这种控制手段和权力介入科学知识生产的方法和评价的过程中。一旦发生这样的事情，那么，由此生产出来的知识，它们的可靠性、有效性和权威性就不复存在了，当然也就不再值得信赖了。因此，作为科学启蒙，我们需要使社会公众真正理解，知识是在一个统一的科学和统一的评价方法的"自主性"的过程中被生产出来的,而凡是那些声称能够给我们提供确定性知识的所有领域,它们都应当无例外地需要满足这样的"自主性"的约束。对此,我们不希望看到的一种情况是,一方面声称某种知识是科学的,或属于科学的一个部分,但同时另一方面却又坚决地拒绝接受这种"自主性"程序的科学审查。根据我们对科学教育的了解,以及在现实社会中反映出来的实际情况看,科学作为专门司职知识生产的社会合法性地位及其"自主性"的知识生产和评价的这一方面的特质,并没有真正被社会公众所掌握,同时也未能得到社会特别的重视。

除此之外,在科学启蒙中,我们还需要使社会公众普遍地获得一种了解科学和鉴赏科学,进而最终学会和运用以科学的思想方式看待问题的能力。在科学教育中面临的一个基本问题是,进入20世纪以来随着科学的高度分化和学科的细分,科学教育也随之出现了日益专门化的趋势,这种情况一方面说明了科学认识在不断地向着更加深入和广泛的方向发展,但另一方面也加深了受教育者了解其他学科领域的难度。在这个意义上,我们也许可以说,在这个背景下训练出来的那些人,基本上就是认识上的片面的人,因为他们除了对本专业的情况有所了解之外,对学科外的情况却知之甚少,在这种情况下,他们甚至与一个外行人并没有什么本质上的区别。我们虽然特别地注意和强调跨学科的科学教育的重要性,但是事实上,产生百科全书式的研究者(比如亚里士多德)的那个时代,只是表明了科学探索活动本身还处在一个早期的发展阶段,随着科学研究的高度分化这一趋势的出现,它早已烟消云散而不复存在了。

基于这种变化,提醒我们在科学教育和科学传播中,应当把人们了解和掌握科学方法和思考问题的方式作为一个更为基础和重要的问题来看待。因为,这种方式可以最大限度地降低和消解由于日益显著的专门化在认识上给人们所带来的学科间的壁垒限制。这样一来,一旦社会公众掌握了科学方法和科学看世界的方式,就可以极大地提升他们批判性的独立思考问题,以及做出合乎理性的判断能力。在现实中,大量的事实已经表明了,一个人的知识的丰富性与其是否拥有这样的批判性的理性能力之间,没有什么必然的联系。这也就是说,这种能力的获得显然要比他们能够掌握更多一些的具体知识更为重要。这样的科学启蒙正是17世纪的科学革命给我们整个人类社会带来的一笔最重要和最珍贵的思想财富。正如科学史家托马斯·L. 汉金斯（Thomas L. Hankins）所说的那样，"启蒙并不是一套固定不变的信仰，而是一种思想方式，一种为建设性的思想和行动开辟道路的批判性的方法"①。

培育社会公众的科学素养，使他们能够理解科学思想、掌握科学方法、学会科学地看待世界的基本方式，对于社会的文明和进步而言，毫无疑问是一项最基础性的社会工程。因为，科学价值的社会实现，尤其是作为观念形态的科学价值的社会实现，常常需要一个非常漫长的时间才能够显示出某种程度的效果，这与科学的工具价值能够在很短的一个时间内就可以实现的情况是显著不同的。二者之间构成了强烈的反差。因此，在科学诉之于公众的过程中，科学的传播者需要有足够的耐心开展这样的工作，同时也应当充分认识到，科学启蒙对民智的开启是一个艰难的观念或意识形态的转换过程。正如历史表明的那样，科学对于宗教神学的质疑和冲击，自欧洲近代的文艺复兴就开始了，但是直到今天，我们也不能说科学已历史性地完成了它在这方面的启蒙任务。恰恰相反，科学启蒙依然在路上。

进一步讲，在科学启蒙过程中，面对社会公众我们还需要特别注意科学传播对象的非专业性问题。正如上面已指出的，由于科学的专门化程度随着科学的日益分化越来越高，即使一个专业人员也会因为专业壁垒造成的认识鸿沟而与一个普通人之间没有显著的区别，更不要说那些在科学上未受过多少专业训练的一般意义上的社会公众了。因此，考虑到这种普遍存在的现象，我们不能甚至无法对社会公众在对科学问题上的准确理解方面给予过高的期望，否则，科学对公众的诉求就很可能无法达到它的预期的基本目标。现代环境运动的发展进程中仍然存在着的一些普遍现象可以对此给出很好的说明。我们知道，自20世纪60年代以来，随着现代环境运动的半个多世纪的深入发展，可以说生态意识早已广泛地深入人心，但是正

---

① Hankins, T. L. (1985). *Science and the Enlightenment*. Cambridge：Cambridge University Press. p. 2.

如有生态学家指出的那样："作为理解人类与环境关系的一种框架，生态学已成为一个家喻户晓的词，它出现在报纸、杂志和书籍中，尽管这个词经常被误用。即使到现在，人们仍然把生态学与'环境'和'环境主义'等术语混淆。"①

这不能不说，直到今天社会公众虽然普遍有了环境保护的强烈意识，但是对于为环境保护提供科学支持的生态学究竟是什么，他们显然还缺乏最基本的了解。这种情况一方面反映了向社会公众进行系统性的生态学科学教育的缺乏，另一方面也暴露出了在已有的生态学的科学传播中存在着的专业语言转化为非专业语言的重视程度不足的问题。否则，就不会出现生态学家所指出的在这些完全不同的概念之间不能做出明确区分的问题。这样，在我们以社会公众为目标对象的科学传播中，就需要根据公众的这一显著的非专业性的特征，采取相应的能够使他们易于接受的叙事策略，尽可能地以绝大部分的公众能够理解的日常语言的方式进行有针对性的传播，才有可能实现科学的诉求。

在科学诉之于公众的过程中，我们还需要关注或善于捕捉那些有可能构成重大社会影响的问题。我们把这类问题看成是科学实现其诉求目的的一个重要的策略。因为，这样的问题毫无疑问会快速地引发社会公众的普遍重视，当然也就更易于实现科学影响社会的基本诉求。这里所说的有可能构成重大社会影响的问题，特指的是那些关系到我们的整个社会的健康发展以及每一个人的切身利益的重大问题，这些问题存在于社会生活的各个领域之中。而它们能否显现出来，就在于我们是否具有相应的发现这些问题的敏感性和洞察力。一般而言，科学对社会公众的影响，常常是一个潜移默化的过程，需要经历一个相当长的时间后才能逐渐显示出某种相应的效果。但是，如果我们在思想上具有了这样的意识，那么我们的洞察力就会使我们把那些对社会生活可能构成潜在重大影响的问题发掘出来，这将有助于我们对问题的解决。

我们之所以要提出这样一种策略，主要是来自科学与社会的互动关系

---

① Smith, T. M. & Smith, R. L. (2015). *Elements of Ecology*. (9th ed.). Boston: Pearson. p. 18.

上一些重大的历史事件带给我们的启发和灵感。例如哥白尼的天体运行论、达尔文的进化论等，它们对人类精神世界造成的巨大冲击和变革，无论是有意的还是无意的，都是因为它们严重触动了长期以来在人的观念体系中占支配地位的宗教信仰传统，由此促进了人们的思想解放。而一个典型的当代历史样本则是《寂静的春天》一书所产生的重大社会效应。正如我们在前面的章节中详细讨论过的那样，《寂静的春天》之所以能够迅速地引发一场仍在进行中的全球性的现代环境运动，改变了人类文明的发展进程和方向，就在于卡森的科学洞察力使她敏锐地意识到了化学杀虫剂在环境中的释放，构成了一个极其严重的生态问题，特别是在充分意识到该问题的解决难以通过经济和政治的路径实现时，她直接转向了以公众作为诉求的对象，并且以公众易于接受的文学叙事的方式，成功地把这一问题转变成了与我们每一个人都紧密相关的一个重大的公共安全问题，由此带来了最广泛的公众环境意识的出现。可以说，卡森的工作构成了科学直接通过公众的路径达成科学系统性地影响、引导、改变和塑造社会发展的一个范例。

最后，在科学通过公众的路径表达其诉求的过程中，我们还需要充分地借助大众传媒的力量。大众传媒是科学通向公众路径的最有效的手段。大众传媒在我们的社会生活中的地位或角色同样是独一无二的。这种独特性显著地表现在它是我们每一个人了解和把握生活于其中的社会和世界的唯一的方式，换言之，没有大众传媒的信息传播，我们对外部世界便会一无所知。因此，我们关于世界的所有认知和看法，都是根源于它并由它塑造了我们的生活世界。没有人能够超越这样的世界。这意味着，大众传播的信息构成了我们赖以思考和行动决策的基本背景，我们是在它所传递出的那些具有价值负载的信息内容的潜移默化的影响下，形成和改变着我们每一个人的观念形态和价值取向，并由此对我们的行动产生影响。

尤其是今天的大众传播，基于信息科学技术的发展，已进入了互联网时代，这一变化使我们获取信息的能力达到了历史上的任何一个时期都无法比拟的迅捷程度。从科学与社会的互动关系看，正是这样的变化为科学通过互联网去影响公众的态度和行动取向，提供了一个强有力的技术手段的支持。不过，与此同时，我们也必须从这种变化中清醒地认识到，这不只是为科学价值的社会实现提供了便利，而且这也为其他试图影响公众的各种观念形式或意识形态提供了便利。因此，在来自各种不同方面的价值负载的信息通过互联网而共时性地呈现出来的这种信息环境下，更需要科学共同体加大其传播力度。这种传播可以清楚地区分为两种基本的策略：一是长效性策略。这种策略主要是侧重于未来的或长期的公众科学素养的系统培育，使他们能够逐渐地了解和掌握科学的基本思想、研究方法和学会理性地看待问题的思维方式，这构成了通过公众实现科学影响和引导社会发展的一个最重要的社会基础。二是即时性策略。这种策略强调的是通过发现那些对社会发展和公众利益构成重大影响的问题，采取诸如"议程设置"的方式给予深度地揭示问题的真相和后果，以引发公众的广泛关注和态度的形成，由此可以对社会起到公众舆论的警示和向政府施压的独特作用，从而最终达成敦促社会，尤其是作为控制系统的政治做出相应的反应，这将有利于加快那些重大社会问题的解决进程。

综上所述，在科学与社会的互动关系中，科学价值的社会实现需要通过社会的核心结构中的经济、政治与公众这三者做出同向的积极响应。基于历史的经验，一般而言，经济做出这种反应主要在于科学的工具价值满足了资本逻辑的需要，由此使它与科学之间建立起了一种牢不可破的动力性的关系，这种关系尤其表现在，每当科学在它的社会面向中有了重大的进展，经济总是会以革命性的方式做出相应的反应；相反，经济对于科学在观念层面的重要变化并无直接的反应，这是可以理解的，因为资本的逻辑只关注能够使之增殖的那些变化。而对于作为社会的控制系统的政治而言，它与经济对科学的相对单纯的反应则是迥异其趣的。政治乐见、支持和推动科学的工具价值在经济活动中的正常表达，除非它在这个过程中出现了某些非预期的重大社会后果，否则不会对其进行特别的调节和控制；但是，对于科学的精神价值的社会表达却会表现出某种程度的谨慎态度，因为这种表达的后果常常指向社会中已有的那些具有社会合法性的非科学的观念体系或意识形态，并对它们产生不同程度的影响和冲击。当这种情况发生时，科学不可避免地会成为政治的逻辑调控的对象。至于公众，他们中的绝大多数人通常更为关心或感兴趣的是那些与他们的日常生活紧密相关的问题，以及那些重大的公共问题，换言之，在社会生活中如果不是有这样的问题发生，那么他们很少会做出反应。因此，在科学价值的社会实现的进程中，科学毫无疑问地需要根据经济、政治和公众的各自特点或旨趣，采取相应的诉求策略。当然，这样的诉求策略绝不意味着科学要去一味顺应，否则，科学作为推动社会发展和进步的动力性因素，就失去了它的革命性的意义。

  值得庆幸的是，虽然生态学作为一门科学的历史是非常短暂的，但是，借助现代环境运动的兴起和深入发展，人们对它在解决严重的环境问题上的重要性和不可替代性的认识方面，在今天已达到了一个前所未有的高度。这种显著的变化为生态学的工具价值和精神价值的全面的社会实现奠定了一个坚实的社会基础。正如我们看到的那样，在社会的核心结构中，生态学的思想和思维方式正在转化成为经济、政治和公众的一种基本共识，尤其是成为政治上的一种愿望和意志，为我们的社会最终能够真正走上一条生态化的发展道路，解决环境问题提供了一个政治保障。换言之，正是由于在社会的核心结构中，生态学通向政治的这一关键路径已不再存在实质性的障碍，使得我们能够顺利地通过它的统摄全局的特点，从而组织调动起社会各方面的力量共同面对这个普遍存在的环境问题。

第十章　环境哲学的学科属性

下面两章我们将转向生态学价值实现的观念路径问题的讨论。这一问题主要关注的是生态学的观念价值如何实现，即如何把生态学的思想转换成为一组规范性的原则用于指导人的社会行动和社会生活。它在理论上的具体表现形式就是，基于生态学的思想和基本原理，通过对在历史上的人与自然关系方面长期存在的反自然的观念的批判和清理，建构一种能够适于人与自然之间协同进化的生态友好的新哲学，由此，该问题也可以被看成是关于生态学的价值实现的哲学路径的一种考察。这种新哲学就是环境哲学（environmental philosophy），或生态哲学（ecological philosophy）。

环境哲学的兴起是现代环境运动的产物，它因对造成当代环境问题的根源的哲学反思而出现，在提高社会公众的环境意识方面做出了重要贡献。但是，环境哲学在经历了近半个世纪的发展后，它并没有像我们所期望的那样得到了顺利发展，相反，直到目前它在理论层面还明显地存在着需要克服的一些重要的观念障碍。导致这些障碍产生的真正原因不是来自外部因素，而是主要来自环境哲学家们对他们自己正在从事的这一学科的研究在理论认识上存在的混乱。在这里我们将对其中的一些主要问题给出详细的考察和讨论：一是关于环境哲学的学科属性或定位不清或混乱的问题，二是关于环境哲学与环境伦理学是否属于同一个学科的问题。这两个问题对环境哲学而言，毫无疑问是基础性的，因为它承载着生态学的观念价值的社会实现的重任，如果不能得到有效的解决，必然会对其任务的实现构成实质性的影响。在这一章中，我们讨论环境哲学在学科属性方面存在的混乱问题，而环境哲学与环境伦理学是否属于同一个学科方面存在的混乱问题将在下一章中进行考察。

第十章　环境哲学的学科属性

环境哲学的困境

环境哲学作为一门新兴的哲学学科随着现代环境运动的兴起以来，在经历了数十年的几近辉煌和影响广泛的发展之后，今天出人意料地陷入了一个要抉择向何处去的十字路口。这种不得不进行的抉择，实质上反映了环境哲学面临着一个自身存在的合理性的重大挑战。这种挑战就根源于环境哲学在其当下的发展中遭遇到了来自哲学内外两个方面的严重质疑：一个是在纯粹的哲学领域中，环境哲学作为一门哲学学科的地位至今没有得到主流的哲学共同体的认同；另一个则是在广泛的社会实践领域中，环境哲学的可操作性或效用性也没有得到应用领域的承认。换句话说，环境哲学陷入了一种哲学内外的不认同和不信任的双重困境之中。

不过，有趣的是，在当代西方环境哲学所遭遇到的这种哲学内外交困的境况，在中国似乎从来就未曾出现过。环境哲学的学术思想自从20世纪80年代中后期以来逐步译介到中国学术界后，它一直都处在一个相对强劲的和繁荣的发展进程中。尤其是，这种发展的趋势表现出来的一个最引人注目的基本特征就是，它已从最初纯粹的学术层面的理论研究，成功地走到了今天的以生态文明建设的社会实践为旨趣的研究方向上。可以说，中国数十年来所开展的环境哲学（包括环境伦理学）的理论研究，对于提高人们的环境意识，以及促成这一积极的社会变化的出现，做出了自己的积极贡献。

然而，从环境哲学作为一门新兴的哲学学科角度讲，它在当代西方遭遇到的这一困境问题，并不因为没有出现在中国就表明这一问题的重要性对于我们就会有所降低。相反，为了使环境哲学有一个更为适宜的发展环境，促使其能够为我们的环境保护及其决策提供持久的建设性和引导性的思想资源，因此，认真对待环境哲学所遭遇的这些问题，给予环境哲学在学术上一个应有的学科位置，应当是我们需要特别对待的一个基础性的问题。在这里我们将针对环境哲学作为一门哲学学科所遭遇到的存在的合理性问题给出一个详细的论证，以表明环境哲学在何种意义上是一门标准的哲学学科，同时它将以何种方式参与社会实践或在应用领域中发挥其作用，希望由此能够消解它在这一基本问题上面临的挑战。

环境哲学遭遇到的这种困境在2007年2月由15位环境哲学家在美国的北得克萨斯大学召开的一个会议上进行了集中讨论。由于与会者中许多是该领域中的具有广泛的国际影响力的环境哲学家，因此，我们可以把这次会议看成是环境哲学作为一个学术共同体对环境哲学遭遇到的困境的一个正式的集体确认。事实上，在此之前已有一些环境哲学家针对环境哲学遭遇的困境进行过讨论。例如科利考特曾就环境哲学在美国的主流哲学共同体中遭遇的歧视及其原因给出过比较详细的分析，[1] 以及肯特·A. 皮科克（Kent A. Peacock）为环境哲学作为一种全新的哲学方法进行的辩护。[2]

这次会议的主题旨在为"环境哲学的未来"寻找新的发展道路。环境哲学家弗洛德曼和杰米森根据此次会议讨论的情况简明概述了环境哲学所面临的问题。他们指出，环境哲学的理论研究和进步除了对提高人们认识到环境问题的重要性方面有所帮助，但并没有为自己找到在学术上的真正位置和听众，甚至还依然徘徊在究竟向何处去的十字路口上。环境哲学面临的现实是，环境哲学家数十年来一直试图为环境哲学建构一个完善的理论基础的这种努力，并没有因此为环境哲学赢得主流哲学的善意的学术回应，环境哲学没有被视为一门真正的哲学，因为，在一些哲学家看来，环境哲学家们的讨论过于话题性，缺乏审慎的理论思考，而且被宣传的冲动所影响；同时，在更广泛的环境科学、工程和公共政策领域中，人们则又批评环境哲学家的工作过于抽象而远离现实世界的环境问题。[3] 这种现状表明了，一方面在主流的哲学那里，哲学家们并没有把环境哲学视为哲学家族中的一部分，而另一方面在应用领域那里，人们则又把它看成是更像是一种空洞理论而无实际的用途。

---

[1] Callicott, J. B. (1999). *Beyond the Land Ethic: More Essays in Environmental Philosophy*. Albany: State University of New York Press. pp. 1–4.

[2] Peacock, K. A. (1999). Symbiosis and the Ecological Role of Philosophy. *Dialogue: Canadian Philosophical Review/Revue Canadienne de Philosophie*, 38 (4), 699–718.

[3] Frodeman, R. & Jamieson, D. (2007). The Future of Environmental Philosophy. *Ethics & the Environment*, 12 (2), 117–118.

面对这种令人尴尬的现状,与会的环境哲学家试图为环境哲学寻找通向未来的新的可替代的发展道路,他们给出了不同的解决方案。其中,具有代表性的方案大致有以下几种。

一种相对全面的方案是由弗洛德曼提出的。他认为未来的环境哲学应当开展四个方面的工作:一是重新定义"哲学";二是强调环境哲学的经验主义取向,即要以环境科学为导向而不是以政策为导向的政策转向研究;三是环境哲学应当通过个案研究以检验正在发展中的理论的哲学实地工作;四是要加强能够胜任政府机构处理与环境问题相关方面问题工作的双重的职业训练。弗洛德曼乐观地认为,如果希望环境哲学有一个好的未来,一个重要的策略就是要重新定义哲学。他指出,我们应当很高兴地在哲学、科学和政策的边界上为环境哲学家们划出一块地方,尽管这样做的确有可能继续被某些哲学家指责我们做的事情仍然不是真正的哲学,但是,环境哲学家们取得进步的方式,并不是要去研究一部分哲学家所认为的那样的哲学问题,而是要加强我们作为哲学家与那些科学家和政策制定者之间的联系,因为这些群体并不太关心哲学家们所从事的那些纯粹的哲学问题,他们想要知道的是,我们能否为他们所面对的环境问题的挑战提供什么具体的帮助。由此,我们就可以在他们的这些领域中得到承认,进而反过来就可以对主流的哲学造成冲击。[①] 弗洛德曼所说的这个方案,其中最重要的一个考虑,就是要重新定义哲学的设想,他是想通过这种方式坚持环境哲学是哲学的立场,并由此为他所提出的其他三个方面的工作设想提供支持。坦率地说,弗洛德曼的这个主张,不仅在很大程度上是一个带有浪漫主义色彩的一厢情愿的设想,而且,更重要的是他试图坚持的这种所谓的哲学,实质上是一种自绝于哲学的另类哲学,此外,他也并未明确告诉我们这种重新定义后的"哲学"究竟是何种意义上的一种哲学。

另一种方案是一些环境哲学家给出的试图把环境哲学定位于一种跨学科性的学科设想。比如洛里·格伦(Lori Gruen)认为,环境哲学在环境问题的治理上有着很高的充当跨学科性的桥梁的潜在可能性,因此,提高

---

① Frodeman, R. (2007). The Future of Environmental Philosophy. *Ethics & the Environment*, 12(2), 120–22.

和扩大它在诸如环境正义和生态正义问题上的哲学参与度是重要的。① 艾琳·J. 克雷夫（Irene J. Klaver）也认为，环境哲学应当在各种制度和实践中占据一个跨学科的位置，而且环境哲学家应当是一个特殊的通才，他们能够把各种关系联系起来，从一个特殊的视角看到多重角度，从一粒沙子看到整个世界。② 事实上，把环境哲学视为一种跨学科性的学科，这是一种含混的说法。环境哲学究竟是一门跨学科性的学科，还是一门处理跨学科性的问题的学科呢？这是两个性质完全不同的问题。在我们看来，只存在着跨学科性的问题，而不存在那种所谓的跨学科性的学科，存在这样的学科是不可想象的。因为，无论是科学的还是哲学的研究，它们所处理的问题，无论是简单的还是复杂的，都有它们各自明确的和相对独立的研究对象或特殊的研究取向，即使一个问题由于它所涉及的时空尺度，尤其是其成因的复杂性或多维度性而使其不能通过某个单一的学科所解决，我们也会通过多种学科的联合共同去应对，从而最终完成该问题的解决。环境问题就属于这种性质的问题。正是在这个意义上，我们可以说，我们面对的问题，既有单一学科能够处理的相对单纯的问题，同时也有需要通过多学科联合的方式才能处理的复杂性的问题，但是不存在一种跨学科性的学科。如果说在环境问题上环境哲学是一门跨学科性的学科，那么，按照这样的逻辑，我们是不是可以说，所有与之相关的学科，诸如生态学、环境科学、地理学、政治学、经济学、伦理学和美学，都可以因此被称为跨学科性的学科了呢？显然，这种理解方式在逻辑上是不成立的。

此外，与上述环境哲学家的方案完全不同的是，环境哲学家尤金·哈格罗夫（Eugene Hargrove）关于环境哲学的未来给出的设想，并不是要为它的继续存在提供什么可能性的方案，而是给出了一个环境哲学将会消失的结论。他认为环境哲学的研究最终将会成为科学哲学、伦理学、美学、社会哲学和政治哲学研究的一个部分，因为环境哲学研究的内容完全能够

---

① Gruen, L. (2007). A Few Thoughts on the Future of Environmental Philosophy. *Ethics & the Environment*, 12 (2), 124 – 125.

② Klaver, I. J. (2007). The Future of Environmental Philosophy. *Ethics & the Environment*, 12 (2), 128 – 130.

被主流的哲学所观照，至于在哲学之外，是否还需要有一个环境哲学的存在，则是另外一回事了。① 哈格罗夫的这个理论设想，是一种从根本上取消环境哲学的做法，而且，正如哈格罗夫自己所说的那样，对于环境哲学的这一看法，自1989年以来一直没有改变过。② 然而，哈格罗夫对此给出的理由却是难以成立的。既然像科学哲学、伦理学、美学、社会哲学和政治哲学等这些学科可以存在，那么，环境哲学为什么就不能存在呢？只是因为环境哲学的研究完全能够被主流的哲学所观照吗？哈格罗夫在这个问题的理解上出现了重要的疏忽或偏差。这种偏差就在于，他没有考虑到环境哲学与科学哲学、伦理学、美学、社会哲学和政治哲学等学科，它们各自关注的研究对象及其考察的参考系是完全不同的这一基本区别。科学哲学关注的是作为认识活动的科学本身，它与环境哲学的研究没有任何的关系。伦理学、美学、社会哲学和政治哲学虽然各自关注的具体问题不同，但是，这些问题呈现出来的最大共性就是，它们均属于社会系统的时空尺度内的问题。而环境哲学关注的主题则是人与自然之间的关系问题。这是两个完全不同的时空参考系。至于伦理学、美学、社会哲学和政治哲学这些学科把自己的研究触角延伸至自然，或者说把自然纳入它们的学科观照的范围之内，这也是在以自然为中介的各种社会关系中，而不是在人与自然的关系框架内加以考察的。这种不同是本质上的不同，而不是程度上的不同。

通过上述一些具有代表性的解决方案，我们可以看出，环境哲学在过去的数十年中面临的问题与挑战，集中起来可以归结于一点，这就是：环境哲学至今还未能找到它在学术研究中的一个合理的学科定位。杰米森的一些看法给人强烈的思想冲击。他告诉我们，环境哲学的研究在许多方面都是支离破碎的，它并没有建立起一个统一的能够测量环境哲学研究的能力标准来评价环境哲学家们的工作，而且环境哲学家的研究中充斥着非建

---

① Hargrove, E. (2007). The Future of Environmental Philosophy. *Ethics & the Environment*, 12 (2), 130–131.
② Hargrove, E. (1989). *Foundations of Environmental Ethics*. Englewood Cliffs: Prentice-hall. pp. 2–3.

设性的争论，环境哲学至今未能明确其研究的边界在哪里。从历史上看，环境哲学产生于哲学，但是许多自认为是环境哲学家的研究者却对哲学抱有敌意。[①] 究其根源，环境哲学在其自身的发展中之所以会陷入如此窘境，这基本上是由于那些正在从事环境哲学的研究者们自己所造成的，环境哲学家们不能把环境哲学在哲学内外所遭遇到的这种困境归咎于哲学共同体，以及应用领域中的那些主流态度的轻视。尤其是学科定位不清的问题，表明了环境哲学家们关注的问题虽然是广泛的和现实的，但是他们在这个过程中却始终没有明确那个能够把这些问题统一在一起的研究对象，或讨论的参考系呈现出来，而这个研究对象正是环境哲学作为一个学科得以成立的合理性前提。正如在这次会议上给出的所有方案或设想中，我们没有见到有提到环境哲学要处理的研究对象究竟是什么的问题。可以说，这是导致环境哲学既不能融于主流的哲学，同时也不被应用领域所接受的一个最根本的原因。

环境哲学作为哲学的合理性根据

对于环境哲学而言，我们明确地坚持它是一门哲学学科的定位这一基本主张，这是环境哲学得以继续存在的合理性根据。事实上，截至目前，既然环境哲学家们仍然把环境哲学叫作哲学，那么，我们就不能仅仅是在名义上使用"环境哲学"这一学科名称，而是应当从根本上坚持环境哲学是一种哲学的基本立场。这意味着，我们需要甚至必须为环境哲学作为一门标准的哲学提供一种实质性的合理性证明，这是环境哲学能否摆脱当前的困境，继续以一种哲学的面貌走向未来的一个至关重要的问题。换言之，我们无法想象一种名义上的环境哲学，究竟还能够使其研究的可持续性延续多久，是否还能够像它前几十年那样继续吸引后来者进入所谓的环境哲学的研究领域中；或者干脆另辟蹊径，像弗洛德曼乐观地主张的那样，直接撇开或无视主流的哲学共同体的意见和评价，从而另立门户做一

[①] Jamieson, D. (2007). Whither Environmental Philosophy?. *Ethics & the Environment*, 12 (2), 125–127.

种所谓的哲学研究，这同样是让我们难以想象的一件事情。因此，在这里我们尝试为环境哲学作为一种哲学而存在的合理性提供一种证明。

我们如何为环境哲学作为一种哲学提供合理性的证明呢？这种合理性的根据究竟存在于哪里呢？环境哲学存在的这种合理性根据，就来自哲学这一术语最初所规定的基本意义，以及由此显示出的哲学任务。哲学的任务表明了环境哲学作为一种哲学而存在的合理性。"philosophy"一词由两个希腊词组成，其中，philos 表示"爱"，而 sophos 表示"智慧"。根据弗朗西斯科·J. 阿亚拉（Francisco J. Ayala）和罗伯特·阿普（Robert Arp）的解释，"爱"指的是人们强烈渴望了解的某种事物，而"智慧"则是人们从实践经验或理论经验那里所获得的拥有证据支持的某种知识。[①] 结合亚里士多德在他的《形而上学》开篇中所说的哲学的产生首先是根源于人与生俱来渴望了解事物真相的说法[②]，由此，我们可以合理地认为，作为"爱智"的哲学，实质上指的就是这样一种特殊的智识活动，它是人们渴望获得他们所感兴趣的得到了可靠证据支持的一切事物真相的活动。概括地说，这种特殊的寻求事物真相的智识活动，就是期望获得一切事物的确定性的过程。对于这种确定性的寻求，我们可以清楚地看到，它一直就是古希腊以来直到当下的哲学的根本任务，它指示和规定了哲学两千五百多年来的发展和变化的方向和轨迹。这种试图洞察事物真相的确定性的活动，由两种具体的确定性所构成：一是寻求认识方面的确定性，二是寻求行动方面的确定性。

寻求认识方面的确定性构成了哲学的第一项基本任务。所谓寻求认识方面的确定性，指的是对包括人自身在内的世界的认识，哲学家们期望通过这种持续的探索活动去明确他们所感兴趣的一切事物的真相及支配事物的普遍原理。这是自古希腊哲学诞生以来，在它的发展进程中表现得最持久和最迷人的一种自然哲学的研究传统，同时，这一传统直到今天一直也是哲学发展中的一种主流的甚至依然是占主导地位的智力传统。这一任务

---

① Ayala, F. J. & Arp, R. (eds.). (2010). *Contemporary Debates in Philosophy of Biology*. Chichester: Wiley-Blackwell. General Introduction: p. 1.

② Aristotle. (1998). *Metaphysics*. Translated by Hugh Lawson-Tancred. London: Penguin Books. p. 4.

自欧洲文艺复兴之后，或者说自伽利略把数学和实验方法同时引入自然哲学的研究中之后，它不仅彻底终结了哲学家们长期以来所坚持的那种思辨的或形而上学的认识世界的方式，而且通过这种新的认识方法论使得哲学家们对自然世界的研究逐渐发展成为一种普遍的科学事业，尤其是到了19世纪的40年代，这种发展和变化的状况，最终使从事这项探索任务的哲学家们被历史性地赋予了"科学家"（scientist）的称谓。① 今天，我们所拥有的涵盖了自然科学和社会科学的这个庞大的科学知识体系，就是哲学家们在寻求世界真相的确定性的活动中所发展出来的一系列丰硕的成果。如果从最一般意义上的把哲学作为一个连续的演进过程看，我们事实上可以把今天已被叫作自然科学家和社会科学家的这些探索者，均可视为第一线的哲学家，因为，他们承担着哲学寻求世界真相及其普遍原理的探索活动。这仍然是哲学的最重要的任务。

而寻求行动方面的确定性则构成了哲学的另一项基本任务。这一任务是哲学的第一项任务在发展到一定阶段后的一个自然的结果，同时，它也是哲学发展到现代显示出来的一个重要特质。确切地说，这一任务表明了哲学在随着认识世界的活动逐渐走向成熟之后，亦即科学在获得了充分独立的发展和存在形式之后，它开始历史性地转向关注事物及其发展的应然状态的追问和探索，尤其是关注于为人的行动提供合理性的价值判断和根据。从我们人类的生存角度看，毫无疑问，认识世界并不是一项纯粹的为认识而认识的智识活动，认识的目的最终必然是指向我们人类自身的。哲学的这种自我指涉和自我观照的特性，实质上反映了我们期望在这种认识活动过程中所获得的智力成果，能够为我们理想的社会生活提供包括在自然中行动的合理性支撑。可以说，哲学的这一任务，相对于第一项任务，构成了它的人类学的或道德哲学的研究传统，尽管这一传统在哲学的整个历史发展的绝大多数的时间中，都要比自然哲学的研究传统显得薄弱或弱势。但是，这种弱势的历史现象并不表明这一传统比前一种传统在重要性上存在着实质性的差异，相反，随着我们对世界的认识的逐渐深入和不断

---

① Whewell, W. (1840). *The Philosophy of the Inductive Sciences, Founded upon Their History*. Vol. 1. London: John W. Parker, West Strand. p. CXiii.

扩大，随着我们的社会活动的规模和力度的日益增长，我们愈益认识到加强对人的社会活动的应然状态的关注和研究，不仅变得同样重要，而且也变得更为紧迫和具有特殊的挑战性。

从哲学的演进看，哲学发展出的这两项任务之间存在着内在的联系。哲学的第一项任务旨在为我们提供认识的逻辑，而第二项任务则是为我们提供行动的逻辑。这两种逻辑连接成了一个有机的整体。而从理性的三个面向看，认识的逻辑观照的是世界的至真，而行动的逻辑观照的则是人类生活的至善和至美，进而，由此创设出一个基于至真的我们人能够栖身于其中的理想的意义世界或生活世界，因此，哲学任务的这个逻辑链条，也就可以表述成为从追求至真到至善、再到至美的一个理性的逻辑链条。行动的逻辑由两个不同的参考系所构成。一个是由认识的逻辑所提供的关于评价对象即事物本身的实然状态的事实参考系，另一个则是由我们作为评价者关于事物的应然状态所期望的价值参考系。

我们对事物的应然状态给出的最终的价值判断，正是在这两者之间达成的某种平衡中做出的。其中，由认识的逻辑所提供的事实参考系构成了我们做出最终的价值判断的前提和基础。行动的逻辑观照的则是事物的一种合目的的运动，这种合目的性是我们作为价值评价者期望事物能够按照我们所构想的某种存在状态和运行方式而存在。然而，一般而言，我们关于事物存在和运动的价值期望或构想出的这个价值蓝图，并不是我们仅仅按照我们的自由意志来设计的，它应当或必须基于事物的原有的存在和运行的样式进行设计，即这种设计必须限制在评价对象运行的基本规律的阈值范围内进行。当然，基于纯粹的主观愿望，脱离或不顾事物原有的样式而构想的价值参考系这种情况是存在的，因为，这最终给出的结果还是取决于价值评价者的选择。但是，需要指出的是，以这种方式构想出来的价值蓝图，只能是我们关于事物的未来存在和发展状况的一种空想。历史上甚至在今天从来就不乏这种纯粹空想的社会发展理论。确切地说，由认识的逻辑提供的这个事实参考系，是我们给出我们所构想的某种价值参考系的一个内在的尺度，它限制了我们主观愿望的无限度的或任意的发挥。

综上所述，由哲学所承担的任务及其关系为我们理解环境哲学作为一种标准的哲学，提供了一个值得信赖的合理性的根据，以及环境哲学能够发挥其功用的基本方式。这是我们在明确地坚持环境哲学作为哲学的学科性质和定位的时候，应当给予充分考虑的一个最基本的哲学背景。因此，在这个意义上，我们可以直截了当地说，环境哲学不属于科学的范畴，因为它不承担哲学的认识世界的任务，而是关注于寻求我们在行动方面的确定性的这一哲学任务，它为我们提供的是有关行动的合理性的价值判断。这就是说，我们应当认识到，环境哲学家们并不需要通过重新定义"哲学"来为自己的工作究竟是不是一种哲学而辩护，因为，这种试图改变哲学原初所规定的意义的做法，不仅是武断的和随意的，而且事实上也是在与两千五百多年来的整个哲学及其历史进行对抗，这种做法没有任何意义，这就像为了使某种纯粹想象的、经验的或观念性的东西成为科学而要重新定义科学一样，是不会得到绝大多数研究者的认同和尊重。同时，环境哲学家们也不需要去从事科学家和应用科学家们所从事的那些事情，因为，他们能够为那些关注和应对环境问题挑战的科学家和政策制定者提供的有益帮助，正是通过他们所提供的行动的逻辑而实现的。环境哲学家们只要真正认清了这些问题，那么，环境哲学就不会出现所谓学科性质和定位不清这种问题，更不会为其未来要去向何处而忧虑。归根结底，环境哲学家们是自己把自己置于究竟去向何处的十字路口上了。

环境哲学的任务及其实现的路径

进一步讲，环境哲学的任务及其实现的路径是什么呢？任何一门学科或研究领域，无论是科学的还是非科学的，都应当有它们各自明确的研究主题或独特的研究对象，或者在对某一主题的研究目的上是完全不同于其他学科的，这是它们在研究上赖以存在的合理性的根本前提。环境哲学的研究对象是人与自然之间的关系问题。在这个关系中，"人"指的是作为物种意义上的人，即人无论是以个体形式的，还是以群体形式的面貌出现，他们都是作为物种意义的人而存在的，亦即处在这种关系中的人，不包含种内意义上的人。"自然"作为"人"的对象性关系的存在物，指的是与人之间存在着直接或间接的相互作用的那部分自然,确切地说,它指的是明确地限制在地球表层中的这部分自然,包括所有的无机物、有机物,以及人之外的所有其他生命形式。从时空参考系上讲,人与自然之间的相互作用,在其现实性上就发生并共处于地球表层之中。而地球本身作为一个物理实体则不包含在这种关系中,因为地球本身的存在及未来可能的变化都不是作为物种的人能够决定的,我们人类对它什么也做不了。在这个意义上,凡是那些以"拯救地球"[1]之名谈论环境保护的,我们只能把它们视为一种纯粹修辞学式的,甚至是一种夸大其词的说法。同时,这个"自然"概念更不包含宇宙学意义上的那个浩瀚无垠的自然,因为这种意义上的自然的存在及未来可能的变化更不是我们人类能够决定的。或许可以说,我们人类只是居于地球上的"宇宙囚徒"。因此,环境哲学所关注的人与自然的关系,实际上就是当且仅当存在于地球表层这一有限的时空系统中的人与自然的关系。

环境哲学作为一门学科并不能在最普遍的意义上独享人与自然的关系这一研究对象。从哲学的任务这一基本维度看,关于人与自然关系的研究,可以分为科学意义上的和评价意义上的两种不同性质的关系研究。属于科学意义上的人与自然关系研究的有生态学、人类生态学、人文地理学和环境科学等诸多学科。其中,生态学是在最普遍的意义上涉及人与自然之间的关系,因为它并不特别指向物种意义的人,不把作为一个物种的人作为这种对象性关系中的单独一方,而是把人包含在它所研究的所有生物与其生存环境之间,以及生物与生物之间的关系的研究对象中;而人类生态学、人文地理学和环境科学等这些学科处理的则是人与自然的关系这个研究对象,因为人是这种对象性关系中的一方。这些学科分别从不同的方面或侧重点揭示人与自然关系的科学图景。属于评价意义上的人与自然关系研究的学科有环境哲学、环境伦理学、环境美学和环境经济学等诸多学

---

[1] Gelber, S. M. & Cook, M. L. (1990). *Saving the Earth: The History of A Middle-Class Millenarian Movement*. Berkeley: University of California Press. MaCarthy, D. (2004). *Saving the Planet without Costing the Earth: 500 Simple Steps to A Greener Lifestyle*. London: Fusion Press. Hunter, M. L., Lindenmayer, D. B. & Calhoun, A. J. (2007). *Saving the Earth as A Career: Advice on Becoming A Conservation Professional*. Malden: Blackwell Publishing.

科。其中，环境哲学在这些评价意义上的诸学科中属于最基础和最核心的学科，因为它在人与自然的关系问题上，承担着我们在自然中的行动逻辑的最一般意义上的系统的理论建构；而其他学科则是分别从不同的方面给出评价性的考察。正是在这个意义上，我们也可以把这些学科均视为环境哲学这一基础性学科的组成部分，或者说，它们所进行的那些更为专门和具体的某种关系的评价性研究，例如人与自然关系中的伦理关系，审美关系和经济关系等，都是建立在环境哲学关于事物的未来发展和变化的应然状态的最一般的价值参考系这一基础上的。

由上述，环境哲学的任务是明确的。这就是在人与自然的关系问题上，环境哲学旨在实现我们所期望的某种确定的人与自然的关系，而这种关系正是通过环境哲学在人与自然的关系上建构的一种应然状态的价值期望而实现的。从根本上讲，这种关系就是我们所期望的人与自然之间的一种最基本的价值关系。在这个意义上，环境哲学作为一门基础性的评价性哲学，它的效用性或价值就体现在能否为我们在自然中的社会发展规划和行动提供和建构一个合理与全面的评价体系及其相应的原则，而不是拘泥于或强迫自己能够直接地参与社会的行动。因此，这也就决定了环境哲学能够积极地参与环境保护和环境政策设计的基本方式，即它是以一种观念性的方式为我们在包括全球性和地方性的自然环境中的社会行动提供一个完善的价值评价体系，及由此转化出的一系列的原则来引导和规范我们的社会实践活动。这一哲学的评价工作恰恰是历史上的哲学在其长期的发展中显著缺乏的，否则，也就不会出现当代如火如荼的环境保护运动，以及由此在人与自然关系这一重大问题上展开的观念层面上的一系列持续的哲学批判工作。事实上，也正是由于哲学上的这种显著缺乏，才更加凸现了环境哲学作为一种哲学而存在的不可或缺的价值，而不是像环境哲学家哈格罗夫认为的那样，环境哲学终将消失，它将会成为科学哲学、伦理学、美学、社会哲学和政治哲学研究的一个部分。

那么，环境哲学将如何实现其任务呢？或者说，它如何在人与自然的关系问题上建构一个合理的价值期望的评价体系呢？在我们看来，环境哲学实现其任务的技术路径是：首先应当在认识意义上明确人与自然关系的基本的科学图景，这是我们建构合理的人与自然关系的价值评价体系的基本前提和基础；进而，在此基础上我们才能给出我们所期望的那种人与自然关系的价值图景。在这个过程中，环境哲学家一般而言并不直接地参与人与自然关系的科学图景的研究，因为，这是生态学家的任务。环境哲学家是通过生态学家的工作了解和把握地球生态系统的科学图景，这是他们建构合理的价值期望的评价体系所要遵循的生态学上的一般的科学规定性，但同时还要特别了解和把握人在地球自然生态系统中的特殊地位和能力，因为，人作为一个生物种，他实际表现出的介入和干预，甚至引导生态系统变化的能力，早已远远超出了其他地球生物种的能力。

换言之，所有其他的非人类生命形式的任何生存行为都不可能超出一个物种的界限而对生态系统本身的正常运行产生影响，只有人能够做到这一点。从人对地球生态系统影响的实际后果看，人的影响力足以匹敌自然力对生态系统的影响，例如，人的大规模的社会生产活动不仅极大地改变了地形地貌，导致了日益严重的全球性的气候的极端变化，大量的物种消失或濒临灭绝，而且使得其他的地球生命形式不得不去适应由人类带来的这种剧烈变化。可以说，从生态学的角度看，人尽管只是地球自然生态系统中的一个生物种，但是由于人的文化进化所表现出的力量，早已使其能够轻易地跨越物种的界限向地球表层各向扩散，甚至进而对整个地球自然生态系统产生灾难性的影响，这使得我们无论如何都不能再把我们人类自己视为地球生态系统中的一个普通成员了，相反，我们必须把自己看成是其中的能够决定其他生物命运乃至整个地表生态系统演替的一个关键性物种。在这个意义上，人的这种能力进而使其获得的这种特殊地位作为一个不可忽视的生态学事实，应当成为我们在建构人与地球自然生态系统共同进化与和谐共存的一个合理的价值评价体系时，需要特别考虑的一个基本问题。

首先，环境哲学家为了完成自己的任务需要达成一个清楚的基本认识，并由此成为研究上的一种共识，这就是要始终把自己的哲学建构工作与生态学家的工作紧密地联系起来，把生态学的思想和基本原理真正作为自己能够提出有价值的指导人的社会行动的评价体系和原则的唯一重要的科学基础。在技术上讲，一个合理的价值评价体系都包含着哪些价值期望，这是由环境哲学基于人与自然之间显示出的那些规律性的生态关系而相应生发出来的，即其中的每一种价值期望都应当有与之相对应的规律性的生态关系作为它们能否成立的内在尺度，而不是由人的纯粹的主观愿望所想象出来和决定的。我们期望在整体上实现一种人与自然共同进化与和谐共存的生态关系与格局，那么，我们就需要去深入了解那些能够促成这一价值期望实现的生态学方面的基本规定性是什么，这些基本规定性将会以怎样的方式或在不超出其限度的前提下，为我们的价值期望的实现提供可靠的科学支持。不言而喻，环境哲学在其理论研究过程中虽然已把生态学的思想和原理纳入了它的视野范围内，但是这与我们所期望的那种真正的基于生态学的人与自然和谐共处的评价体系的理论图景的建构，还存在着很大的距离，这既有来自生态学方面的原因，同时也有来自环境哲学方面的原因。

其次，环境哲学家在致力于提出一个崭新的适合于人与自然之间和谐发展的价值观念体系和一组行动原则的过程中，还需要采取和坚持一种科学的自我批判的态度。这种批判的态度建立在这样一个基本的生态学事实基础上，即截至目前的地球自然生态系统的严重破坏，根源于人类在其中的大规模的不合理活动所造成的各种生态后果，这一点已由长期的科学研究所证实。因此，环境哲学家采取的这种自我批判的态度，系统地批判了历史上的把自然仅仅视为工具价值等一切不合理的价值观念，是建立和谐共存的人与自然关系时所进行的一种必需的观念上的纠偏，是纠正人与自然关系遭到严重扭曲的一种哲学上的努力。同时，在这个纠偏和批判的过程中，还需要特别指出的一个方面就是，环境哲学家应当明确地避免和消除采取那种浪漫的激进环境主义的做法。我们不能因为这种必需的观念纠偏而使得这种批判扩大化，尤其是不能把这种观念的批判特别地指向理性和科学本身。理性和科学并不是导致环境问题的根源。事实上，正是由于理性和科学才使我们深刻地认识到当前全球性的环境问题产生的根源，不仅如此，我们还将借助理性和科学从认识和技术层面实质性地帮助我们去应对和解决环境问题。

最后，我们要强调的是，随着当代环境运动而兴起的环境哲学，由于它关注的环境问题的普遍性、现实性、严重性和紧迫性，尤其是它在环境问题上表现出的对哲学传统的批判性甚或反叛性，从而使其思想主张在学术领域中引起了广泛的反响并得到迅速的扩散，然而，在其促成社会公众的生态意识普遍提高的同时，却使自己陷于学科归属的高度不确定性中。这一状况的出现不仅使其理论功用的发挥受到极大的限制，同时也使其自身存在的合理性遭到了质疑。究其根源，这是环境哲学家们自我迷失的结果。

坦率地说，环境哲学作为哲学是我们必须坚持的一个基本的学科定位的主张，这是由哲学自身的任务所内在决定的。这意味着，在环境哲学的未来发展问题上，我们既不需要通过重新定义"哲学"的方式，也不需要通过把它理解成为一种跨学科性的学科的方式来为环境哲学寻求存在的合理性根据，当然，我们更不赞同环境哲学最终将会消失在其他学科中的这一彻底悲观的主张。哲学的任务指示了环境哲学应当在包括全球性的和地方性的人与自然关系的应然状态方面的研究中做出实质性的理论贡献，换言之，环境哲学家在他们的研究中应当将其关注点集中在为我们人类在地球自然环境中的行动提供一个系统完善的价值观念体系，以及由此转换出的一系列的行动原则方面，这是环境哲学的任务，以及它作为哲学而存在的价值所在，这也是环境哲学参与社会行动的基本方式。在解决人与自然关系方面的问题过程中，不同的学科领域参与其中的方式是不同的。科学及应用科学直接地担负着环境开发以及生态友好的各类生态技术的设计、创新和实践等任务，而环境哲学则是以观念性的和规范性的方式为环境保护的政策决策和制度设计提供建设性的意见，同时也将继续在更广泛的社会范围内对生态意识的启蒙和塑造发挥其重要作用。一旦明确了环境哲学作为哲学的任务所在，我们就会发现，建构一个崭新的适于人与自然和谐发展的价值观念体系和行动原则的工作不仅是重要的，而且也是历史上的哲学所缺乏的。

在这里，一个类比是合适的。正如生态学由于环境问题而使其从生物科学中的一个原来默默无闻的弱小的分支学科一跃成为当代瞩目的中心学科那样，这是因为人们对生态学作为一门科学在帮助社会应对和解决紧迫的环境问题的过程中,能够扮演一个极其重要的科学角色寄予了厚望;同样,因环境问题而兴起的环境哲学,我们也期望它在这个过程中能够为我们提供一个引导和规范社会行动的合理的价值评价体系及其原则方面,做出实质性的哲学贡献。因此,在这个意义上讲,环境哲学作为哲学的出现,并不仅仅是为哲学已有的大家族中增添了一个普通的分支学科,如果我们这样理解和看待环境哲学,那就大大弱化甚至抹杀了它在哲学上的应有的意义和价值,相反,而是在人与自然关系这一重大的基本问题上,它扮演着一个不可替代的且居于核心地位的评价性的哲学学科的角色,它填补了历史上的哲学在这方面的严重缺乏。我们由此可以充满信心地说,环境哲学的应运而生,才刚刚开启它作为评价性的哲学及其社会实践的历史序幕。

第十一章　环境哲学与环境伦理学的关系

除了上述的环境哲学直到今天依然在理论层面存在着学科属性定位不清和混乱的问题之外，它事实上还存在着一个同样重要的长期以来未被环境哲学家们意识到的混乱的表现形式。这种混乱的表现形式就是在环境哲学和环境伦理学（environmental ethics）之间存在着不加任何区分的实质等同的现象，相关研究者把二者视为一个确定的研究对象的不同名称。这种现象已明显阻碍了它们各自作为相对独立的哲学学科的理论建构和发展，尤其是对环境哲学的学科发展造成了严重影响。其后果是，在数十年间的研究中，环境伦理学的研究几乎就等同于环境哲学的研究，而环境哲学则成了一种名义上的存在。针对理论上的这种混乱现象，我们在这里将力图阐明环境哲学与环境伦理学之间的学科关系，由此表明二者实质上是两个完全不同的评价性的哲学学科，它们在人与自然关系问题上分别承担着不同的学科任务。确切地说，环境哲学与环境伦理学在它们的研究对象上存在着明确的蕴含关系，环境哲学是关于人与自然关系的一种最为基础和系统全面的评价性哲学研究，而环境伦理学涉及的仅仅是人与自然关系中的伦理关系的评价性哲学研究。我们希望通过二者之间的学科界限及其任务的区分，能够对它们各自的学科研究和发展带来有益的帮助。

实质等同的环境哲学与环境伦理学

环境哲学与环境伦理学在实际研究中存在的实质等同的情况是一个长期存在的现象。我们可以轻而易举地看到，那些自认为是环境哲学家或环境伦理学家的研究者,他们几乎从未在这二者之间进行过清晰的区分。在他们看来,二者就是一回事。这种不加区分的现象,从涉及的范围看,不仅广泛存在于环境哲学家或环境伦理学家的第一线的学术研究中,而且也广泛存在于研究者编纂的百科全书,以及面向大学生的教科书和普通读物中。这是两类不同性质的实质等同。如果说二者之间的实质等同仅存在于研究领域中,我们似乎还能以它们尚处于探索阶段,因而具有一定程度上的不确定性,并以此进行辩护,这是可以理解的,然而,当这种情况出现在由专业人员编纂的百科全书、教科书和普通读物中的时候,再为这种实质等同的现象进行辩护时,就不再具有说服力了。因为,不确定性是任何一种包括问题和结果都还处于探索阶段时的研究所固有的一个基本特征,但是,这种不确定性无论达到何种程度,都不会或不应当延伸到百科全书、教科书和普通读物等这类作品中。相反,能够被研究者们写入这类作品中的内容,则意味着研究结果就不再具有不确定性的特征了,换言之,只有在满足了确定性这一基本要求时,它们才可以作为一个学术共同体达成的高度共识的内容而被固定在这类作品中,并通过这种规范的形式用于各级各类的学校教育和社会传播。

对于研究领域中存在的这种实质等同现象,我们还以上面提到过的2007年2月在美国北得克萨斯大学召开的主题为"环境哲学的未来"的会议为例加以说明。可以说,这是一次重要的环境哲学会议,因而作为例证具有典型性和代表性。我们看到在这个明确地以"环境哲学的未来"为主题的会议上,多数的与会者在环境哲学与环境伦理学之间不仅没有进行任何区分,相反,而是二者之间可以任意互换或并列使用。其中,一些与会者的论文题目直截了当地写的是"环境伦理学的未来"而非"环境哲学的未来";[①] 另一些人则是把这两个学科名称以并列的方式一同出现在他们的

[①] Gardiner, S. M. (2007). Environmental Midwifery and the Need for an Ethics of the Transition: A Quick Riff on the Future of Environmental Ethics. *Ethics & the Environment*, 12 (2), 122–123. Rolston, H. (2007). Critical Issues in Future Environmental Ethics. *Ethics & the Environment*, 12 (2), 139–142. Sterba, J. P. (2007). A Demanding Environmental Ethics for the Future. *Ethics & the Environment*, 12 (2), 146–147.

论文题目上;① 还有一些人虽然没有在他们的论文题目上直接使用环境伦理学这个术语,但在文章中却明确使用了这一术语。② 针对这种现象,我们只能由此得出一个判断,这就是在他们的观念中,环境哲学与环境伦理学这两种称谓不过就是作为同一个学科的不同名称而已。

这种不加区分的实质等同现象,从研究领域一直延续到了百科全书、教科书和普通读物中。以百科全书为例。我们知道,具有悠久历史的百科全书是对一个领域的可靠的和确定性的知识和一系列事实的系统的和全面的记录,它是包括专业人员在内的人详细地了解该领域的一个重要的基础性的参考工具书。因此,它不应当在可靠性和确定性方面存在任何问题。在这里,我们根据著名的环境哲学家科利考特和弗洛德曼主编的《环境伦理学与环境哲学百科全书》和影响广泛的斯坦福哲学百科全书作一个简要的比较。有趣的是,我们发现,在这两个专业百科全书中,前者有"环境哲学"的论文形式的大型词条,没有"环境伦理学"的词条;③ 后者有"环境伦理学"的论文形式的大型词条,但没有"环境哲学"的词条。④ 这两个百科全书在记述环境哲学或环境伦理学作为一个哲学学科的起源时,确认的是同一个时间性的历史事实,即20世纪的70年代。不过,前者却是以"环境伦理学与环境哲学作为一个确定的主题"的方式表述这个时间性的历史事实的。⑤ 这个表述已经很明确地是把这二者看成是一个主

---

① Norton, B. G. (2007). The Past and Future of Environmental Ethics/Philosophy. *Ethics & the Environment*, 12 (2), 134 – 136. Palmer, C. (2007). The Future of Graduate Education in Environmental Philosophy/Ethics. *Ethics & the Environment*, 12 (2), 136 – 139.

② Klaver, I. J. (2007). The Future of Environmental Philosophy. *Ethics & the Environment*, 12 (2), 128 – 130. Minteer, B. A. (2007). The Future of Environmental Philosophy. *Ethics & the Environment*, 12 (2), 132 – 133. Rozzi, R. (2007). Future Environmental Philosophies and their Biocultural Conservation interfaces. *Ethics & the Environment*, 12 (2), 142 – 145.

③ Zimmerman, M. E. (2009). Environmental Philosophy. In Callicott, J. B., & Frodeman, R. (eds.). *Encyclopedia of Environmental Ethics and Philosophy* (pp. 354 – 384). Detroit: Gale, Cengage Learning.

④ Brennan, A. & Lo, Y. S. (2016). Environmental Ethics. In Zalta, E. N. (ed.). *The Stanford Encyclopedia of Philosophy*, URL = < https://plato.stanford.edu/archives/win2016/entries/ethics-environmental/ >.

⑤ Callicott, J. B. & Frodeman, R. (eds.). (2009). *Encyclopedia of Environmental Ethics and Philosophy*. Detroit: Gale, Cengage Learning. p. XIII.

题的不同称谓而并列起来的，这意味着，环境伦理学就是环境哲学，反之亦然。事实上，澳大利亚哲学家理查德·希尔万（Richard Sylvan）于1973年发表的《是否需要一种新的环境伦理？》①一文，准确地说，应当被视为环境伦理学领域的第一篇论文，而非环境哲学方面的论文。

只有极少数的环境哲学家在这个问题上是显著的例外，他们注意到了这种用法的不合理性，例如，美国环境哲学家哈格罗夫和约瑟夫·R. 戴斯贾丁斯（Joseph R. DesJardins）。他们二人在环境哲学与环境伦理学的基本看法上，尽管存在着差异，甚至是很大的差异，但是他们表现出来的一个共同特点是，都倾向于以环境哲学这个称谓取代环境伦理学的说法。

哈格罗夫在他的《环境伦理学的基础》一书中对此进行过特别的讨论。哈格罗夫指出，与诸如医学伦理学、商业伦理学、工程伦理学以及其他的职业伦理学等应用伦理学不同的是，环境伦理学讨论的问题更多地涉及哲学中的美学、形而上学、认识论、科学哲学，以及社会哲学和政治哲学许多传统的领域，可以说，没有任何一门应用伦理学能够比环境伦理学处理的哲学问题更基础，尤其是环境伦理学的基本假设与传统的西方哲学的基本假设是相冲突的，对整个哲学构成了严重的挑战，由此才导致了许多哲学家认为环境伦理学不是哲学。因此，在这个意义上，哈格罗夫说，假如环境伦理学作为一门学科没有被错误地命名，一个更合适的名字应当是环境哲学，然而，不幸的是，这个领域却以我的杂志名字《环境伦理学》命名了。②他的这个看法，直到前述的2007年的环境哲学会议上也没有发生任何改变。

还有，戴斯贾丁斯在他的《环境伦理学：环境哲学导论》（第5版）中说："工作在这个领域的许多哲学家已开始认识到，伦理上的扩展主义对于环境问题和争议并不是一个充分的回应。对于这些思想家中的多数人而言，传统的伦理学理论和原则是造成大量的环境和生态破坏的世界观的

---

① Sylvan (Routley), R. (1973). Is There a Need for a New, an Environmental, ethic? In Light, A. & Rolston III, H. (eds.). (2003). *Environmental Ethics: An Anthology* (pp. 47–52). Malden: Blackwell.

② Hargrove, E. (1989). *Foundations of Environmental Ethics*. Englewood Cliffs: Prentice-hall. pp. 2–3.

一部分。在他们看来，需要一种更为彻底的哲学方法，它包括重新思考形而上学的、认识论的、政治学的以及伦理学的概念。在这一点上，这个曾经被叫作环境伦理学的领域最好把它理解成为环境哲学。"①

由此，我们可以看出，他们二人在这个问题上之所以认为应当以环境哲学取代环境伦理学的这种叫法，主要是因为研究者关于环境伦理学的思考和研究已经显著地超出了传统意义上的伦理学理论及其主张所能承受的边界，甚至带有很大的批判性和反叛性，而且更多和更深入地涉及了哲学中的许多传统的研究领域。正是在这个意义上，哈格罗夫和戴斯贾丁斯认为，一个更合适和更准确的叫法应当是环境哲学，而不是环境伦理学。然而，他们二人虽然是个例外，注意到了这个问题，但实际上仍然与那些随意互换或并列使用环境哲学和环境伦理学这两个学科名称的研究者一样，都是把环境哲学与环境伦理学看成是一个学科的不同叫法，区别只是在于：他们二人并不认同其他同行的那些用法，环境伦理学实质上是一个不能准确地涵盖和体现这一研究领域的精神实质的称谓。因此，按照他们二人给出的理由，我们应当取消环境伦理学这样一种用法。

环境哲学与环境伦理学是两个不同的学科

哈格罗夫和戴斯贾丁斯二人的主张是我们应当取消环境伦理学这个学科称谓，这样，从此不再有以环境伦理学的名义进行的研究，但事实上这与过去数十年来的实际研究的情况是显著冲突的，"环境哲学最早期的工作都局限于环境伦理学的领域，而且大部分的研究迄今依然如此"②。面对这种历史事实的冲突，我们将如何理解呢？难道这仅仅是一个在学科名称方面存在着混乱的问题吗？无论是绝大部分的研究者直到目前仍然随意互换或并列使用环境哲学和环境伦理学这两个学科名称，还是哈格罗夫和戴

---

① DesJardins, J. R. (2013). *Environmental Ethics: An Introduction to Environmental Philosophy*. (5th ed.). Boston: Wadsworth, Cengage Learning. p. xii.

② Callicott, J. B., & Frodeman, R. (eds.). (2009). *Encyclopedia of Environmental Ethics and Philosophy*. Detroit: Gale, Cengage Learning. p. XV.

斯贾丁斯所主张的应当取消环境伦理学这一学科名称的现状，我们事实上能够从中确认的只有一件事情，这就是只有一个确定的研究对象与之相对应，这是问题的关键。因此，作为学科名称，要么叫作环境伦理学，要么叫作环境哲学。总之，这是一个二择一的问题，只能有一个名称可以保留下来，而那种一个研究对象共用两个学科名称的情况就不能再继续下去了。

然而，基于以往的研究大部分都属于环境伦理学这一事实，我们即使按照哈格罗夫和戴斯贾丁斯的设想，把它们称为环境哲学，这也不可避免地在很大程度上有牵强和武断之嫌，甚至更有其名不副实的后果，因为，薄弱和缺乏的恰恰是环境哲学的研究。实际上，问题的严重性还远不止于此。那些工作在这个领域中的研究者迄今并没有真正地发现和意识到，存在于环境哲学与环境伦理学之间的问题，并不是一个学科名称上的二择一的问题，或者是哪个应当存在和哪个不应当存在的问题，而是一个二者分别作为一个相对独立的哲学学科是否能够同时存在的问题。在这个意义上讲，这才是目前研究中相关研究者面临的一个最基本的和最紧迫的事情。这个问题如果不能得到澄清，必然会对未来的思考和研究带来不必要的损害。

在这个问题上，我们的基本看法是，在环境哲学与环境伦理学之间存在的本质上并不是在一个确定的研究对象上究竟应当采用哪一个与之相对应更为合适，而是一个它们分属于两个不同的哲学学科的问题。这是性质完全不同的两个问题。直截了当地说，环境哲学是环境哲学，环境伦理学是环境伦理学；环境哲学不是环境伦理学，环境伦理学也不是环境哲学。它们二者之间实际存在的区别，要远比我们想象的大得多。环境哲学与环境伦理学之所以是两个不同的哲学学科，本质上根源于它们各自关注的研究对象及其期望实现的任务是不同的，要理解和澄清二者之间的这种根本不同，我们需要进一步把它们置于一个更大的背景中对它们进行空间定位，由此才能给出一个明确的区分。这个背景就是我们在上面论证环境哲学的学科属性问题时说到的以哲学本身作为区分它们的一个基本的参考系。由于环境哲学与环境伦理学在它们的研究对象上存在着蕴涵关系，因此在对二者进行学科定位时，自然就属于同一个参考系。可以说，正是在这

第十一章 环境哲学与环境伦理学的关系

个参考系下,环境哲学和环境伦理学分别作为相对独立的学科得以呈现。

概括地说,根据词源的最初授义,哲学是人渴望了解一切事物真相的一种确定性的智识活动。这种智识活动具体观照两大主题并进而构成哲学的两大任务:认知与行动。这是由人作为逻辑起点而展开的两项基本的探索活动,自古希腊以来它们一直都在引导和规定着哲学的发展和方向。认知是我们人类从事的一种对包括自身在内的自然事物真相的确定性的探索活动。通过这种活动,我们形成关于世界的一系列的认知判断,它的表现形式就是一个不断发展和完善着的知识体系。这种知识体系,一方面反映了我们对世界的认知的深度和广度,另一方面也是我们由此用来明确和把握或联系经验世界的基本方式,亦即我们通过所获得的知识体系这种理性的形式或概念框架同已知的经验世界和未知的经验世界建立起联系。尤其是这种知识体系为人的行动方面的确定性的探索,奠定了现实性的基础。而行动方面的探索,观照的则是人类自身与自然之间的关系问题。通过这种活动,我们寻求自己在自然中的一种有意义的或理想的生活方式,这同样也是一种寻求确定性的探索活动,由此形成一系列的价值判断,其表现形式是一个不断发展和完善着的价值评价体系。我们正是通过这一价值评价体系来反映、规范和实现我们所期望的能够在其中安身立命的某种理想的生活世界或意义世界。总之,由哲学的这两项基本任务而达成的那些系统化的认知判断和价值判断,构成了我们人类关于自然及人与自然关系的确定性的全部判断。

关于认知及其活动,已被命名并统称为科学。它包括自然科学和社会科学,这是哲学两千多年来的智识活动呈现给我们的最重要的认知成果,同时它也是哲学在其漫长的历史进程中的大部分时间里探索活动的主要内容。可以说,直到当代,这种认知活动依然是哲学的最重要的任务,这一特征不仅没有出现实质性的改变,相反,随着认知活动走向全面的成熟,科学的探索活动更是以前所未有的速度和规模向前发展。而关于行动方面的探索活动,却并未像科学那样得到相应的命名。但是,如果从确定性的角度看,关于行动方面的探索,我们其实也不妨把它称为科学,至少视为一种广义的科学。因为,科学旨在寻求一切事物的真相,在这个意义上,关于人类行动方面的确定性，同样也是在寻求真相。我们在行动方面所获得的价值评价体系，就是我们关于理想的生活世界的一种确定性的反映和指南。只不过二者的主要区别在于，它们各自寻求的确定性的目的不同，以及实现这种确定性的精确性的程度不同。如果这样的理解是可以成立的，那么，我们也就省却了为行动方面的确定性的哲学探索没有被命名的烦扰。同时，我们由此也可以彻底消解科学与人文之间存在的长期争论不休的论战。这就是说，认知判断为我们提供事物"是什么"的确定性的判断；价值判断则为我们提供事物"应当是什么"的确定性的判断。这样，哲学这一术语，就其所包含的内容而言，就实现了它的所有方面的探索活动的统一。

由此，我们清楚地看到，根源于现代环境运动的环境哲学，它所观照的研究对象正对应着哲学的寻求人的行动方面的确定性的探索活动。正是通过现代环境运动的兴起，使我们深刻地认识到，全球性的环境问题的产生，暴露出来的根本问题是人与自然之间关系的日趋紧张和严重失衡，而环境哲学的应运而生，也正是我们通过对导致环境问题产生的根源的系统反思所展开的关于人与自然关系的一种哲学研究。这种研究与关于人与自然关系的认知方面的研究在整体上相对应，确切地说，是一个应然状态的人与自然关系作为环境哲学的研究对象与之相对应。环境哲学试图为我们提供的正是这种应然关系的一种系统全面的评价性审查和理论建构，这才是环境哲学的基本任务，不仅如此，这也是环境哲学作为一门极其重要的基础性的评价性哲学得以存在的合理性根据，只要这一问题的存在是必需的、合理的，那么，环境哲学作为哲学的存在就是理所当然的。在这里我们需要特别强调的是，环境哲学所承担的这项关于应然状态的人与自然关系的系统全面的评价性研究，绝不仅仅是一个狭窄的人与自然的伦理关系所能涵盖的，因此，这项任务只有以环境哲学的名义开展其研究才是名副其实的，这不是环境伦理学能够承担的任务。

此外，一个重要的理论现象是不能忽略的。这就是，现代环境运动的产生不只是刺激了普遍的生态意识的增长，它还在理论层面引发了以环境哲学为核心的一个评价性或规范性的学科群的出现。这是在理论层面出现的一个重要的变化，它们的学科目的都清晰地指向了一个我们所期望的人与自然关系的理论建构。这是哲学因应时代的变化而开辟出的一个崭新的领域，对自然的关注和探索，虽然自古希腊以来一直都是哲学家的工作对象，形成了一个具有悠久历史的自然哲学传统，但是，它从未像今天这样是以一个高度统一的人与自然的应然关系的形式呈现在我们面前。对这一关系问题的关注、研究和解决，它们不仅是以一种批判的或颠覆式的自然观与哲学上长期坚持的人类中心主义传统的自然观做了彻底的区隔，而且更是把它们的思考和理论建构与科学紧密相联系，使之建立在了生态科学这一坚实的科学基础之上。在这里，我们如何才能准确地理解这个以环境哲学为核心和基础的学科群呢？尤其是如何理解和澄清至今依然被实质等同的环境哲学与环境伦理学之间的关系呢？为此，我们可以在两个基本层面或参考系下给出更为详细的解释。

以环境哲学为核心的评价性学科群

以环境哲学为核心的这个评价性的或规范性的学科群分别存在于两个完全不同的关系层面中。

第一个是在种间关系层面。种间关系强调的是作为一个物种的人与自然之间通过相互作用而形成的关系。严格讲，我们在一般意义上所说的人与自然的关系，当且仅当在人以一个物种的面貌存在时才成立，而作为这种对象性关系中的自然，指的则是严格限制在地球表层这一时空范围之内的各种自然物。这意味着，地球表层之外的那些自然事物，尽管它们都是真实的物理实在，但与我们所观照的环境问题，以及导致这些环境问题产生的根源之间并没有什么实质性的联系，因为，由人持续作用到的那部分自然就存在于地球表层这个时空系统中，同时，它们也是作为一个物种的人所无法控制的，因此，如果把这部分自然纳入人与自然之间关系考虑的范围内，只会给问题的解决带来理论和实践上的混乱。这是我们在讨论人与自然关系问题给出有效的解决方案时，需要特别明确的一个科学限定。毫无疑问，这个科学限定明确排除了由对无限的自然而产生的神秘主义的、信仰主义的等各种非理性的观念因素介入人与自然关系的可能性。

这样，在种间关系层面，根据哲学的任务，我们看到在人与自然之间的关系问题上，只是存在着两类最基本的研究。一是关于认知方面的研究，这属于生态学的任务。发展到今天的生态学已成为一个庞大而系统的学科群，包括种群生态学、群落生态学、生态系统生态学、景观生态学、海洋生态学、湖泊生态学、草原生态学、湿地生态学和人类生态学等。二是关于行动方面的研究，则属于环境哲学的任务。与生态学相对应的环境哲学，虽然不像生态学那样已发展出了众多的分支学科，但是在种间关系层面，在环境哲学作为最一般意义的和全面的评价性学科之下，还包含着环境伦理学与环境美学这两个具体的评价性学科，这两个学科分别承担着人与自然之间的伦理关系和审美关系的评价性研究，它们共同以环境哲学作为研究的哲学基础。为什么在种间关系层面还会有这两个分支学科而不是其他的学科呢？我们可以进一步从理性的角度给出相应的解释，由此将它们细分出来。

关于理性，按照我们的理解，有狭义和广义之分。狭义的理性指的是人的逻辑推理的能力，这种能力是我们人作为人的一种普遍拥有的能力，实质上也是我们人作为一个物种的标志之一；而广义的理性指的是基于不同前提的逻辑推理能力，由此形成了不同意义上的理性，包括经验理性、道德理性和审美理性。从广义的理性角度看，哲学作为一种理性的活动，它渴望获得的是对事物的至真、至善和至美的理解。这样，在人与自然关系的问题上，我们便可以区分出三种基本关系：认知关系，伦理关系和审美关系。这三种关系在理性的意义上得到统一。其中，对人与自然关系的至真的追求属于认识的范畴，它旨在向我们呈现人与自然之间所结成的实际关系的真实图景；而对人与自然关系的至善和至美的追求属于价值评价的范畴，它旨在向我们呈现在人与自然关系上我们所期望达成的某种理想的价值图景，即我们期望的人与自然之间的伦理关系和审美关系，它们构成了种间关系层面的两个具体的哲学维度。正是在这个意义上，环境伦理学与环境美学分别对应于人与自然关系中的伦理关系与审美关系，它们二者在学科地位上是一种平行的关系，并统摄于环境哲学之下。如果我们在这里给出的这个判断是成立的，那么，我们可以看到一个比较有趣的理论现象，这就是我们从未发现有相关的研究者把环境美学这一哲学学科实质等同于环境哲学，但是，这种情况却真实地发生在了环境伦理学这一学科身上。因此，发生在环境哲学与环境伦理学这两个学科上的实质等同的情况，不能不说是一种学科关系的认知混乱的结果。

此外，进一步讲，上述的理性的三个面向具有内在的统一关系。认知关系构成了至善和至美的共同的经验理性基础。理由是简单的，因为，一旦离开了事物的真相，离开了人与自然关系的真实图景的揭示，我们便无法对我们所期望的那种人与自然的关系给出真正的至善和至美的价值判断。这就是说，通过认知关系所揭示的人与自然的关系，是我们达成或建构期望的伦理关系与审美关系的内在尺度。当缺乏或无视对人与自然关系的真实图景的明确和把握时，人们所期望的那种人与自然的关系就很难避免陷入浪漫的和激进的环境保护主义的窠臼中，因为在这种情况下，人们所做出的相应判断往往是建立在情感体验和主观臆断的基础上的。

在种间关系层面，认知关系虽然不属于环境哲学研究的范围，但是，由认知关系呈现出来的人与自然关系的科学图景，却现实地构成了环境哲学期望建构的人与自然关系的评价对象或原型。因此，在这里特别指出的是，在环境哲学建构我们期望的那种人与自然关系的过程中，有两个基本的事实判断应当引起我们的注意，也可以说，这两个基本的事实判断是由认知关系给我们呈现的人类在与自然的关系中的两种基本的存在状态。

第一种存在状态是普遍意义上的。即人作为一个生物种不得不遵从的自然法则，人需要从地球自然生态系统那里获取他赖以生存的物质和能量，这是人实现其他一切关系的生物学前提。实质上，生态学告诉我们的地球自然生态学图景，就是一幅通过不同的生物种之间错综复杂的"吃"而形成的各种特殊的食物链或食物网，"吃"是包括人类在内的一切生命存在的前提。正是通过这样的方式，"吃"出了一个生生不息的、循环流动着的生态世界。这样的生态关系揭示了这是人作为一个生物种与所有其他生物种都共同遵循的生存的基本法则。这是一种普遍意义上的同一性。在这个意义上，伦理关系不能阻碍人对动植物的生存意义上的"吃"。例如，素食主义者仅仅具有个人意义和价值，但不具有社会意义和社会价值，更不具有物种意义上的价值。

第二种存在状态是特殊意义上的。即人在自然中的社会生存实践活动，早已在现实性上超越了一个普遍意义上的物种作用于环境的能力所能达到的界限，人的文化进化表现出的能力已大到足以毁灭地球自然生态系统的程度。通过认知活动，我们看到人与自然的关系，虽然从根本上依然是一种生存意义上的适应性关系，这一点已由进化生物学的研究给出了证明，这是人与自然之间结成的一种最基本的关系，但是，这种关系，已完全不同于人之外的其他一切地球生命的那种单向式的适应性关系。这种不同主要表现在，人尽管不能改变适应性这一基本的自然规定性，但是人早已由过去的那种单纯被动的适应关系转向了一种主动的适应关系，人表现出的能力已成为一种可类比于地球自然力的能力，因为人在现实中的干预，甚至引导地球自然环境变化的这一生态事实，足以证明在人与自然的关系中人的文化力是一种能够引起变化的动力性的因素。例如，地球上的第六次物种大灭绝[1]，以及"人类世"（Anthropocene）的命名就充分证明了人在与自然的关系中的地位及其重要性的变化。[2]

因此，这种性质的关系从根本上决定了人在其中采取的一切可能的策略及由此衍生出的一切其他的特殊关系的性质，亦即所有这些变化都具有了生存意义上的适应性特征，包括地球自然生态系统中的所有其他生物对这种变化的被迫适应，当然也包括我们人类自身对这种由我们自己引起的变化的适应。毫无疑问，人已进化成一个能够决定地球自然生态系统发生

---

[1] Pievani, T. (2014). The Sixth Mass Extinction: Anthropocene and the Human Impact on Biodiversity. *Rendiconti Lincei*, 25 (1), 85 – 93. Nazarevich, V. J. (2015). The Sixth Species Extinction Event by Humans. *Earth Common Journal*, 5 (1), 61 – 72. Cafaro, P. (2015). Three Ways to Think about the Sixth mass Extinction. *Biological Conservation*, 192, 387 – 393.

[2] Crutzen, P. J. (2002). Geology of Mankind. *Nature*, 415 (6867), 23. Crutzen, P. J., & Steffen, W. (2003). How Long Have We Been in the Anthropocene era?. *Climatic Change*, 61 (3), 251 – 257. Crutzen, P. J. (2006). The "anthropocene". In Ehlers, E., & Krafft, T. (eds.). *Earth System Science in the Anthropocene: Emerging Issues and Problems* (pp. 13 – 18). New York: Springer. Lewis, S. L., & Maslin, M. A. (2015). Defining the Anthropocene. *Nature*, 519 (7542), 171 – 180. Williams, M. et al. (2016). The Anthropocene: a Conspicuous Stratigraphical Signal of Anthropogenic Changes in Production and Consumption across the Biosphere. *Earth's Future*, 4, 34 – 53.

结构性变化的关键物种，这正是我们今天致力于全球自然环境保护的一个最基本的也是最重要的生态学根据。这两种意义上的人在自然中的存在状态，从根本上为我们实现其他关系提供了不同意义的规定性。前者反对那种浪漫的和极端的环境主义的观念和主张，后者反对不受生态学约束的人类社会活动。

第二个是在种内关系层面。种内关系指的是人作为一个物种的自身内部关系，即人类共同体或社会共同体内部的事务。人为了保持与自然关系的相对稳定性，或者说人为保持一种与自然共同繁荣和协同进化的这种理想的种间关系，需要做出调整的主要是作为对象性关系一方的我们人类社会本身，而不是自然。当然，这并不是说在与自然的这种关系中，我们对自然本身的存在状态及其变化不去做出相应的反应和进行必需的调整，自然不可触碰和修改。事实上，自然始终都是我们人类在其生存发展过程中必须时刻面对的一种强大的力量及由此对我们造成的自然压力，人不可能对此无动于衷，只能去被动地适应自然的变化。相反，为了生存，人类别无选择地需要动员一切可能的社会力量去应对自然带来的变化，对自然按照自己的合理需要进行必要的修饰。

我们这里所说的主要在于人类需要做出相应调整的含义，指的是在明确地排除了那些不可抗拒的各种自然力的影响之外，人对其他非人类生命形式及其生存环境的相对稳定性，负有主动维护和保持的生态责任。例如，对生物多样性和生物栖息地的完整性和多样性的保护，应当被明确地纳入人的各项社会经济发展的整体设计和框架之中，尤其是应当从制度上对此给予强制性的约束和规范。因为，人类的文化进化表现出的力量，已现实性地构成了导致地球自然环境可以发生类似于自然力本身带来的变化的动力性因素，这使得人在自然环境中的输入与输出，足以改变环境的正常的存在状态和性质。正是在这个意义上，我们说人与自然的共同繁荣和协同进化，主要取决于我们人类这一方，而不是自然那一方。

因此，为了实现种间关系意义上的人与自然关系的稳定性和可持续性，人类就需要相应地在种内关系层面进行系统的组织和协调。在社会行动方面，这种组织和协调，大到国家间的合作，由此促成在环境问题（例如，全球气候变化、生物多样性减少和动植物栖息地破坏问题）上的全球一致性的行动，小到一个国家内部的某一区域或地方的各方面的一致性行动。总之，为了实现种间关系上的人与自然关系的稳定与和谐，毫无疑问，就需要通过种内关系中的各种社会关系之间的组织和协调。而这种组织和协调，反映在理论层面上的重要变化，便是产生了诸如环境政治学、环境法学、环境经济学、环境教育和环境政策等一系列的相关领域的系统性的学科研究。

从学科的关系上看，这些学科领域与种间关系层面的哲学学科之间存在着内在的一致性的联系。这种一致性的联系突出地表现在，环境哲学构成了这些学科的共同的规范性的哲学基础，亦即环境哲学在人与自然之间的应然关系问题上给出的系统全面的理论成果，包括价值评价体系，以及由此转换出的一系列的基本原则，是它们在做出那些更为具体的相关领域的规范性或评价性的研究时，需要遵从的一种最高意义上的和最普遍的原理和原则。种内关系内的这些学科均属于为实现种间关系上的各种规定性而展开的各种专门的评价性研究，它们将把环境哲学的原理和原则，通过它们各自领域给出的更为具体的可操作性的规范而体现出来。在严格意义上讲，这些学科虽然研究和处理的是环境问题，但实质上并不是直接的真正意义上的人与自然关系的问题，而是间接的与自然有关的各种社会关系问题。因为，在种内关系中，呈现出来的是由人而形成的各种社会关系，而不是人直接与自然之间形成的关系，环境问题则是各种社会关系的中介。

综上所述，环境哲学与环境伦理学作为两个不同的哲学学科及其关系是明确的。根据哲学的基本任务，在种间关系层面，关于人与自然关系的研究分为认知和行动两个方面。认知方面的研究属于科学的范畴，以生态学为代表；行动方面的研究属于环境哲学的任务，这是环境哲学作为一种哲学存在的最基本的合理性根据。在这个意义上，我们把环境哲学视为与生态学相对应的一个属于基础性地位的评价性哲学学科。生态学为我们提供的是包括人在内的所有生物与其生存环境之间关系的一个最普遍意义上的科学图景；环境哲学提供的是我们所期望的这种关系的一个最普遍意义上的价值图景。由生态学提供的科学图景，构成了环境哲学进行这种价值评价的对象或原型。进而，在环境哲学之下，还包括环境伦理学和环境美学的评价性研究，它们分别具体观照的是，人与自然之间的伦理关系，以及人与自然之间的审美关系。这就是说，在种间关系层面，关于人与自然关系的评价性研究，由环境哲学、环境伦理学和环境美学构成了一个哲学学科群，其中，环境哲学是环境伦理学与环境美学的共同的哲学基础。除此之外，在种内关系层面，为了实现种间关系上期望的人与自然关系的价值图景，相应产生了环境政治学、环境法学、环境经济学、环境教育和环境政策等更为具体的可操作性的研究，这些研究在学科性质上均具有价值负载的基本特征，或者说，它们都是以共同的价值为导向的研究。

在人与自然的关系这一基本问题上，环境哲学是以统摄所有其他相关的评价性学科的面貌而存在的。环境哲学是一门基础性的评价性哲学学科，这是由它关注的研究对象及其任务所决定的，同时，这也是它从根本上不能被其他哲学学科所同化和归并的根据，其他涉及环境的评价性学科都将以它为基础。在以环境哲学为共同基础的学科群中，尤其需要澄清的是，环境哲学不是环境伦理学，它们二者之间不存在等价关系，真正与环境伦理学具有平行关系的评价性学科，恰恰是环境美学。环境哲学在人与自然的关系问题上提供的价值评价体系及原则，将成为我们理解和研究包括环境伦理学在内的其他相关的具体领域研究的一个共同的评价性的哲学基础。由此，我们可以断言，环境哲学作为行动的哲学，在我们今天的环境保护中便具有了不可替代的重要地位。但是我们同时也不得不说，与其在整个评价性的学科群中的重要地位不相称的是，由于长期存在的这种学科界限的模糊和混淆，关于环境哲学的系统研究在实际上受到了很大的影响。我们不希望这种情况继续下去，因为，当这个作为整个评价性学科群的共同的哲学基础的环境哲学不能得到很好培育的情况下，其他的评价性学科的研究也会不可避免地陷入一个缺乏统一的哲学基础或各自为政的理论困境中。

作为一种展望，从积极的角度看，正是由于这种缺乏，使我们看到了大力开展环境哲学研究的广阔前景。基于上述，虽然我们还不能就环境哲学作为评价性学科的共同哲学基础的理论全貌给出一个清晰的判断和描绘①，但是有一个重要方面我们是清楚的，这就是环境哲学关于人与自然之间的应然关系的价值评价体系的建构，应当是建立在人与自然的实然关系基础之上的。这是环境哲学在进行这种理论建构时应当遵循的一个基本原则。在这个原则性的问题上，我们不赞同环境哲学家哈格罗夫的主张。在《环境伦理学基础》一书中，他告诉我们，环境伦理的适当基础可以从现有的一些西方态度中找到，因此我们不需要一件新外套，我们只需要对这件外套进行有意义的剪裁。②哈格罗夫的这种主张，貌似合理，但却掩盖着实质上的不合理。

这种实质上的不合理首先是因为，环境哲学的理论建构的基础应当建立在生态学的科学基础之上，而不是建立在经过剪裁的某些观念之上。历史上的一些合理的自然观念之所以得到保留，是因为它们都是以一种被统一在生态学的图景中的方式而存在下来，即我们并不拒绝历史上的某些自然观念具有积极的环境保护的价值，但是，不是抛开或让生态学的基本原理去适应或符合那些历史上的观念，相反，而是应当把它们置于生态学的概念框架下进行审查，以判断它们是不是适宜的。哈格罗夫说，他反对生态学家康芒纳（Barry Commoner）提出的"自然最有智慧"（Nature know best）的生态学第三定律，支持环境主义者的一切自然物"有权利存在"（right to exist）的这种环境直觉的本体论的哲学立场。③我们认为这种主张就走得太远了。

其次是，人类虽然在长期的生存实践活动中积累了许多自然的知识，但毫无疑问它们都是在满足人的基本生存的需要过程中获得的经验知识，而生态学的科学探索，直到19世纪60年代才开始出现。这表明关于人与自然关系的研究，直到它作为一个独立的学科出现时，才真正开始作为一

---

① 在这里，我们之所以说环境哲学还不能给出它作为评价性学科的共同哲学基础的理论全貌，其根本原因并不在于环境哲学本身，而是因为构成环境哲学的认知基础的生态学，至今还没有在一个统一的研究主题方面达成基本的科学共识，因而，在这种情况下，生态学也不可能发展出一个统一的具有普遍意义的理论框架。正是在这个意义上，环境哲学作为评价性学科的理论建构的工作要想顺利进行，就不得不等待生态学在这些方面的研究取得实质性的进步。

② Hargrove, E. (1989). *Foundations of Environmental Ethics*. Englewood Cliffs：Prentice-hall. p. 4.

③ Hargrove, E. (1989). *Foundations of Environmental Ethics*. Englewood Cliffs：Prentice-hall. p. ix.

个自觉的认识活动的对象被纳入科学的视野。作为生态学的相邻学科地理学,也是在这一时期把人与自然的关系作为科学研究的对象,首次系统地考察了人类活动对地球自然环境的影响,并对人类对自然的大规模干预行为提出了警告。① 尤其是,如果没有美国海洋生物学家卡森的《寂静的春天》一书的出版,就不会有现代科学意义上的环境保护运动的出现,也更不会有随之出现的对人与自然关系的哲学反思。这一方面说明了科学的认识是一个在深度和广度方面的循序渐进的发展和变化的过程,另一方面也说明了在外部世界中的某些部分没有被纳入科学认识的范围之前,有关它们的基于科学的评价性的哲学关注就不可能真正发生。

总之,环境哲学关于人与自然的应然关系的价值评价体系的建构,应当是整体上建立在科学基础之上,以生态学为代表的人与自然关系的科学图景将是这种建构的思想源泉和基础。直率地讲,对于环境哲学而言,如果希望有一个可持续的学科发展前景,它就必须清楚自己的学科定位,真正地拥抱科学和理性,与生态学达成一个紧密的思想联盟,共同面对严峻的环境问题,这是环境哲学面对问题和挑战能够做出的一个最明智和最真诚的选择,以此为自己扫清前进道路上的障碍。

---

① Marsh, G. P. (1864). *Man and Nature*: or, *Physical Geography as Modified by Human Action*. Cambridge: Belknap Press of Harvard University Press.

参考文献

Ali, M. (ed.). (2012). *Diversity of Ecosystems.* Rijeka: InTech.

Allchin, D. (2014). Out of Balance. *The American Biology Teacher*, 76 (4), 286 – 290.

Aristotle. (1998). *Metaphysics.* Translated by Hugh Lawson-Tancred. London: Penguin Books.

Askins, R. A., et al. (eds.). (2008). *Saving Biological Diversity: Balancing Protection of Endangered Species and Ecosystems.* New York: Springer.

Ayala, F. J. (1968). Biology as an Autonomous Science. *American scientist*, 56 (3), 207 – 221.

Ayala, F. J. (1972). The Autonomy of Biology as a Natural Science. In Breck, A. D., & Yourgrau, W. (eds.). *Biology, History, and Natural Philosophy* (pp. 1 – 16). New York: Plenum Press.

Ayala, F. J. & Arp, R. (eds.). (2010). *Contemporary Debates in Philosophy of Biology.* Chichester: Wiley-Blackwell.

Bennetta, W. J. (1991). When the Shark Bites with His Teeth, Dear, Remember That It's All for the Best. *Textbook Letter.* Available online at: www. textbookleague. org/25paley. htm (accessed 30 March 2016).

Bennetta, W. J. (1992). Old Paley Strikes Again. *Textbook Letter.* Available online at: www. textbookleague. org/34paley. htm (accessed 30 March 2016).

Birnbacher, D. (2004). Limits to Substitutability in Nature Conservation. In Oksanen, M. & Pietarinen, J. (eds.). *Philosophy and Biodiversity* (pp. 180 – 195). Cambridge: Cambridge University Press.

Boesch, C. (1996). *The Emergence of Cultures Among wild Chimpanzees*. In W. G. Runciman, J. M. Smith, & R. I. M. Dunbar (Eds.). *Proceedings of The British Academy*, Vol. 88. *Evolution of Social Behaviour Patterns in Primates and Man* (pp. 251–268). Oxford: Oxford University Press.

Boesch, C. (2003). Is Culture a Golden Barrier between Human and Chimpanzee? *Evolutionary Anthropology*, 12 (2), 82–91.

Borlaug, N. E. (1972). Mankind and Civilization at Another Crossroad: in Balance with Nature—abiological Myth. *BioScience*, 22 (1), 41–44.

Brennan, A. & Lo, Y. S. (2016). Environmental Ethics. In Zalta, E. N. (ed.). *The Stanford Encyclopedia of Philosophy*, URL = <https://plato.stanford.edu/archives/win2016/entries/ethics-environmental/>.

Brett-Crowther, M. R. (1987). Ecological Balance and Change: Some Unperceived problems. *International Journal of Environmental Studies*, 30 (2–3), 101–112.

Bryson, M. A. (2003). Nature, Narrative, and the Scientist-writer: Rachel Carson's and Loren Eiseley's Critique of Science. *Technical Communication Quarterly*, 12 (4), 369–387.

Cafaro, P. (2015). Three Ways to Think about the Sixth Mass Extinction. *Biological Conservation*, 192, 387–393.

Callicott, J. B. (1999). *Beyond the Land Ethic: More Essays in Environmental Philosophy*. Albany: State University of New York Press.

Callicott, J. B. (2008). The New New (Buddhist?) Ecology. *Journal for the Study of Religion, Nature and Culture*, 2 (2), 166–182.

Callicott, J. B. & Frodeman, R. (eds.). (2009). *Encyclopedia of Environmental Ethics and Philosophy*. Detroit: Gale, Cengage Learning.

Carson, R. (2002 [1962]). *Silent Spring*. Introduction by Linda Lear, Afterword by Edward O. Wilson. Boston: Houghton Mifflin Harcourt.

Cittadino, E. (2015). Paul Sears and the Plowshare Advisory Committee: "Subversive" Ecologist Endorses Nuclear Excavation?. *Historical Studies in the*

Natural Sciences, 45 (3), 397 – 446.

Cittadino, G. (2015). Paul Sears: Cautious "Subversive" Ecologist. *The Bulletin of the Ecological Society of America*, 96 (4), 519 – 526.

Coleman, D. C. (2010). *Big Ecology: The Emergence of Ecosystem Science*. Berkeley: University of California Press.

Cooley, J. H., & Golley, F. B. (eds.). (1984). *Trends in Ecological Research for the 1980s*. New York: Plenum Press.

Cooper, G. (2001). Must There Be a Balance of Nature? . *Biology and Philosophy*, 16 (4), 481 – 506.

Cooper, G. J. (2003). *The Science of the Struggle for Existence: On the Foundations of Ecology*. Cambridge: Cambridge University Press.

Cramer, J., &Van Den Daele, W. (1985). Is Ecology an "Alternative" Natural Science? . *Synthese*, 65 (3), 347 – 375.

Crutzen, P. J. (2002). Geology of mankind. *Nature*, 415 (6867), 23.

Crutzen, P. J., & Steffen, W. (2003). How Long Have We Been in the Anthropocene Era? . *Climatic Change*, 61 (3), 251 – 257.

Crutzen, P. J. (2006). The "anthropocene" . In Ehlers, E., & Krafft, T. (eds.). *Earth System Science in the Anthropocene: Emerging Issues and Problems* (pp. 13 – 18). New York: Springer.

Cuddington, K. (2001). The "Balance of Nature" Metaphor and Equilibrium in Population Ecology. *Biology and philosophy*, 16 (4), 463 – 479.

Darwin, C. (1981 [1871]). *The Descent of Man, and Selection in Relation to Sex*. Princeton: Princeton University Press.

Davis, F. R. (2012). "Like a Keen North Wind": How Charles Elton Influenced Silent Spring. *Endeavour*, 36 (4), 143 – 148.

deLaplante, K., (2008). Philosophy of Ecology: Overview. In Jørgensen, S. E., & Fath, B. *Encyclopedia of Ecology* (pp. 2709 – 2715). Amsterdam: Elsevier.

deLaplante, K., Brown, B., & Peacock, K. (eds.). (2011). *Philosophy of Ecology*. Amsterdam: Elsevier.

De Roos, A. M. & Persson, L. (2005). Unstructured Population Models: Do Population-level Assumptions Yield General Theory? In Cuddington, K. & Beisner, B. (eds.). *Ecological Paradigms Lost: Routes of Theory Change* (pp. 31 – 62). Burlington, MA: Elsevier Academic Press.

DesJardins, J. R. (2013). *Environmental Ethics: An Introduction to Environmental Philosophy.* (5th ed.). Boston: Wadsworth, Cengage Learning.

Di Castri, F. & Hadley, M. (1985). Enhancing the Credibility of Ecology: Can Research be Made more Comparable and Predictive? *Geo Journal*, 11 (4), 321 – 338.

Disinger, J. F. (2009). Paul B. Sears: the Role of Ecology in Conservation. *The Ohio Journal of Science*, 109 (4 – 5), 88 – 91.

Egerton, F. N. (1973). Changing Concepts of the Balance of Nature. *Quarterly Review of Biology*, 48 (2), 322 – 350.

Einstein, A. & Infeld, L. (1938). *Evolution of Physics.* Cambridge: Cambridge University Press.

Elton, C. C. (1958). *The Ecology of Invasions by Animals and Plants.* London: Chapman and Hall.

Epstein, L. (2014). Fifty Years since Silent Spring. *Annual Review of Phytopathology*, 52 (1), 377 – 402.

Evans, F. C. (1956). Ecosystem as the Basic unit in Ecology. *Science*, 123 (3208), 1127 – 1128.

Feynman, R. P., Leighton, R. B. & Sands, M. (2010 [1963]). *The Feynman Lectures on Physics: The New Millennium Edition: Mainly Mechanics, Radiation, and Heat.* Vol. 1. New York: Basic books.

Forbes, S. A. (1922). The Humanizing of Ecology. *Ecology*, 3 (2), 89 – 92.

Foster, J. B. (1996 [1994]). *The Vulnerable Planet: A Short Economic History of the Environment.* New York: Monthly Review Press.

Foster, J. B. (2000). *Marx's Ecology: Materialism and Nature.* New York: Monthly Review Press.

Frodeman, R. (2007). The Future of Environmental Philosophy. *Ethics & the Environment*, 12 (2), 120 – 22.

Frodeman, R. & Jamieson, D. (2007). The Future of Environmental Philosophy. *Ethics & the Environment*, 12 (2), 117 – 118.

Gardiner, S. M. (2007). Environmental Midwifery and the Need for an Ethics of the Transition: A Quick Riff on the Future of Environmental Ethics. *Ethics & the Environment*, 12 (2), 122 – 123.

Gelber, S. M. & Cook, M. L. (1990). *Saving the Earth: The History of A Middle-Class Millenarian Movement*. Berkeley: University of California Press.

Ghilarov, A. M. (2001). The Changing Place of Theory in 20th Century Ecology: from Universal Laws to Array of Methodologies. *Oikos*, 92 (2), 357 – 362.

Gillam, S. (2011). *Rachel Carson: Pioneer of Environmentalism*. Edina: ABDO Publishing Company.

Golley, F. B. (1983). Future of Ecological Research in the 1980s: Results of an Intecol Workshop. *Intecol Newsletter*, 13 (3), 1 – 2.

Golley, F. B. (2005). Isecology a Postmodern Science? In George Allan & Merle F. Allshouse. (eds.). *Nature, Truth, and Value: Exploring the Thinking of Frederick Ferré* (pp. 143 – 158). Lanham: Lexington Books.

Gray, M. (2004). *Geodiversity: Valuing and Conserving Abiotic Nature*. Chichester: John Wiley & Sons.

Gross, P. R. & Levitt, N. (1994). *Higher Superstition: The Academic Left and Its Quarrels with Science*. Baltimore and London: The Johns Hopkins University Press.

Gruen, L. (2007). A Few Thoughts on the Future of Environmental Philosophy. *Ethics & the Environment*, 12 (2), 124 – 125.

Hagen, J. B. (1989). Research Perspectives and the Anomalous Status of Modern ecology. *Biology and Philosophy*, 4 (4), 433 – 455.

Hankins, T. L. (1985). *Science and the Enlightenment*. Cambridge: Cambridge University Press.

Hardin, G. (1985). Human Ecology: the Subversive, Conservative Science. *American Zoologist*, 25 (2), 469–476.

Hargrove, E. (1989). *Foundations of Environmental Ethics*. Englewood Cliffs: Prentice-hall.

Hargrove, E. (2007). The Future of Environmental Philosophy. *Ethics & the Environment*, 12 (2), 130–131.

Hecht, D. K. (2019). Rachel Carson and Therhetoric of Revolution. *Environmental History*, 24 (3), 561–582.

Howard, L. O. (1925). Albert Koebele. *Journal of Economic Entomdogy*, 18 (3), 556–562.

Hughes, J. D. (2001). *An Environmental History of the World: Humankind's Changing Role in the Community of Life*. London and New York: Routledge.

Hunter, M. L., Lindenmayer, D. B. & Calhoun, A. J. (2007). *Saving the Earth as A Career: Advice on Becoming A Conservation Professional*. Malden: Blackwell Publishing.

Jameson, C. M. (2012). *Silent Spring Revisited*. London: Bloomsbury.

Jamieson, D. (2007). Whither Environmental Philosophy? *Ethics & the Environment*, 12 (2), 125–127.

Jansen, A. J. (1972). An Analysis of "Balance in Nature" as an Ecological Concept. *Acta biotheoretica*, 21 (1–2), 86–114.

Janson, C. H. & Smith, E. A. (2003). The Evolution of Culture: New Perspectives and Evidence. *Evolutionary Anthropology*, 12 (2), 57–60.

Jelinski, D. E. (2005). There is no Mother Nature-there is no Balance of Nature: culture, Ecology and Conservation. *Human Ecology*, 33 (2), 271–288.

Jørgensen, S. E. (ed.). (2009). *Ecosystem Ecology*. Amsterdam: Elsevier.

Jørgensen, S. E. (2012). *Introduction to Systems Ecology*. Boca Raton: CRC Press.

Keller, D. R. & Golley, F. B. (eds.). (2000). *The Philosophy of Ecology: From Science to Synthesis*. Athens: University of Georgia Press.

Klaver, I. J. (2007). The Future of Environmental Philosophy. *Ethics & the Envi-*

ronment, 12 (2), 128 – 130.

Kozlowski S. (2004). Geodiversity. The Concept and Scope of Geodiversity. *Przeglad Geologiczny*, 52 (8/2), 833 – 837.

Krauss, N. L. H. (1962). Biological Control Investigutions on Lantana. *proceedings. Hawaiian Entomological society*, 18 (1), 134 – 136.

Kricher, J. (2009). *The Balance of Nature*: *Ecology's Enduring Myth*. Princeton: Princeton University Press.

Kuhn, T. S. (1996 [1962]). *The Structure of Scientific Revolutions*. Chicago and Lordon: University of Chicago press.

Lakatos, I. (1968 – 1969). Criticism and the Methodology of Scientific Research Programmes. *Proceedings of the Aristotelian Society*, 69 (1), 149 – 186.

Lakatos, I. (1977). *The Methodology of Scientific Research Programmes*. Cambridge: Cambridge university press.

Laland, K. N. & William Hoppitt, W. (2003). Do Animals Have Culture? *Evolutionary Anthropology*, 12 (3), 150 – 159.

Laudan, L. (1977). *Progress and Its Problems*: *Towards A Theory of Scientific Growth*. Berkeley (CA): University of California Press.

Leakey, R. & Lewin, R. (1995). *The Sixth Extinction*: *Patterns of Life and the Future of Humankind*. New York: Doubleday.

Lear, L. (2002). Introduction. In Carson, R. (2002 [1962]). *Silent Spring* (pp. x – xx). Boston: Houghton Mifflin Harcourt.

Leopold, A. (1949). *A Sand County Almanac and Sketches Here and There*. New York: Oxford University Press.

Lewis, D. M. Boardman, J., Davies, J. K. et al. (eds.). (1992). *The Cambridge Ancient History Volume V*: *The Fifth Century B. C.* Cambridge: Cambridge University Press.

Lewis, S. L. & Maslin, M. A. (2015). Defining the Anthropocene. *Nature*, 519 (7542), 171 – 180.

Lewis, M. W. (1996). Radical Environmental Philosophy and the Assault on

Reason. *Annals of the New York Academy of Sciences*, 775 (1), 209-230.

Lockwood, A. (2012). The Affective Legacy of Silent Spring. *Environmental Humanities*, 1 (1), 123-140.

Lytle, M. H. (2007). *The Gentle Subversive: Rachel Carson, Silent Spring, and the Rise of the Environmental Movement.* New York: Oxford University Press.

MaCarthy, D. (2004). *Saving the Planet without Costing the Earth: 500 Simple Steps to A Greener Lifestyle.* London: Fusion Press.

Macfadyen, A. (1975). Somethoughts on the Behaviour of Ecologists. *The Journal of Animal Ecology*, 44 (2), 351-363.

Magurran, A. E. (1988). Why diversity? In *Ecological Diversity and Its Measurement* (pp. 1-5). Princeton: Princeton University Press.

Margalef, R. (1963). On Certain Unifying Principles in Ecology. *The American Naturalist*, 97 (897), 357-374.

Marsh, G. P. (1864). *Man and Nature: or, Physical Geography as Modified by Human Action.* Cambridge: Belknap Press of Harvard University Press.

Mayr, E. (1985). How biology differs from the Physical Sciences. In Depew, D. & B. Weber (eds). *Evolution at a Crossroads: The New Biology and the New Philosophy of Science* (pp. 43-63). Cambridge, MA: MIT Press.

Mayr, E. (1988). *Toward a New Philosophy of Biology: Observations of an Evolutionist.* Cambridge: Harvard University Press.

Mayr, E. (1996). The Autonomy of Biology: The Position of Biology among the Sciences. *Quarterly Review of Biology*, 71 (1), 97-106.

Mayr, E. (1997). *This is Biology: The Science of the Living World.* Cambridge: Harvard University Press.

Mayr, E. (2004a). The Autonomy of Biology. *Ludus Vitalis*, 12 (21), 15-27.

Mayr, E. (2004b). *What Makes Biology Unique?: Considerations on the Autonomy of a Scientific Discipline.* Cambridge: Cambridge University Press.

McCann, K. S. (2000). The Diversity-stability Debate. *Nature*, 405 (6783), 228-233.

McIntosh, R. P. (1980). The Background and Some Current Problems of Theoretical Ecology. *Synthese*, 43 (2), 195 –255.

McKibben, B. (2003). *The End of Nature*. (2nd ed.). London: Bloomsbury.

Merchant, C. (1980). *The Death of Nature: Women, Ecology, and the Scientific Revolution*. San Francisco: Harper and Row.

Merchant, C. (1992). *Radical Ecology: The Search for a Livable World*. New York: Routledge.

Merchant, C. (2003). *Reinventing Eden: The Fate of Nature in Western Culture*. New York: Routledge.

Merchant, C. (2006). The Scientific Revolution and the Death of Nature. *Isis*, 97 (3), 513 –533.

Merton, R. K. (1938). Science and the Social Order. *Philosophy of Science*, 5 (3), 321 –337.

Merton, R. K. (1973 [1942]). The Normative Structure of Science. In *The Sociology of Science: Theoretical and Empirical Investigations* (pp. 267 – 278). Chicago and London: The University of Chicago Press.

Minteer, B. A. (2007). The Future of Environmental Philosophy. *Ethics & the Environment*, 12 (2), 132 –133.

Montrie, C. (2018). *The Myth of Silent Spring: Rethinking the Origins of American Environmentalism*. Oakland: University of California Press.

Nature (1930). Science and Leadership. *Nature*, 126 (3175): 337 –339.

Nazarevich, V. J. (2015). The Sixth Species Extinction Event by Humans. *Earth Common Journal*, 5 (1), 61 –72.

Norton, B. G. (2007). The Past and Future of Environmental Ethics/Philosophy. *Ethics & the Environment*, 12 (2), 134 –136.

Odum, E. P. (1964). The New Ecology. *BioScience*, 14 (7), 14 –16.

Odum, E. P. (1975). *Ecology: The Link between the Natural and Social Sciences* (2nd ed.). New York: Holt, Rinehart and Winston.

Odum, E. P. (1977). The Emergence of Ecology as a New Integrative Discipline.

Science, 195 (4284), 1289–1293.

Odum, E. P. (1997). *Ecology: A Bridge between Science and Society*. Sunderland, MA: Sinauer Associates Incorporated.

Odum, E. P. & Barrett, G. W. (2005). *Fundamentals of Ecology*. (5th ed.). Belmont, CA: Thomson Brooks/Cole.

Oppenheim, P. & Putnam, H. (1958). Unity of Science as a Working Hypothesis. In Feigl, H., Scriven, M. & Maxwell, G. (eds.). *Concepts, Theories, and the Mind-Body Problem* (pp. 3–36). Minneapolis: University of Minnesota Press.

Palmer, C. (2007). The Future of Graduate Education in Environmental Philosophy/Ethics. *Ethics & the Environment*, 12 (2), 136–139.

Peacock, K. A. (1999). Symbiosis and the Ecological Role of Philosophy. *Dialogue: Canadian Philosophical Review/Revue canadienne de philosophie*, 38 (4), 699–718.

Peters, R. H. (1991). *A Critique for Ecology*. Cambridge: Cambridge University Press.

Pickett, S. T. A. & White, P. S. (1985). (eds.). *The Ecology of Natural Disturbance and Patch Dynamics*. Orlando: Academic Press.

Pickett, S. T. A. & Ostfeld, R. S. (1995). The Shifting Paradigm in Ecology. In Knight, R. L. & Bates, S. F. (eds.). *A New Century for Natural Resources Management* (pp. 261–278). Washington, D. C.: Island Press.

Pickett, S. T. A. (2013). The Flux of Nature: Changing Worldviews and Inclusive Concepts. In Rozzi, R., Pickett, S. T. A., Palmer, C., Armesto, J. J. & Callicott, J. B. (eds.). *Linking Ecology and Ethics for a Changing World: Values, Philosophy, and Action* (pp. 265–279). New York: Springer.

Pievani, T. (2014). The Sixth mass Extinction: Anthropocene and the Human impact on Biodiversity. *Rendiconti Lincei*, 25 (1), 85–93.

Pimentel, D. (2002). Silent Spring Revisited-have Things Changed since 1962? *Pesticide Outlook*, 13 (5), 205–206.

Pimentel, D. (2012). Silent Spring, the 50 th Anniversary of Rachel Carson's book. *BMC Ecology*, 12 (1), 1 –2.

Popper, K. (2005 [1959]). *The Logic of Scientific Discovery*. London and New York: Routledge.

Popper, K. (2014 [1962]). *Conjectures and Refutations: The Growth of Scientific Knowledge*. London and New York: Routledge.

Reid, W. V. (1997). Strategies for Conserving Biodiversity. *Environment: Science and Policy for Sustainable Development*, 39 (7), 16 –43.

Ricciardi, A., & Rasmussen, J. B. (1999). Extinction Rates of North American Freshwater Fauna. *Conservation biology*, 13 (5), 1220 –1222.

Rolston, H. (2007). Critical Issues in Future Environmental Ethics. *Ethics & the Environment*, 12 (2), 139 –142.

Rosenberg, A. (1985). *The Structure of Biological Science*. Cambridge: Cambridge University Press.

Rozzi, R. (2007). Future Environmental Philosophies and Their Biocultural Conservation Interfaces. *Ethics & the Environment*, 12 (2), 142 –145.

Schneider, D. W. (2000). Local knowledge, Environmental Politics, and the Founding of Ecology in the United States: Stephen Forbes and "the lake as a microcosm" (1887). *Isis*, 91 (4), 681 –705.

Sears, P. B. (1939). *Life and Environment: The Interrelations of Living Things*. New York: Teachers College Columbia University.

Sears, P. B. (1964). Ecology: A subversive Subject. *BioScience*, 14 (7), 11 –13.

Shepard, P. & McKinley, D. (eds.). (1969). *Subversive Science: Essays toward an Ecology of Man*. Boston: Houghton Mifflin.

Shrader-Frechette, K. S., & McCoy, E. D. (1993). *Method in Ecology: Strategies for Conservation*. Cambridge: Cambridge University Press.

Simpson, G. G. (1963). Biology and the Nature of Science. *Science*, 139 (3550), 81 –88.

Singer, P. (2011). *The Expanding Circle: Ethics, Evolution, and Moral Progress*.

Princeton and Oxford: Princeton University Press.

Smith, T. M. & Smith, R. L. (2015). *Elements of Ecology.* (9th ed.). Boston: Pearson.

Spears, E. (2020). *Rethinking the American Environmental Movement post - 1945.* New York: Routledge.

Stauffer, R. C. (1957). Haeckel, Darwin, and Ecology. *The Quarterly Review of Biology*, 32 (2), 138 - 144.

Stein, K. F. (2012). *Rachel Carson: Challenging Authors.* Rotterdam: Sense Publishers.

Steiner, F. (2016). *Human Ecology: How Nature and Culture Shape our World.* Washington, DC: Island Press.

Sterba, J. P. (2007). A Demanding Environmental Ethics for the Future. *Ethics & the Environment*, 12 (2), 146 - 147.

Stoll, S. (2007). *US Environmentalism Since 1945: A Brief History with Documents.* New York: Palgrave Macmillan.

Sylvan (Routley), R. (1973). Is There a Need for a new, an Environmental, ethic? In Light, A. & Rolston III, H. (eds.). (2003). *Environmental Ethics: An Anthology* (pp. 47 - 52). Malden: Blackwell.

Tansley, A. G. (1935). The Use and Abuse of Vegetational Concepts and Terms. *Ecology*, 16 (3), 284 - 307.

Taylor, P. J. (2010). *Unruly Complexity: Ecology, Interpretation, Engagement.* Chicago: University of Chicago Press.

Ulanowicz, R. E. (2000). Ecology, the Subversive Science? . *Episteme*, 11, 137 - 152.

Weber, T. P. (1999). A Plea for a Diversity of Scientific Styles in Ecology. *Oikos*, 84 (3), 526 - 529.

Weiner, J. (1995). On the Practice of Ecology. *Journal of Ecology*, 83 (1), 153 - 158.

Weiner, J. (1999). On self-criticism in Ecology. *Oikos*, 85 (2), 373 - 374.

Whewell, W. (1840). *The Philosophy of the Inductive Sciences, Founded upon Their History*. Vol. 1. London: John W. Parker, West Strand.

Whiten, A. et al. (1999). Cultures in Chimpanzees. *Nature*, 399 (6737), 682 – 685.

Williams, M. et al. (2016). The Anthropocene: a Conspicuous Stratigraphical Signal of Anthropogenic Changes in Production and Consumption across the biosphere. *Earth's Future*, 4, 34 – 53.

Wilson, E. O. (2002). Afterword. In Carson, R. (2002 [1962]). *Silent Spring* (pp. 364 – 371). Boston: Houghton Mifflin Harcourt.

Woodwell, G. M. (1981). A Postscript for the Old Boys of the Subversive Science. *Bioscience*, 31 (7), 518 – 522.

Worster, D. (1977). *Nature's Economy: The Roots of Ecology*. San Francisco: Sierra Club Books.

Zimmerman, M. E. (2009). Environmental philosophy. In Callicott, J. B. & Frodeman, R. (eds.). *Encyclopedia of Environmental Ethics and Philosophy* (pp. 354 – 384). Detroit: Gale, Cengage Learning.

［美］阿尔·戈尔："前言"，见［美］蕾切尔·卡逊《寂静的春天》，吉林人民出版社1997年版。

郑慧子:《走向自然的伦理》，人民出版社2006年版。